国家示范性高等职业院校建设规划教材

电工基础

主　编　孔德胜
主　审　钱　锋

黄河水利出版社
·郑州·

内 容 提 要

本书是国家示范性高等职业院校建设规划教材，是安徽省教育厅、财政厅“支持高等职业学校提升专业服务产业发展能力项目”和“安徽省高职院校专业带头人资助项目”建设内容之一，是高等职业教育教学改革及专业资源库建设的重要成果。本书是根据教育部国家示范性高等职业院校建设计划电子信息类专业人才培养方案要求，按照电工基础课程标准编写完成的。本书共分七章，内容包括：电路的基本概念和基本定律、线性电阻电路的分析、单相正弦交流电路的分析、三相正弦交流电路的分析、一阶线性电路过渡过程的分析、非正弦周期性电流电路的分析、磁路和铁芯线圈等。每章由内容提要、学习要求、正文、小结、习题组成。

本书可供高职高专电子信息类、自动化类专业教学使用，也可供成人高校、职业培训相关专业教学使用，同时可供从事相关专业工作的工程技术人员的学习参考。

图书在版编目(CIP)数据

电工基础/孔德胜主编. —郑州：黄河水利出版社，2015.7 (2016.8 修订重印)

国家示范性高等职业院校建设规划教材

ISBN 978-7-5509-1171-0

Ⅰ.①电… Ⅱ.①孔… Ⅲ.①电工学 Ⅳ.①TM1

中国版本图书馆 CIP 数据核字(2015)第 161656 号

组稿编辑：王路平 电话：0371-66022212 E-mail：hhslwlp@163.com

出 版 社：黄河水利出版社 网址：www.yrcp.com

地址：河南省郑州市顺河路黄委会综合楼 14 层 邮政编码：450003

发行单位：黄河水利出版社

发行部电话：0371-66026940、66020550、66028024、66022620(传真)

E-mail：hhslcbs@126.com

承印单位：郑州龙洋印务有限公司

开本：787 mm×1 092 mm 1/16

印张：13

字数：300 千字 印数：2 501—5 000

版次：2015 年 7 月第 1 版 印次：2016 年 8 月第 2 次印刷

2016 年 8 月修订

定价：30.00 元

前 言

本书是根据《教育部关于全面提高高等职业教育教学质量的若干意见》(教高〔2006〕16 号)、《教育部关于推进高等职业教育改革创新引领职业教育科学发展的若干意见》(教职成〔2011〕12 号)等文件精神,用安徽省财政安排的“支持高等职业学校提升专业服务产业发展能力”项目经费组织编写的教材。

本套教材以学生能力培养为主线,着重基本概念和基本原理的阐述,注重理论知识的应用,体现出实用性、实践性、创新性的教材特色,是一套紧密联系工程实际的高职高专教育精品规划教材。

电工基础课程是高等职业院校电子信息类、自动化类专业的一门专业技术基础课,是从物理学过渡到专业课的桥梁。通过本课程的学习,能够获得必要的基础理论、基础知识和基本分析方法,为后续专业课程的学习打下一定的基础。

本书立足体现高职教育特色,结合编者多年从事本课程及相关课程的教学、教改经验,采用“任务驱动法、案例式”模式编写。在内容的选择上,注意知识结构的完整性以及专业群的覆盖;在内容的编排上,注意知识的内在联系及课程体系的系统性;在内容的描述上,注意避免烦琐的数学推导,加强物理概念的分析,并突出分析方法、分析思路的阐述,力求深入浅出、通俗易懂。教材中用“ * ”标注的章节为选修内容。

本书可供高职高专电子信息类、自动化类专业教学使用,也可供成人高校、职业培训相关专业教学使用,同时可供从事相关专业工作的工程技术人员的学习参考。

本书由安徽水利水电职业技术学院承担编写工作,编写人员及编写分工如下:第 1 章和第 5 章由彭瑾编写,第 2 章由刘彩玲编写,第 3 章、第 4 章由武丽编写,第 6 章、第 7 章由孔德胜编写。本书由孔德胜担任主编并负责全书统稿,由钱锋担任主审。

本书的编写出版,得到了安徽省教育厅、财政厅“支持高等职业学校提升专业服务产业发展能力项目”和“安徽省高职院校专业带头人资助项目” 以及黄河水利出版社的大力支持,在此一并表示衷心的感谢!

由于编者水平有限,书中难免存在疏漏和不足之处,恳请广大师生及专家、读者批评指正。

编 者

2015 年 5 月

目 录

前 言

第1章 电路的基本概念和基本定律

【内容提要】

本章介绍了电路模型的概念，电压、电流参考方向的概念，吸收、发出功率的表达式和计算方法，并介绍了理想电压源和理想电流源的构成和特点，在本章最后详细介绍并讲解了基尔霍夫定律。

【学习要求】

- 了解实际电路和电路模型的概念；
- 理解电流、电压及参考方向的概念，理解电功率的概念和计算及电功率正、负的意义；
- 掌握电路基本元件的特性；
- 理解并能正确应用基尔霍夫定律分析电路；
- 理解电位的概念，并能正确运用电路定律分析计算电路中各点的电位。

1.1 实际电路和电路模型

1.1.1 实际电路

1.1.1.1 实际电路的组成及作用

实际电路是由若干个电气设备通过一定的方式连接以后构成的电流通过的路径。简单的讲，电路就是电流的路径。

由于实际电路所要实现的功能的不同，所需的设备也不同，其组成也多种多样。但是，无论简单还是复杂，电路的基本组成部分都可概括为三个基本环节：电源、负载和中间环节。

电源是生产电能并向负载提供电能的装置，如干电池、发电机等。其作用是将其他形式的能量（如化学能、热能、机械能、原子能等）转换为电能并提供给负载。

负载是取用电能的装置，如白炽灯、电动机、电炉、扬声器等。其作用是把电能转换为其他形式的能量（如机械能、热能、光能等）。

中间环节是连接电源与负载的部分设备，如导线、开关等，在电路中起着传递电能、分配电能和控制整个电路的作用。

图1-1所示为一简单的手电筒电路示意图。干电池作为电源，将化学能转换为电能提供给电路；电灯泡作为负载，将电能转换为光能，实现人工采光；金属连片（导线）和开关作为中间环节，将电灯泡和干电池连接起来，实现电能的传递和控制。

图1-2所示为一个扩音机电路示意图。话筒将声音的振动信号转换为电信号即相应

的电压和电流,经过放大器放大处理后,通过电路传递给扬声器,再由扬声器还原为声音。

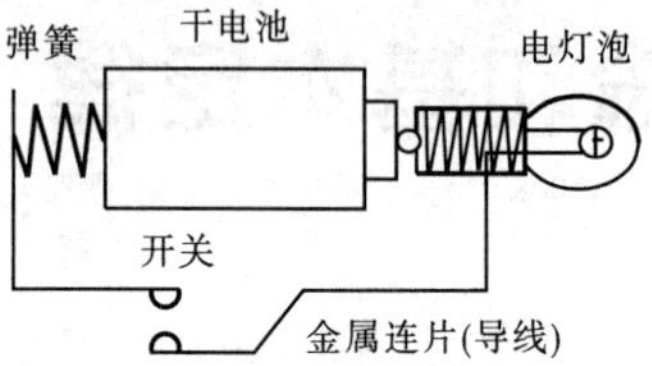

图 1-1　手电筒电路示意图

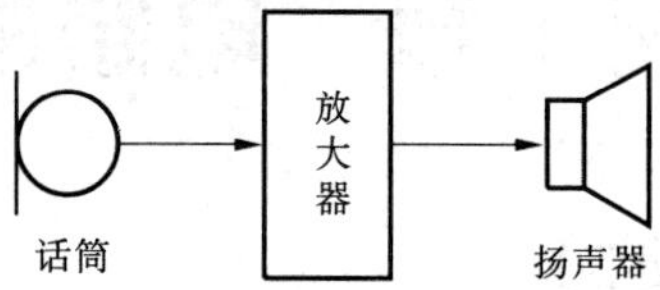

图 1-2　扩音机电路示意图

1.1.1.2　实际电路的功能及分类

工程应用中的实际电路,按照功能的不同可概括为两大类:一是完成能量的传输、控制和转换的电路,如图 1-1 中,干电池通过导线将电能传递给电灯泡,电灯泡将电能转化为光能,这类电路的特点是大功率、大电流;二是实现对电信号的传递、转换、储存和处理的电路,如图 1-2 所示的扩音机电路,这类电路特点是小功率、小电流。

1.1.2　电路模型

电路模型是由理想电路元件构成的电流的通路(电工理论讨论的对象就是电路模型,简称电路,即未作特殊说明的电路,都是指电路模型)。理想电路元件是在实际器件的基础上(忽略次要的物理过程)通过严格的数学定义获得的。理想电路元件与实际器件之间既有联系也有区别,切不可等同视之。

例如白炽灯,其功能是接收电能并将电能转换成光能从而实现人工采光。而白炽灯显然不可能再将光能转换成电能,因此这种能量转换过程是不可逆的,通常称之为耗能。当然,白炽灯将电能转换成光能(耗能)从而实现人工采光的同时,还有其他一些电磁过程存在,例如电流流过白炽灯产生磁场,即电能转换成磁场能的过程。而实现白炽灯功能(采光)的主要物理过程是消耗电能,其余的物理过程均为次要的物理过程。忽略这些次要的物理过程后,定义一个"电阻元件"来对其主要物理过程进行模拟。

需要指出的是,"电阻元件"并不等同于白炽灯。其余元件不再赘述。

我们将实际电路器件理想化而得到的只具有某种单一电磁性质的元件,称为理想电路元件,简称为电路元件。每一种电路元件体现某种基本现象,具有某种确定的电磁性质和精确的数学定义。

常用的电路元件的电路图形符号如图 1-3 所示。

图 1-4 给出的是图 1-1 手电筒电路的电路模型。图 1-1 中,干电池对外提供电能的同时,自身也有能量消耗,所以干电池用理想电压源 U_S 和内阻 R_0 串联的组合来模拟;电灯泡除消耗电能的过程外,其余过程可忽略不计,于是电灯泡用电阻元件 R_L 来模拟。

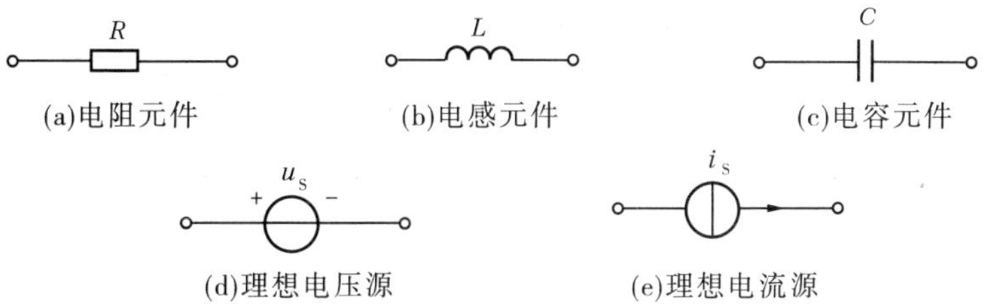

图 1-3　常用的电路元件的电路图形符号

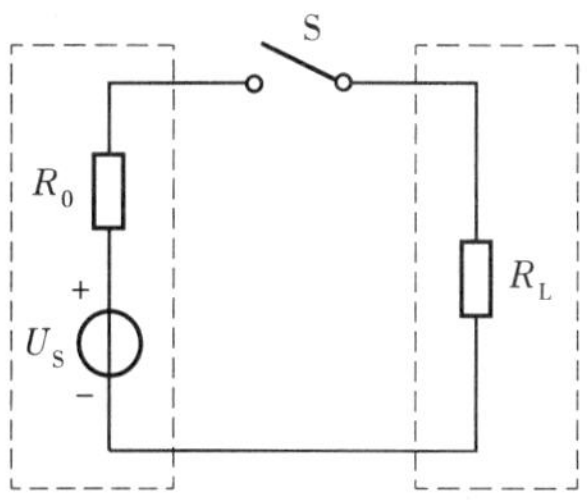

图 1-4　手电筒电路的电路模型

1.2　电路的基本物理量

表征电路工作状态及能量损耗情况的物理量无外乎电压、电流、电功率。电路分析、计算的对象也就是电压、电流、电功率。因此,电压、电流、电功率称为电路的基本物理量。

1.2.1　电流

电荷的定向移动形成电流。电流的大小用电流强度来衡量,电流强度亦简称电流,用符号 i 表示。其定义为:单位时间内通过导体某一截面的电荷量,用公式表示为

$$i = \frac{dq}{dt} \tag{1-1}$$

在国际制单位中,电流的单位为安培,简称安(A)。实际应用中,大电流用千安培(kA)表示,小电流用毫安(mA)表示或者用微安(μA)表示。kA、mA、μA 均为 A 的导出单位,它们的换算关系是:

$$1\ \text{kA} = 10^3\ \text{A} = 10^6\ \text{mA} = 10^9\ \mu\text{A}$$

在外电场的作用下,正电荷将沿着电场方向运动,而负电荷将逆着电场方向移动(金属导体内是自由电子在电场力的作用下定向移动形成电流)。习惯上规定,正电荷移动的方向为电流的实际方向。

电流有交流和直流之分:大小和方向都随时间变化的电流称为交流电流;方向不随时间变化的电流称为直流电流;大小和方向都不随时间变化的电流称为稳恒直流。

电流有大小,有方向,因此是矢量。其方向的标注可以用箭头,也可以用双下标,通常

情况下用箭头标注。

1.2.2 电压及电位

如图 1-5 所示的闭合电路,在电场力的作用下,正电荷要从电源正极 a 经过导线和负载流向负极 b(实际上是带负电的电子由负极 b 经负载流向正极 a),形成电流,而电场力就对电荷做了功。

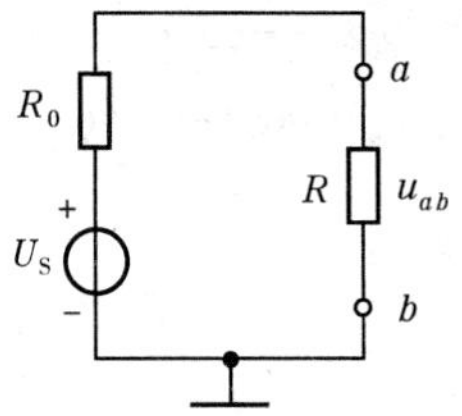

图 1-5 定义电压示意图

为了描述电场的能量性质,引入电压这个物理量。电场力把单位正电荷从 a 点经外电路(电源以外的电路)移动到 b 点所做的功($\mathrm{d}w_{ab}$),叫作 a、b 两点之间的电压,记作 u_{ab}。其定义式为

$$u_{ab}=\frac{\mathrm{d}w_{ab}}{\mathrm{d}q} \tag{1-2}$$

在国际制单位中,电压的单位为伏特,简称伏(V)。实际应用中,大电压用千伏(kV)表示,而小电压用毫伏(mV)或者微伏(μV)表示。kV、mV、μV 均为 V 的导出单位,它们的换算关系是:

$$1\ \mathrm{kV}=10^3\ \mathrm{V}=10^6\ \mathrm{mV}=10^9\ \mu\mathrm{V}$$

由定义可知,电压是一个标量。在电路的分析、计算中,为了和电流保持一致,也给电压定义一个方向:电压的实际方向规定为从高电位指向低电位,即电位降低的方向,因此也称为电压降。

有了方向以后,电压也是矢量了。其方向的标注可以用箭头表示,箭头所指方向为电位降低的方向;也可以用"+""-"标注,"+"表示高电位,"-"表示低电位;还可以用双下标标注,例如 u_{ab},这时,a 点为高电位,b 点为低电位。

电位也是描述电场能量特性的物理量之一。其定义式为

$$V_A=\frac{\mathrm{d}w_{AO}}{\mathrm{d}q} \tag{1-3}$$

式中:V_A 为 A 点的电位;$\mathrm{d}w_{AO}$ 为电场力将单位正电荷从 A 点移动到参考点 O 所做的功。所以,电场中某一点的电位就是电场力将单位正电荷从电场中某一点移动到参考点 O 所做的功。

需要指出的是,电场中某一点的电位会因为参考点选择的不同而不同。电位是标量。

在电路中任选一点作为参考点,则某点的电位就是由该点到参考点的电压。也就是说,如果参考点为 O,则 A 点的电位为

$$V_A=u_{AO}$$

至于参考点本身的电位,则是参考点对参考点的电压,显然为零,所以参考点又叫零电位点。

如果已知 A、B 两点的电位各为 V_A、V_B,则此两点间的电压为

$$u_{AB}=U_{AO}+U_{OB}=U_{AO}-U_{BO}=V_A-V_B \tag{1-4}$$

任意两点间的电压等于这两点的电位之差,因此电压又称为电位差。

需要指出的是,电场中两点之间的电压(电位差)与参考点的选择无关。

1.2.3 电流、电压的参考方向

1.2.3.1 参考方向

在较为复杂的电路的分析、计算时,电路中的电压、电流的实际方向难判断。但是,在应用电路定律列写求解电路方程时,必须事先知道电流、电压的方向,这时就需要对电路中电压、电流的方向进行假设。这个假设的方向,就称为电压、电流的参考方向,也称正方向。

参考方向就是人为假定的电压、电流的方向,是为了分析、计算电路而任意设定的。参考方向的标注如前所述。图1-6所示为电压参考方向的表示方法。

图1-6 电压参考方向的表示方法

对于同一个电路元件(部分电路)上电压、电流正方向的设定,可以是正方向一致,如图1-6(a)所示;也可以是正方向不一致,如图1-6(b)所示。若电压、电流正方向一致,称为正方向关联,否则称为正方向非关联。通常情况下,选择正方向关联。

需要注意的是,在分析电路时,电路中电流、电压的参考方向一旦确定,那么整个分析、计算过程中便不能再作变动。另外,以后所有电路中电压、电流的方向一律默认为参考方向。

1.2.3.2 参考方向与实际方向的关系

对于相对复杂的电路而言,电压、电流的实际方向虽然无法轻易进行判断,但是其大小、方向都是客观存在的。为了说明实际方向与参考方向之间的关系,下面通过图例进行说明。

如图1-7所示电路,图1-7(a)中,电流的参考方向与实际方向一致,参考方向下电流取正值($i=2$ A);图1-7(b)中,电流的参考方向与实际方向相反,参考方向下电流取负值($i=-2$ A);图1-7(c)中,因为没有指定电流的参考方向,所以电流的数据就失去了意义,或者说,由于电流是矢量,那么只有大小、没有方向的描述是不准确的。

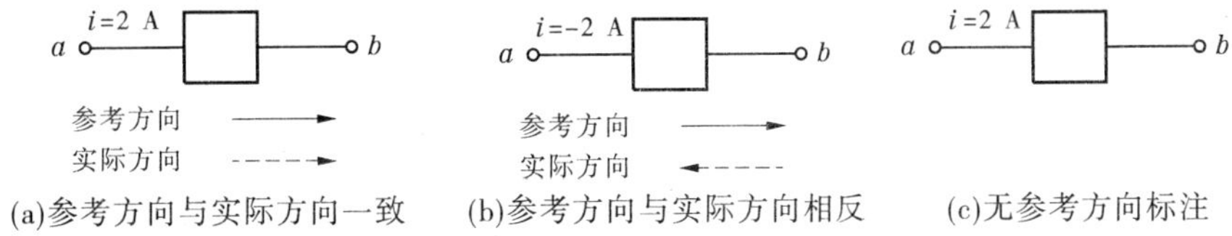

图1-7 电流的参考方向与实际方向的关系

如图1-8所示电路,图1-8(a)中,电流在参考方向下取正值($i=2$ A),说明该电流的实际方向与图注参考方向一致,即电流实际方向是从a端流向b端;图1-8(b)中,电流在参考方向下取负值($i=-2$ A),说明该电流的实际方向与图注参考方向相反,即电流实际

方向是从 b 端流向 a 端；同样，图 1-8(c)中由于电流没有标注方向，取值没有意义。

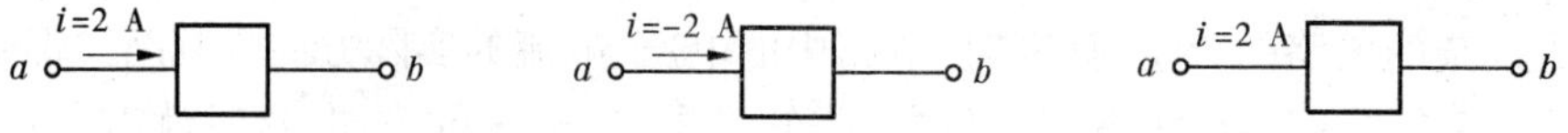

(a)参考方向下取正值　(b)参考方向下取负值　(c)无参考方向标注

图 1-8　电流在参考方向下取值的意义

总之，当电流(电压)的参考方向与实际方向一致时，参考方向下电流(电压)取正值；当电流(电压)的参考方向与实际方向相反时，参考方向下电流取负值。反之，若参考方向下电流(电压)取正值，说明电流(电压)的实际方向与参考方向一致，若参考方向下电流(电压)取负值，说明电流(电压)的实际方向与参考方向相反。

需要注意的是，由于有了参考方向，电流(电压)的取值就有正、有负，而参考方向则是电流(电压)取正、取负的标准。未规定电流的参考方向时，电流的正、负取值没有任何意义。

1.2.4　功率以及功率正负的判断

1.2.4.1　电功率

电流通过电路时传输或转换电能的速率，即单位时间内电场力所做的功，称为电功率，简称功率。其定义式为

$$p=\frac{\mathrm{d}w}{\mathrm{d}t} \tag{1-5}$$

其中 p 表示功率。国际单位制中，功率的单位是瓦特(W)，规定元件 1 s 内提供或消耗 1 J 能量时的功率为 1 W。常用的功率单位还有千瓦(kW)，1 kW = 1 000 W。

将式(1-5)等号右边分子、分母同乘以 $\mathrm{d}q$ 后，变为

$$p=\frac{\mathrm{d}w}{\mathrm{d}t}=\frac{\mathrm{d}w}{\mathrm{d}q}\times\frac{\mathrm{d}q}{\mathrm{d}t}=ui \tag{1-6}$$

可见，元件吸收或发出的功率等于元件两端的电压乘以流过元件的电流。

需要注意的是，因为电压和电流的取值有正、有负，因此代入式(1-6)中计算得到的功率的值也是有正、有负。

1.2.4.2　功率正负的判断

图 1-9 所示为一段电路(一个元件)，电压、电流正方向关联。用 $p=ui$ 计算功率时，若 $p=ui>0$，则元件吸收功率(消耗功率)；若 $p=ui<0$，则元件发出功率(产生功率)。当电压和电流参考方向非关联时，判据相反，即若 $p=ui<0$，则元件吸收功率

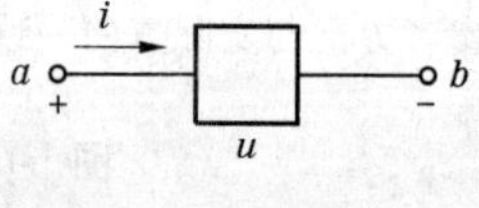

图 1-9　功率计算简图

（消耗功率）；若$p=ui>0$，则元件发出功率（产生功率）。

对一个完整的电路来说，发出功率的总和应等于吸收功率的总和。

【例 1-1】　图 1-10 所示部分电路中，已知 $U_1=4\ V$，$U_2=-8\ V$，$U_3=6\ V$，$I=2\ A$。计算各元件的功率，指出是吸收功率还是发出功率。

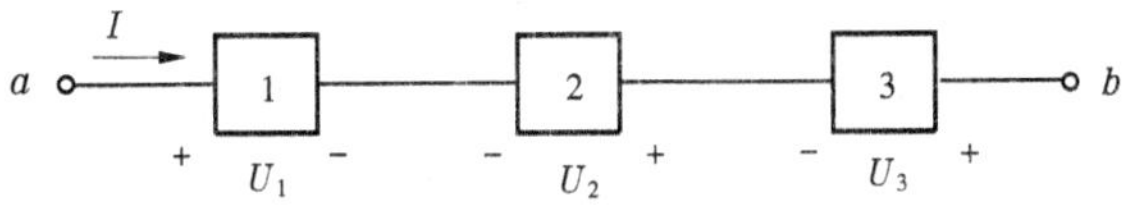

图 1-10　例 1-1 电路图

解：

$$P_1=U_1I=4\times2=8(W)$$

元件 1 上电压与电流为关联参考方向，故元件 1 吸收功率 8 W；

$$P_2=U_2I=(-8)\times2=-16(W)$$

元件 2 上电压与电流为非关联参考方向，故元件 2 吸收功率 16 W；

$$P_3=U_3I=6\times2=12(W)$$

元件 3 上电压与电流为非关联参考方向，故元件 3 发出功率 12 W。

本例中，元件 1 和元件 2 的电压与电流实际方向相同，二者吸收功率；元件 3 的电压与电流实际方向相反，发出功率。由此可见，当电压与电流实际方向相同时，电路一定是吸收功率，反之则是发出功率。

1.3　电阻元件

电阻元件、电感元件、电容元件都是理想的电路元件，它们均不发出电能，称为无源元件。它们有线性和非线性之分，线性元件的参数为常数，与所施加的电压和电流无关。本节主要分析讨论线性电阻元件的特性。线性二端电阻元件是这样的理想元件，在任何时刻它两端的电压与其电流的关系服从欧姆定律。

1.3.1　电路模型

如图 1-11 所示为线性一端口（二端）电阻元件的电路模型，图中 R 为常数，表示电阻元件对电流所呈现的阻碍作用。

1.3.2　电压、电流关系

在图 1-11 所示的关联参考方向下，电阻元件上的电压、电流关系为

$$u=Ri \tag{1-7}$$

式(1-7)也称为电阻元件的伏安关系。用曲线来表示，称为伏安关系曲线，如图 1-12 所示。

若电压、电流在非关联参考方向下，伏安关系应为：$u=-Ri$。

在国际单位制中，电阻的单位是欧姆（Ω），规定当电阻电压为 1 V、电流为 1 A 时的电阻值为 1 Ω。此外，电阻的单位还有千欧（kΩ）、兆欧（MΩ）。电阻的倒数称为电导，用

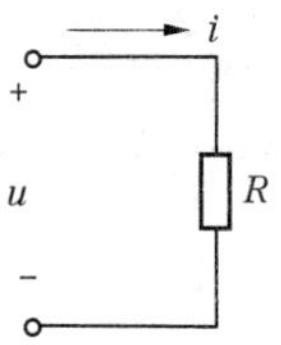

图 1-11 电阻元件的电路模型

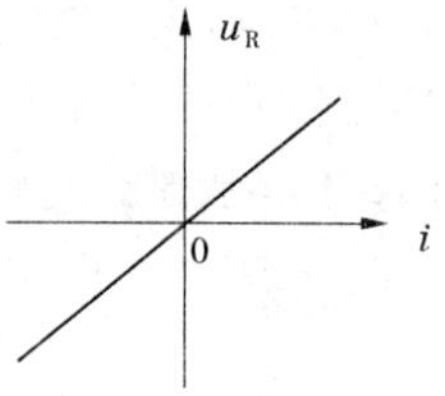

图 1-12 电阻元件的伏安关系曲线

符号 G 来表示,即

$$G = \frac{1}{R} \tag{1-8}$$

电导的单位是西门子(S),或 1/欧姆(1/Ω)。

1.3.3 功率损耗情况

电阻是一种耗能元件。当电阻通过电流时会发生将电能转换为热能的过程,而热能向周围扩散后,不可能再直接回到电源而转换为电能。电阻所吸收并消耗的电功率可由式(1-6)和欧姆定律计算得到:

$$p = ui = i^2R = \frac{u^2}{R} \tag{1-9}$$

在直流电路中,因为 u、i 都是恒定值,所以式(1-9)可改写为

$$P = UI = I^2R = \frac{U^2}{R} \tag{1-10}$$

1.4 理想电压源和理想电流源

一般实际电源可用两种不同的电路模型来模拟。对实际电源而言,以电压形式提供能量的电源用理想电压源来模拟;而以电流形式提供能量的,用理想电流源来模拟。

1.4.1 理想电压源

理想电压源是用来模拟实际电源的一个理想电路元件。它的电路图形符号如图 1-13(a)所示。这个图形符号既可以用来表示直流电压源,也可以用来表示交流电压源。

(a)理想电压源模型 (b)直流电压源伏安关系

图 1-13 理想电压源模型及直流电压源伏安关系

理想电压源的定义为:

(1) u_S 恒定。即无论电压源与什么负载连接,其两端电压均维持恒定不变。这里的恒定,对直流电压源而言是指数值恒定,对交流电压源而言是指变化规律恒定。

(2) i 任意。是指流过电压源的电流的大小、方向均可以任意,即可以带任意负荷。可以是提供能量,也可以是消耗能量(而实际电源是不可以的)。但是,所带负荷一旦确定,则电流就是唯一的。

图 1-13(b)所示为直流电压源的伏安关系曲线,此曲线可以帮助我们理解理想电压源的特性。

(3) $u_S=0$ 时相当于短路,即如果 $u_S=0$,则电压源代之以短路。

1.4.2　理想电流源

理想电流源也是用来模拟实际电源的一个理想电路元件。它的电路图形符号如图 1-14(a)所示。这个图形符号既可以用来表示直流电流源,也可以用来表示交流电流源。

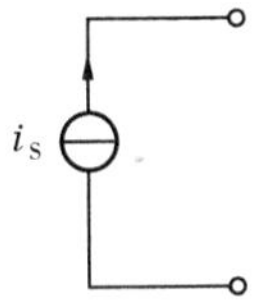

(a)理想电流源模型

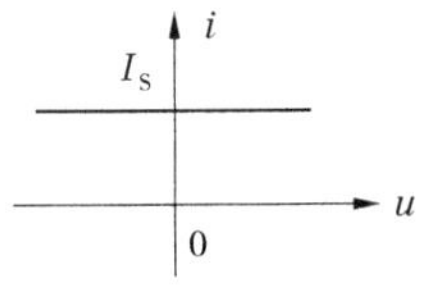

(b)直流电流源伏安关系

图 1-14　理想电流源模型及直流电流源伏安关系

理想电流源定义为:

(1) i_S 恒定。即无论电流源与什么负载连接,其所在支路的电流维持恒定不变。这里的恒定,对直流电流源而言是指数值恒定,而对交流电流源是指变化规律恒定。

(2) u 任意。是指电流源两端电压的大小、方向均可以任意,即可以带任意负荷。可以是提供能量,也可以是消耗能量(而实际电源是不可以的)。但是,所接负荷一旦确定,则电压就是唯一的。

图 1-14(b)所示为直流电流源的伏安关系曲线,此曲线可以帮助我们理解理想电流源的特性。

(3) $i_S=0$ 时相当于开路,即如果 $i_S=0$,则电流源代之以开路。

1.4.3　实际电源的模型

1.4.3.1　实际电源的电压源模型

实际电源在向负载提供能量的同时,其自身也耗一定的能量。因此,实际电源可以用一个理想电压源与一个阻值较小的电阻(内阻)串联组合来等效(模拟),如图 1-15(a)中虚线部分所示。

实际电源的两端接上负载 R_L 后,负载上就有电流 i 和电压 u,分别称为输出电流和输出电压。在图 1-15(a)中,实际电源的外特性方程为

$$u = u_S - iR_0 \tag{1-11}$$

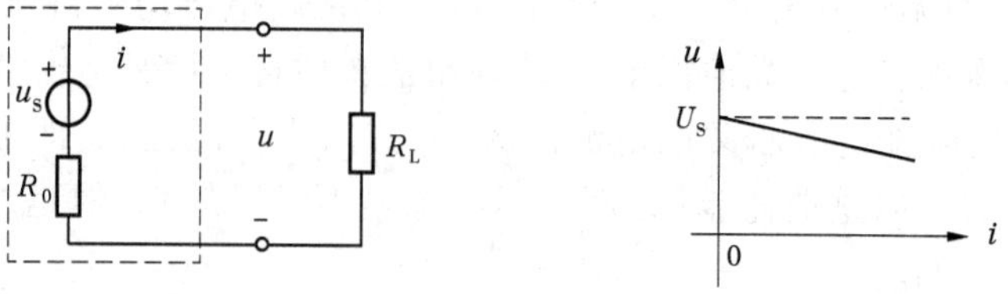

(a)实际电源的电压源模型　　(b)实际电源的外特性曲线

图 1-15　实际电源的电压源模型及外特性曲线

由外特性方程可知，由于电源内阻 R_0 的存在，所以负载电流越大，负载两端的电压越低。另外，电源内阻 R_0 越小，电源的端口电压 u 越接近 u_S，也就是说，实际电源越接近恒压源。

1.4.3.2　实际电源的电流源模型

实际电源也可以用一个理想的电流源元件与一个阻值很大的电阻（内阻）并联组合来等效，如图 1-16(a) 中虚线部分所示。

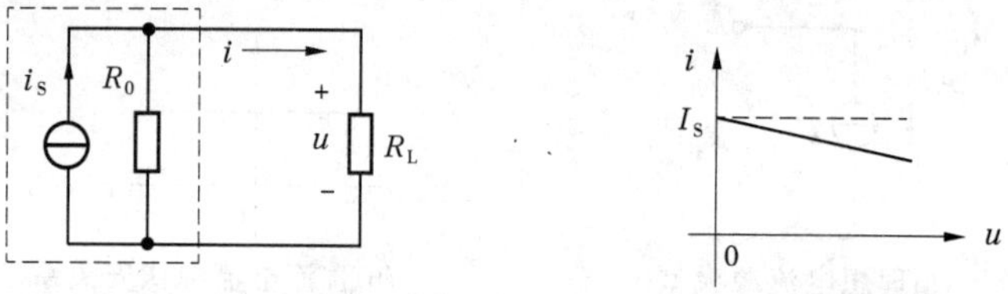

(a)实际电源的电流源模型　　(b)实际电源的外特性曲线

图 1-16　实际电源的电流源模型及外特性曲线

实际电源两端接上负载 R_L 后，负载上就有电流 i 和电压 u，分别称为输出电流和输出电压。在图 1-16(a) 中，电压源的外特性方程为

$$i = i_S - \frac{u}{R_0} \tag{1-12}$$

由外特性方程可知，实际电流源输出的电流 i 恒小于 i_S，原因是其内阻 R_0 上产生分流。R_0 越大，内部分流就越小，其外特性就越接近恒流源。

1.5　电路的工作状态

电路可以处于下面几种状态中的某一状态：开路（空载）状态、短路状态和负载状态。下面分别讨论每一种状态的特点。

1.5.1　开路（空载）状态

图 1-17 所示电路中，当开关 S 断开时，电路处于开路（空载）状态。

由于开路时电路未构成闭合回路，电路中的电流为零，负载两端的电压也为零，负载不消耗功率，这时电源的端电压在数值上等于电源电压，称为开路电压或空载电压，用 U_{OC} 表示。由于电路的电流为零，故电源不输出功率。

由上所述,电源开路状态供电的特点如下:

(1)端口电流:$I = I_{OC} = 0$。

(2)端口电压:$U = U_{OC} = U_S$。

(3)电源不输出功率,负载不消耗功率。

1.5.2　短路状态

图 1-17 所示电路中,当电源的两端 a 和 b 由于某种因素而直接接通时,即外电路电阻被短接,称电源被短路,如图 1-18 所示。这时,由于电源内阻 R_0 很小,电流会达到很大的数值,这个电流称为短路电流,用 I_{SC} 表示。

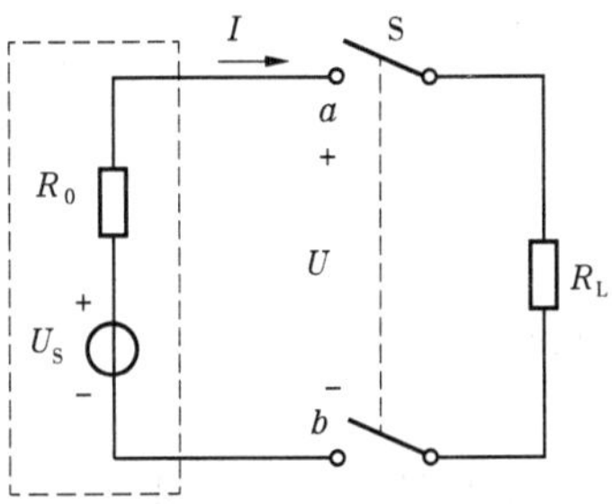

图 1-17　电路工作状态

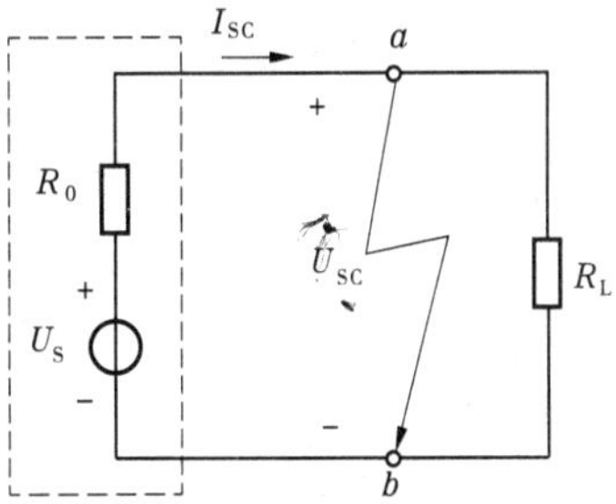

图 1-18　电路的短路状态

由上所述,电源短路状态供电的特点如下:

(1)端口电压:$U_{SC} = 0$。

(2)端口电流:$I_{SC} = \dfrac{U_S}{R_0}$。

(3)功率输出:$P = 0$。

(4)电源发出的功率以及电源内阻消耗的功率:$P_{U_S} = P_{R_0} = I^2 R_0$。

短路时,由于短路电流较大,实际电路应尽量避免。为了防止短路事故的发生,实际电路中通常会安装熔断器、自动空气开关等保护装置。一旦电路发生短路,能迅速切断故障电路,从而防止事故扩大,以保护电气设备不会受到短路电流的危害。

1.5.3　负载状态

图 1-17 所示为直流电源对负载供电的电路。将开关 S 闭合时,电路接通,电流通过负载 R_L,这种状态称为负载状态。由欧姆定律可得电路中的电流为

$$I = \frac{U_S}{R_0 + R_L} \tag{1-13}$$

负载两端的电压为

$$U = U_S - IR_0 \tag{1-14}$$

将式(1-14)中的各项乘以电流 I,得到功率平衡式:

$$UI = U_S I - I^2 R_0$$

即

$$P = P_{U_S} - \Delta P$$

式中：$P_{U_S}=U_SI$ 为电源产生的功率；$\Delta P=I^2R_0$ 为电源内阻上损耗的功率；$P=UI$ 为电源输出的功率。

根据上面的分析可知，在负载状态下，电源输出的功率和电流取决于负载的大小，并且电源输出的功率等于负载消耗的功率与电源内阻上消耗的功率之和，符合能量守恒定律。

实际电路中的负载状态，通常还可以分为额定工作状态、过载状态和欠载状态。额定工作状态又可称为满负荷运行，过载状态又叫过负荷或超载运行，欠载状态又称欠负荷或轻载运行。

电路器件和电气设备所能承受的电压和电流有一定的限度，其工作电压、电流、功率都有一个规定的正常使用的数值，这一数值称为设备的额定值，电气设备在额定值工作时的状态称为额定工作状态。

1.6 基尔霍夫定律

基尔霍夫定律是电路分析、计算时最基本的定律，也是最重要的定律，因为基尔霍夫定律贯彻电路分析始终。

基尔霍夫定律有两条，即基尔霍夫电流定律（也称基尔霍夫第一定律）（KCL）和基尔霍夫电压定律（也称基尔霍夫第二定律）（KVL）。为了便于讨论，先介绍几个有关的电路术语。

（1）支路。电路中流过同一电流的一个分支称为一条支路。如图 1-19 中共有三条支路，即 *bafe* 支路、*be* 支路、*bcde* 支路。

（2）节点。电路中，三条或三条以上支路的连接点称为节点。如图 1-19 中有两个节点，分别是 *b* 点和 *e* 点。

（3）回路。电路中由若干条支路构成的任一闭合路径，其中每个节点只经过一次，这条闭合路径称为回路。如图 1-19 中共有三个回路，即 *abefa* 回路、*bcdeb* 回路、*abcdefa* 回路。

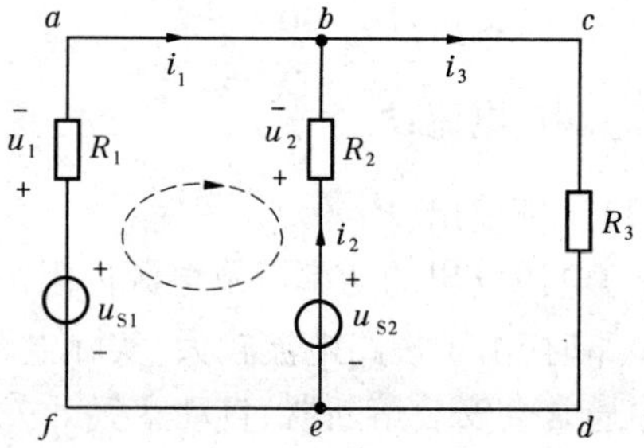

图 1-19　常用名词举例电路

（4）网孔。网孔是回路的一种。将电路画在同一个平面上，在回路内部不另含有支路的回路称为网孔。如图 1-19 中的 *abefa* 回路和 *bcdeb* 回路都是网孔，而 *abcdefa* 回路不是网孔。网孔一定是回路，而回路不一定是网孔。需要特别注意的是，只有平面电路中才可能有网孔。所以，一旦涉及网孔的概念，该电路一定是平面电路。

1.6.1 基尔霍夫电流定律

基尔霍夫电流定律（KCL）是建立在电荷连续性原理基础上用来描述电路中任一节点上各支路电流之间的约束关系的一条定律。其内容为：在线性集总参数电路中，任意时刻

电路中任一节点电流代数和为零。其数学表达式为

$$\sum i = 0$$

应用基尔霍夫电流定律求解电路的本质，就是列写电路方程。这里，首先需要判断出电路的节点数，其次就是给每个支路电流规定一个正方向，再者就是规定支路电流流入节点为正还是流出节点为正。

需要指出的是，规定支路电流流入节点为正还是流出节点为正，对于不同的节点，可以有不同的规定，但是同一个节点，规定只能有一个：即流入为正，流出为负；或者，流出为正，流入为负。

如图1-19的 b 节点，如果选定电流流出节点为正，流入节点为负，于是有：

$$-i_1 - i_2 + i_3 = 0$$

如图1-19的 e 节点，如果选定电流流出节点为负，流入节点为正，于是有：

$$-i_1 - i_2 + i_3 = 0$$

两个节点方程一样。因为电路中只有两个节点，应用KCL只能列出一个独立的节点电流方程。这里不再赘述。

如图1-20所示部分电路中，节点有 A、B、C 三个，各支路电流正方向已经给出。现在规定支路电流流入节点为正，应用KCL分别列写方程如下：

节点 A：　$I_A - I_{AB} + I_{CA} = 0$

节点 B：　$I_B - I_{BC} + I_{AB} = 0$

节点 C：　$I_C - I_{CA} + I_{BC} = 0$

将以上三个节点电流方程相加，于是有：

$$I_A + I_B + I_C = 0 \tag{1-15}$$

将式(1-15)与图1-20进行比照，如果将图1-20电路中 A、B、C 三个节点用一个封闭面包围（见图1-20），那么式(1-15)相当于是应用KCL在这个封闭面上列方程。

如果将这个封闭面称为广义节点，那么我们的结论是：基尔霍夫电流定律（KCL）不仅可以在电路的实实在在的节点上列方程，也可以在广义节点上列方程。

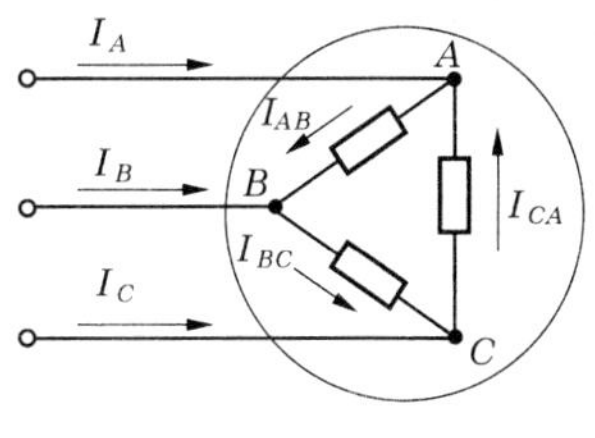

图1-20　KCL在广义节点上的应用

【例1-2】　求图1-21所示部分电路中的电流 I_1 和 I_2。

解：这是典型的利用KCL定律在广义节点上列写方程从而求解电路的题目。

首先，部分电路中有四个节点；其次，假设未知电流支路中的电流参考方向，如图1-22(a)所示。规定支路电流流入节点为正，利用KCL分别在 a、b、c、d 四个节点上列写方程：

a 节点：　$I_1 + 13 + (-5) - I_2 = 0$

b 节点：　$I_2 + 6 - I_3 - I_4 = 0$

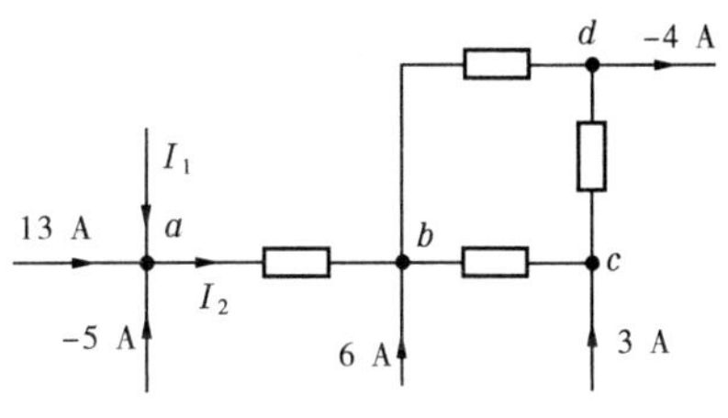

图1-21　例1-2图

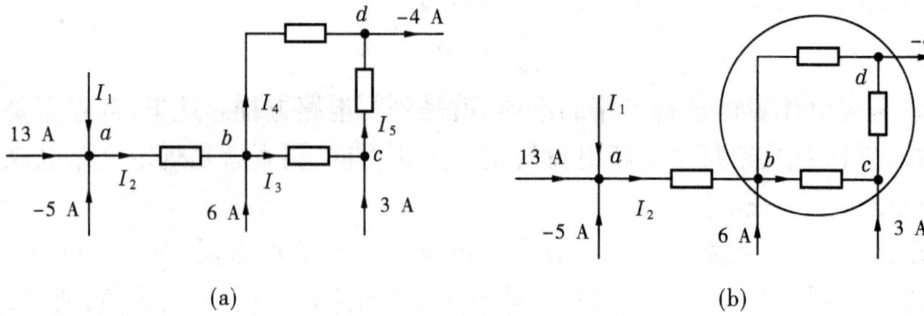

图 1-22 例 1-2 计算简图

c 节点：　　　　$I_3+3-I_5=0$

d 节点：　　　　$I_4+I_5-(-4)=0$

这里有 5 个未知量 I_1、I_2、I_3、I_4、I_5，只有 4 个节点电流方程，显然无法确定所有未知量的值。

但是，如果将节点 b、节点 c、节点 d 的三个方程相加，也就是将 $bcdb$ 回路看成一个广义节点，如图 1-22(b)所示。于是就有：

$$I_2+6+3-(-4)=0$$

所以：$I_2=-13$ A，将此结果代入节点 a 的方程可得：

$$I_1+13+(-5)-(-13)=0$$

所以：$I_1=-21$ A。

由此可知，本题中不能确定的电流是 I_3、I_4、I_5。

需要指出的是，求解 KCL 方程时，方程中有两重符号需要注意：一是电流正方向指向节点还是背离节点的符号，二是正方向下电流取值的符号。

1.6.2 基尔霍夫电压定律

基尔霍夫电压定律(KVL)是建立在电位单值性原理基础上反映电路中任一回路上各元件电压之间约束关系的定律。其内容表述为：在线性集总参数电路中，任意时刻电路中任一回路的电压代数和等于零。用数学表达式表示为

$$\sum u=0$$

应用基尔霍夫电压定律(KVL)求解电路的本质，也是列写电路方程。首先，需要为给定回路任意选定一个绕行方向；其次，规定该回路中各电压的正方向与绕行方向一致的取正还是取负。需要说明的是，不同的回路可以规定不同，但同一个回路只能有一个规定：即回路中各电压正方向与绕行方向一致的取正，相反则取负；或者与绕行方向一致的取负，相反则取正。

如图 1-19 所示电路中，选取回路 $abefa$ 的绕行方向为顺时针方向，规定：各元件电压正方向与绕行方向一致的取正，相反则取负。于是有：

$$-u_{S1}+u_1-u_2+u_{S2}=0$$

同样，KVL 不仅适用于闭合电路，也可应用到开口电路(或称假想回路)中。

如图 1-23 所示开口电路。首先，将该电路假想成通过端口电压 U 闭合的一条回路；其次，选取回路绕行方向如图 1-23 所示，规定与绕行方向一致的电压取正，相反则取负。于是应用 KVL 便有：$2I+4-U=0$，即 $U=2I+4$。

端口电压的另外一种计算方法：$U=U_{ab}=U_{ac}+U_{cb}=2I+4$。可以证明，KVL 在该开口电路上的应用是没问题的。

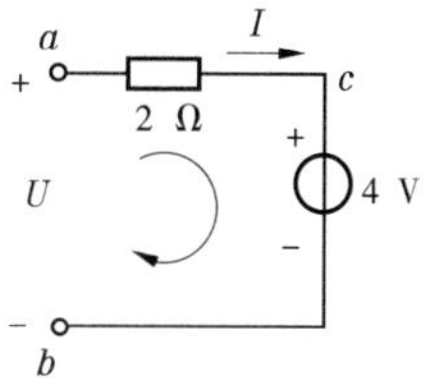

图 1-23　开口电路

【例 1-3】　有一闭合回路如图 1-24 所示，各支路的元件是任意的。已知 $U_{AB}=5$ V，$U_{BC}=-4$ V，$U_{DA}=-3$ V。试求：(1) U_{CD}；(2) U_{CA}。

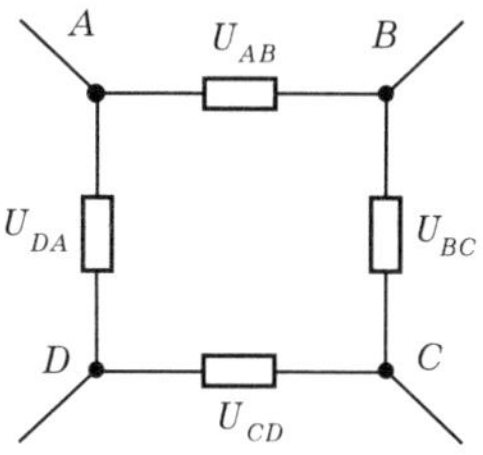

图 1-24　例 1-3 图

分析：这是典型的需要用 KVL 求电压，首先选好绕行方向，然后利用公式列方程就可以求解。但需要注意的是，绕行方向和电压方向的一致性问题。

解：选择顺时针方向为绕行方向，规定所有电压正方向与绕行方向一致取正，则 KVL 可得：

$$U_{AB}+U_{BC}+U_{CD}+U_{DA}=0$$

将 $U_{AB}=5$ V，$U_{BC}=-4$ V，$U_{DA}=-3$ V 代入得：

$$U_{CD}=-U_{AB}-U_{BC}-U_{DA}=-5-(-4)-(-3)=2(\text{V})$$

$$U_{CA}=U_{CD}+U_{DA}=2+(-3)=-1(\text{V})$$

1.7　电位的计算

电位只有大小，没有方向，是标量。电位的计算，本质就是计算电压，即计算电位点到参考点的电压降。

电位是一个相对量，其参考点是可以任意选取的。无论被选取的物体是不是带电，都可以被选取为标准位置 ——零参考点。参考点不同，各点电位的高低也不同，但是电路中任意两点之间的电压与参考点的选择无关。电路中，凡是比参考点电位高的各点电位是正电位，比参考点电位低的各点电位是负电位。

设电路中两点 A 和 B，任意选取电路中某点 O 为零电位参考点，A 点电位为 V_A，B 点电位为 V_B，则 $U_{AB}=V_A-V_B$，$U_{BA}=V_B-V_A$。

电位和电压虽然单位一样，但是二者有本质上的区别，那就是：

(1) 电位值是相对的，参考点选取的不同，电路中各点的电位也将随之改变。因此，在计算时，首先要选择一个零电位点，而零电位点一旦选定，不能随意更改。

(2) 电路中两点间的电压值是固定的，不会因参考点的不同而改变，即与零电位参考点的选取无关。

【例 1-4】　求图 1-25 所示电路中 a 点的电位。

解：应用等效原理或替代定理，图 1-25(a) 所示电路可改画为如图 1-26 所示电路。

由图 1-26 可得 a 点的电位即图 1-25(a) 中 a 点的电位为

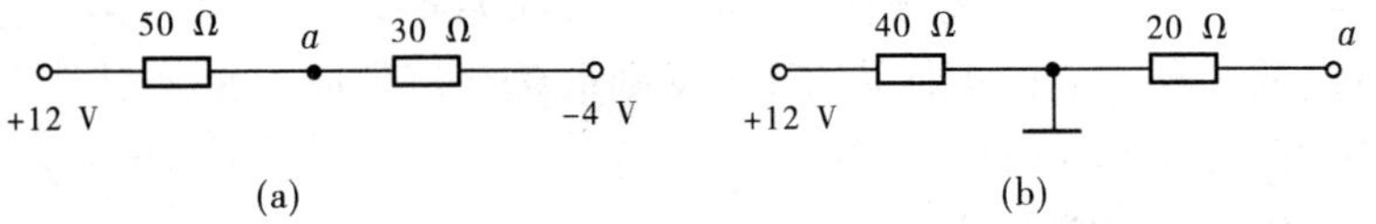

图 1-25　例 1-4 图

$$V_a = -4 + \frac{30}{50+30} \times (12+4) = 2(\text{V})$$

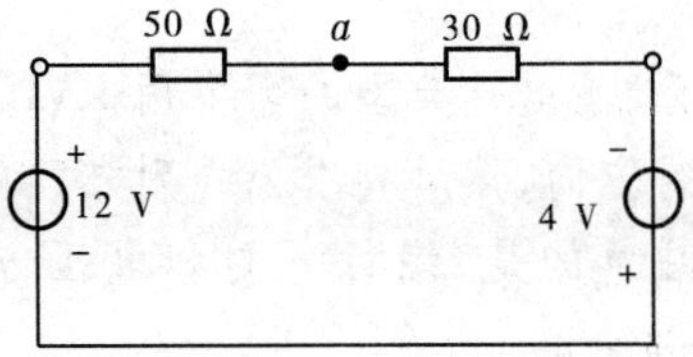

图 1-26　例 1-4 计算简图

图 1-25(b)所示电路中,因为 20 Ω 电阻中电流为零,故图中 a 点的电位为 0。

【例 1-5】　如图 1-27 所示电路,求开关 S 断开和闭合时 A、B 两点的电位 V_A、V_B。

解:设电路中电流为 I, +20 V 的电位点为 C, -20 V 的电位点为 D,参考点为 O,如图 1-28(a)所示。

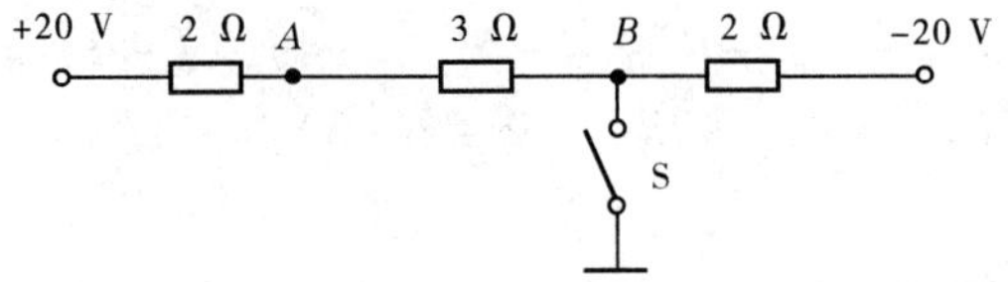

图 1-27　例 1-5 图

根据等效原理或替代定理可知,C、O 两点之间可以用 +20 V 的理想电压源代替,而 D、O 两点之间可以用 -20 V 的理想电压源代替,如图 1-28(b)所示。

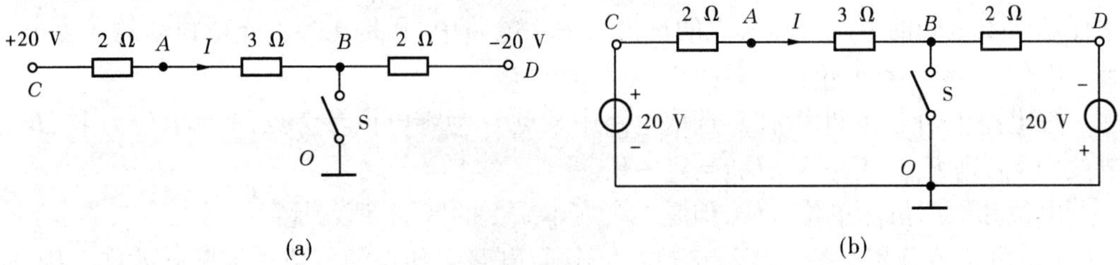

图 1-28　例 1-5 计算简图一

所以,当开关 S 断开时,电路为一单回路电路。由 KVL 可得:

$$(2+3+2)I - 20 - 20 = 0$$

解得:$I = \frac{40}{7}$ A。

因此：$V_A = 20 - 2I = 20 - 2 \times \frac{40}{7} = \frac{60}{7}(\text{V})$

$$V_B = 20 - (2+3)I = 20 - 5 \times \frac{40}{7} = -\frac{60}{7}(\text{V})$$

当开关 S 闭合时，电路如图 1-29 所示。

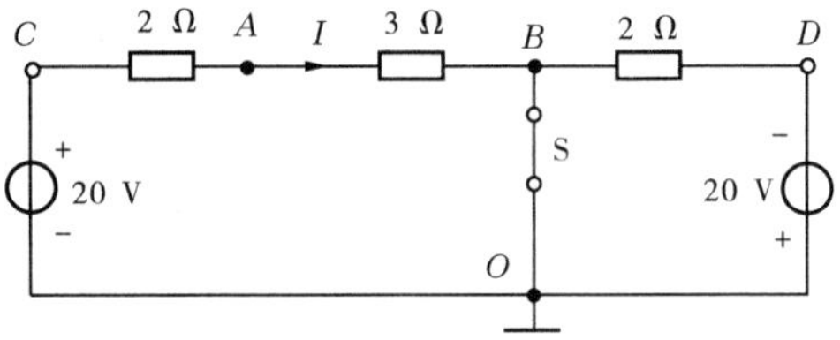

图 1-29　例 1-5 计算简图二

通过电路图可以看出：S 闭合后，电路有两个网孔。

因为 B 点通过导线和 O 点直接相连，因此 $V_B = 0$。

对左侧网孔，由 KVL 可得：

$$(2+3)I - 20 = 0$$

解得：$I = 4$ A，所以：

$$V_A = 3I = 3 \times 4 = 12(\text{V})$$

本章小结

1. 电路模型与电路中基本变量

在集总假设的条件下，定义一些理想电路元件（如 R、L、C 等），这些理想电路元件在电路中只起一种电磁性能作用，它有精确的数学解析式描述，也规定有模型表示符号。

对实际的元器件，根据它应用的条件及所表现出的主要物理性能，对其作某种近似于理想化（要有实际工程观点），用所定义的一种或几种理想元件模型的组合连接，构成实际元器件的电路模型。若将实际电路中各实际部件都用它们的模型表示，这样所画出的图称为电路模型图（又称电原理图）。

电路中的基本变量如下：

(1) 电流。电荷有规则地定向移动形成传导电流。其大小用电流强度表示，即 $i = \mathrm{d}q/\mathrm{d}t$，单位为安（A）。电流的实际方向规定为正电荷移动的方向。

(2) 电压。电位之差称为电压。用移动单位正电荷电场力做功来定义，即 $u = \mathrm{d}w/\mathrm{d}q$，单位为伏（V）。电压的实际方向规定为电位降低的方向。

(3) 电压、电流的参考方向是可以任意假设的，若参考方向下电压、电流取正值，说明参考方向与实际方向一致，否则相反。

(4) 功率。做功的速率称为功率，即 $p = \mathrm{d}w/\mathrm{d}t$，单位是瓦（W）。

对二端电路（其内可以是单个电路元件，亦可以由若干电路元件组合连接构成），设电压电流参考方向关联，若算出该段电路功率 $p > 0$，则吸收（消耗）功率；若 $p < 0$，则发出

(产生)功率。电压电流参考方向非关联时,结论相反。

(5)电源。本章所讨论的电源均为独立电源,而独立电源可以分为独立电压源和独立电流源两个部分。

理想的独立电压源的端钮电压总能保持某一恒定值或时间函数值,而与通过它们的电流无关,也称为恒压源。理想电压源的电流是任意的,与电压源的负载(外电路)状态有关。

实际的电源总是有内部消耗的,只是内部消耗通常都很小,因此可以用一个理想的电压源元件与一个阻值较小的电阻(内阻)串联组合来等效。

理想电流源也是实际电源的一种抽象。它提供的电流总能保持恒定值或时间函数值,而与它两端所加的电压无关,也称为恒流源。理想电流源两端所加电压是任意的,与电流源的负载(外电路)状态有关。

实际的电源总是有内部消耗的,只是内部消耗通常都很小,因此可以用一个理想的电流源元件与一个阻值很大的电阻(内阻)并联组合来等效。

对于外电路而言,恒压源(U_S)与内阻 R_0 串联组合可以和恒流源(I_S)与内阻 R_0 并联等效,条件是内阻 R_0 不变,$U_S = I_S R_0$。

2. 基本定律

电路的基本定律如表 1-1 所示。

表 1-1 电路的基本定律

定律名称	描述对象	定律形式	应用条件
OL(欧姆定律)	电阻 (电导)	$U = RI$ ($I = GU$)	线性电阻(电导);u、i 参考方向关联,若非关联公式中冠以负号
KCL(基尔霍夫电流定律)	节点	$\sum i(t) = 0$	任何集总参数电路(含线性、非线性、时变、时不变电路)
KVL(基尔霍夫电压定律)	回路	$\sum u(t) = 0$	(同 KCL)

习题一

1-1 有一可变电阻器(可视为线性电阻元件),允许通过的最大电流为 0.3 A,电阻值为 2 kΩ,求电阻器两端允许加的最大电压,此时消耗的功率为多少?

1-2 一个标明 220 V、25 W 的灯泡,如果把它接在 110 V 的电源上,这时它消耗的功率是多少?(假定灯泡为线性电阻元件)

1-3 某楼内有 220 V、100 W 的灯泡 100 只,平均每天使用 3 h,每月(一个月按 30 d 计算)消耗多少电能?

1-4　一电阻 R 上 u、i 参考方向不一致，令 $u=-10$ V，消耗功率为 0.5 W，则电阻阻值 R 为多大？

1-5　计算如图 1-30 所示电路吸收或发出的功率。

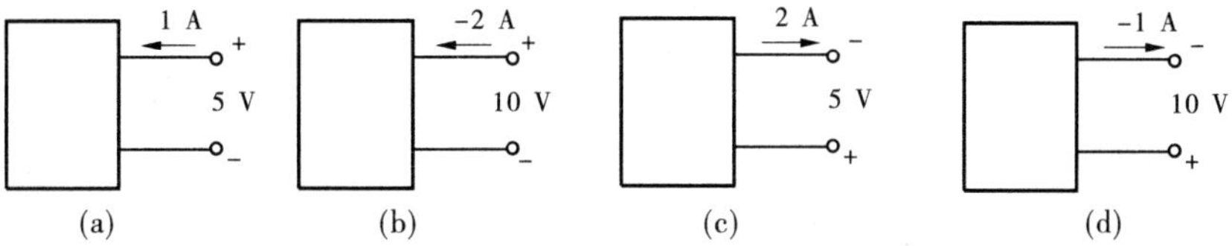

图 1-30　习题 1-5 图

1-6　如图 1-31 所示电路中，已知 $I_1=2$ A，$I_2=-3$ A，$I_3=-2$ A，试求 I_4。

1-7　如图 1-32 所示电路，已知 $i_1=4$ A，$i_2=7$ A，$i_4=10$ A，$i_5=-2$ A，求电流 i_3、i_6。

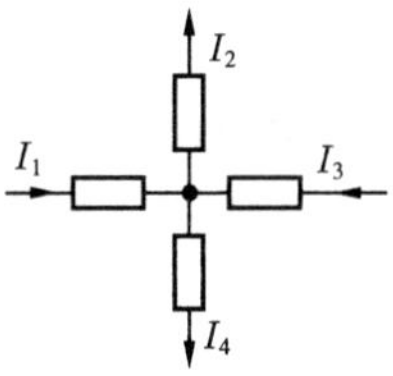

图 1-31　习题 1-6 图

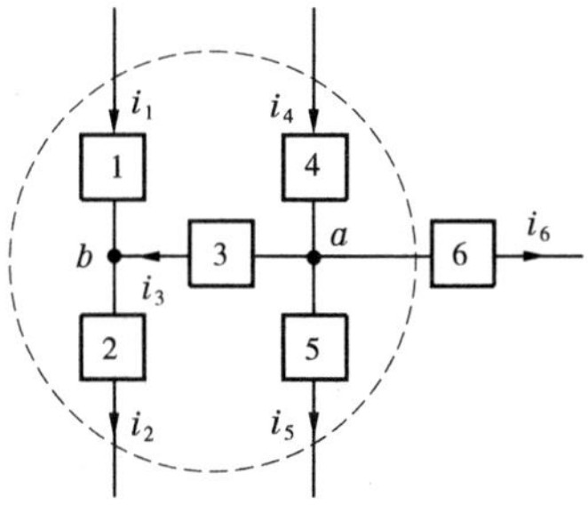

图 1-32　习题 1-7 图

1-8　如图 1-33 所示电路中，$I_1=3$ mA，$I_2=1$ mA。试确定电路元件 3 中的电流 I_3 和其两端电压 U_{ab}，并说明它是电源还是负载。

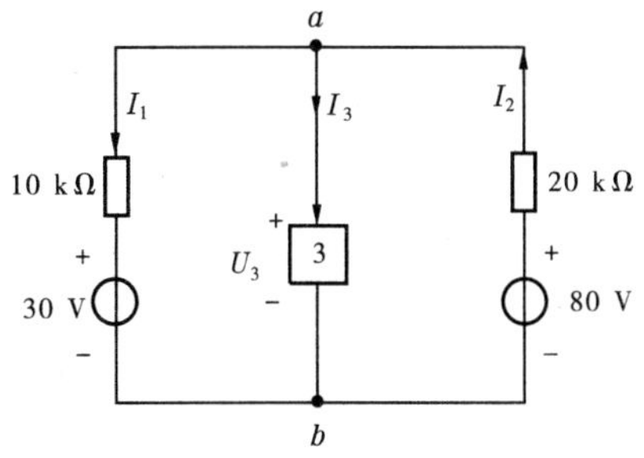

图 1-33　习题 1-8 图

1-9　如图 1-34 所示电路，用 KVL 列端口电压、端口电流的关系表达式。

1-10　利用 KCL 和 KVL 求图 1-35 所示电路中电压 U。

1-11　如图 1-36 所示电路，求各电阻支路的电流。

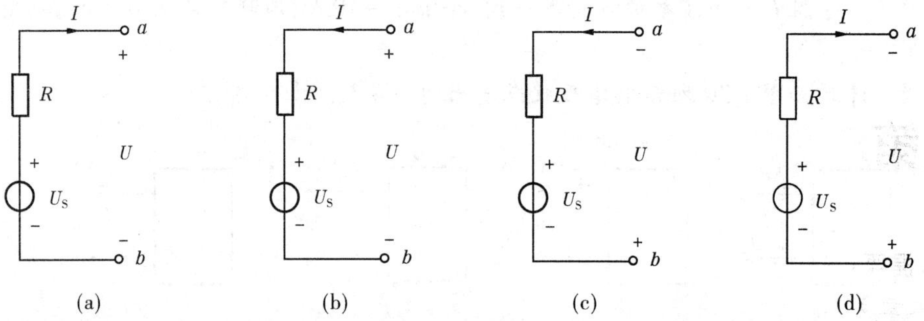

图 1-34　习题 1-9 图

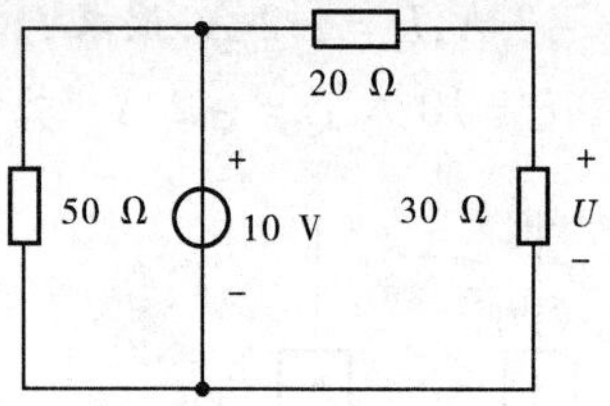

图 1-35　习题 1-10 图

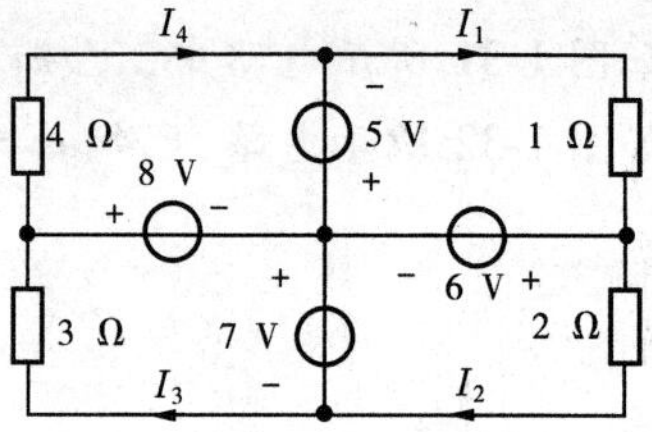

图 1-36　习题 1-11 图

1-12　如图 1-37 所示电路，c 点为参考点。已知：$V_a = -6$ V，$V_b = -3$ V，$V_d = -2$ V，$V_e = -4$ V。求 U_{ab}、U_{cd} 各是多少？若选 d 点为参考点，则各点电位各是多少？

1-13　如图 1-38 所示电路，已知 $U_{AB} = 10$ V，$U_{CB} = 20$ V，$U_{AD} = 15$ V，以 A 为参考点，试求 A、B、C、D 四点电位 V_A、V_B、V_C、V_D。若以 C 为参考点，上述各点电位又是多少？

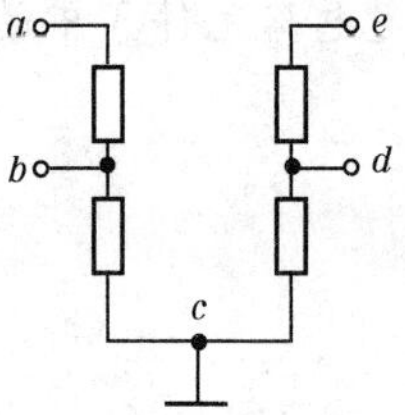

图 1-37　习题 1-12 图

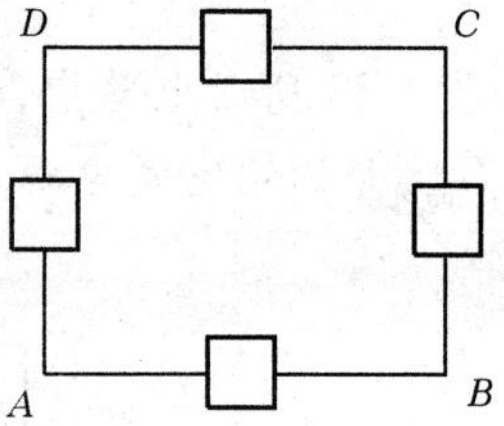

图 1-38　习题 1-13 图

1-14　试求如图 1-39 所示电路中 A 点的电位 V_A。

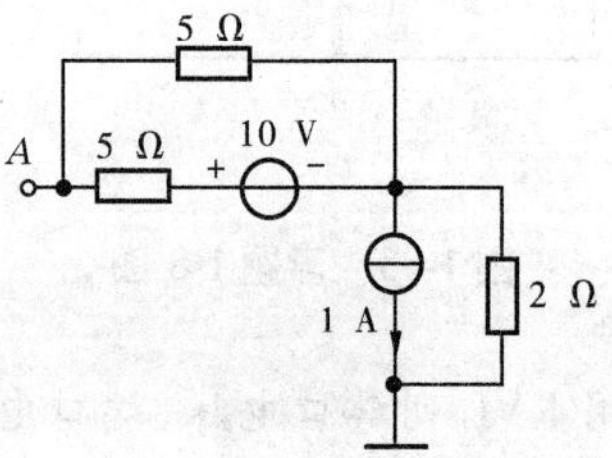

图 1-39　习题 1-14 图

第2章　线性电阻电路的分析

【内容提要】

本章主要介绍电路的分析方法，归纳起来分为三类，即等效变换、网络方程法和网络定理。等效变换包括电阻串、并联及Y—△等效，电源和电阻的串、并联及电源模型的等效变换；网络方程法包括支路电流法、网孔电流法、节点电压法；网络定理则包括叠加定理、戴维南定理和诺顿定理等。需要指出的是，这些方法虽然在直流电路中介绍，但是对交流电路同样适用。最后介绍含有受控源的电路分析。

【学习要求】

- 理解等效网络及等效变换的概念，能利用等效变换求解电路；
- 理解网络方程法的解题思路，能利用网络方程法求解电路；
- 理解叠加定理，能利用叠加定理求解电路；
- 理解戴维南定理，能利用戴维南定理求解电路；
- 了解受控源的概念以及含受控源电路的分析计算。

2.1　等效变换

2.1.1　二端网络

电路或网络的一个端口是向外引出的一对端钮，这对端钮可以作测量用，也可以作为与外部的电源或其他网络连接用。从一个电路或网络引出这样一个端口有两种办法。一种是“跨接”式的，如图2-1(a)所示，它用两根导线接到网络的两个有关节点来引出一个端口；另一种是“插入”式的，如图2-1(b)所示，它把网络的某一导线割断后引出一个端口。不管采用哪一种方式，如果网络具有两个引出端钮与外电路相连，而不管其内部结构如何复杂，这样的网络就叫作一端口网络或二端网络，又叫单口网络。

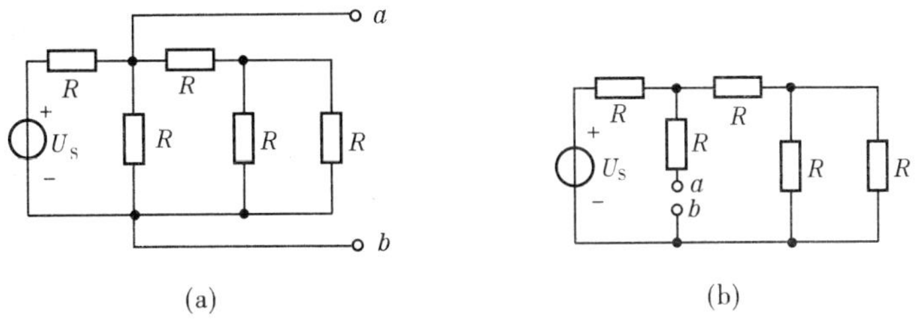

图2-1　端口的引出方式

图2-2(a)、(b)、(c)又示出几个不同的一端口网络，如果把端口以内的网络用一个

方框来表示,就得到图2-2(d)所示的一端口网络的图形表示。显然,对一个端口来说,从它的一个端钮流出的电流一定等于从另一端钮流入的电流。

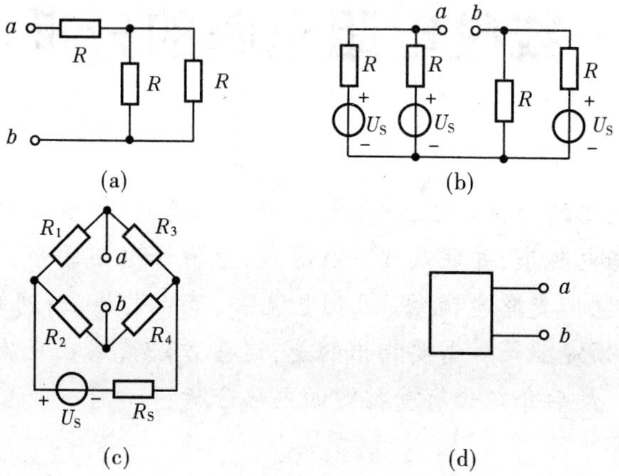

图2-2 二端网络

二端网络按其内部是否含有电源,可分为无源和有源两种,若网络内部含有电源,称为有源二端网络,否则称为无源二端网络。图2-2(a)为无源二端网络,图2-2(b)、(c)为有源二端网络。

2.1.2 等效网络及等效变换的基本概念

2.1.2.1 等效网络

如果一个单口网络N的端口电压、电流关系和另一个单口网络N′的端口电压、电流关系完全相同,则这两个单口网络N和N′是等效的。

例如,图2-3(a)为三个电阻串联,图2-3(b)为一个电阻R。端口电压为U、端口电流为I、正方向如图2-3(a)所示。

(a)三个电阻串联 (b)一个电阻

图2-3 等效网络

对于图2-3(a):$U=I(R_1+R_2+R_3)$,对于图2-3(b):$U=IR$。

若$R=R_1+R_2+R_3$,则两个二端网络的端口伏安关系相同,所以满足$R=R_1+R_2+R_3$,两个网络即为等效网络。

2.1.2.2　等效变换

两个等效网络之间的互换即为等效变换。

等效变换是电路分析方法中一种有效的分析方法。其分析思路是通过改变电路的结构,从而简化电路,以达到简化电路计算的目的。

图 2-3(a)、(b)为等效网络,它们之间的互换即为等效变换。例如图 2-3(a)(三个电阻串联)可以用图 2-3(b)(一个电阻)来等效;若有需要,图 2-3(b)(一个电阻)也可以用图 2-3(a)(三个电阻串联)来等效。

进行复杂电路分析时,通常要多次用到等效变换。每次变换选取电路中的某一部分(一个二端网络)进行,直至电路最简。如图 2-4 所示电路,图 2-4(a)中虚框部分(四个电阻)要经过三次等效,最终变换成图 2-4(b)图中的虚框(一个电阻)。

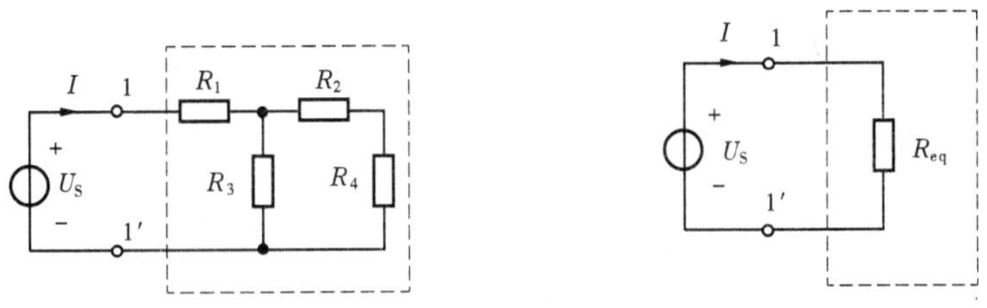

(a)混联电阻　　(b)等效电阻

图 2-4　等效变换

2.1.3　电阻的串联、电阻的并联及其等效变换

2.1.3.1　电阻的串联

1. 电阻串联的特点

(1)所有串联电阻具有相同的电流,这是判断电阻是否串联的依据。

(2)串联电阻具有分压作用。因为串联电阻上的电流相同,所以电阻值越大,分得的电压越高。其分压关系为

$$U_k = R_k I = \frac{R_k}{R_{eq}} U \qquad (k = 1, 2, \cdots, n) \tag{2-1}$$

式(2-1)称为电压分配公式,或称分压公式。R_{eq}称为 n 个电阻串联时的等效电阻。

(3)电阻串联后的等效电阻为

$$R_{eq} = \frac{U}{I} = R_1 + R_2 + R_3 + \cdots + R_k + \cdots + R_n = \sum_{k=1}^{n} R_k \tag{2-2}$$

2. 电阻串联的等效变换

图 2-5(a)所示电路的虚框部分为 n 个电阻 R_1、R_2、…、R_n的串联电路,图 2-5(b)中的虚框部分 R_{eq}为图 2-5(a)所示 n 个电阻串联时的等效电阻。那么,图 2-5(b)所示电路为图 2-5(a)所示电路的等效电路,或者说从图 2-5(a)到图 2-5(b)的变换为串联电阻的等效变换。

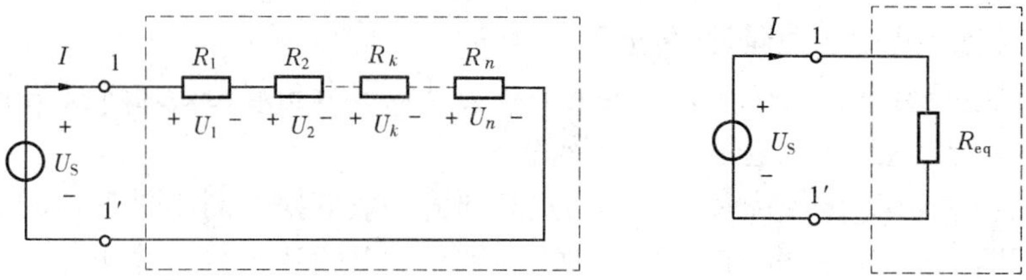

(a)串联电阻　　　　(b)等效电阻

图 2-5　串联电阻的等效变换

2.1.3.2　电阻的并联

1. 电阻并联的特点

(1)所有并联电阻具有相同的电压,这是判断电阻是否并联的依据。

(2)并联电阻具有分流作用。因为所有并联电阻电压相同,所以电阻大的支路电流小,而电阻小的支路电流大。其分流关系为

$$I_k = \frac{U}{R_k} = \frac{R_{eq}}{R_k}I \tag{2-3}$$

式(2-3)称为分流公式。

(3)若电阻并联后的等效电阻为 R_{eq},那么它与并联电阻之间的关系为

$$\frac{1}{R_{eq}} = \frac{1}{R_1} + \frac{1}{R_2} + \cdots + \frac{1}{R_n} \tag{2-4}$$

2. 电阻并联的等效变换

图 2-6(a)所示的电路虚框中为 n 个电阻并联,图 2-6(b)中的虚框部分 R_{eq} 为图 2-6(a)所示 n 个电阻并联的等效电阻。那么,图 2-6(b)所示电路为图 2-6(a)所示电路的等效电路,或者说从图 2-6(a)到图 2-6(b)的变换为电阻并联的等效变换。

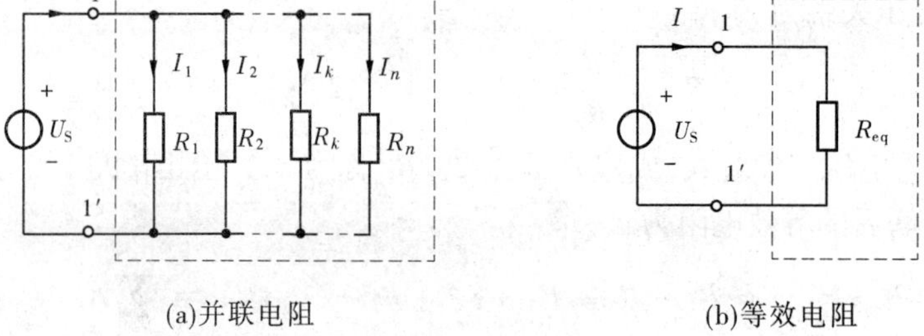

(a)并联电阻　　　　(b)等效电阻

图 2-6　并联电阻的等效变换

在进行电阻的串联、并联、串并联(混联)的等效变换时,首要问题是弄清楚电阻的串、并联关系,然后逐步进行等效。下面通过例题进行介绍。

【例 2-1】 求图 2-7 所示各单口网络的等效电阻 R_{ab}。已知图 2-7(a)中,$R_1 = R_2 = 6\ \Omega, R_3 = 7\ \Omega, R_4 = 10\ \Omega$;图 2-7(b)中,$R_1 = R_2 = R_3 = R_4 = R_5 = 10\ \Omega$。

解: 如图 2-7(a)所示,单口网络中电阻的串、并联关系为 R_1 和 R_2 并联后与 R_3 串联,

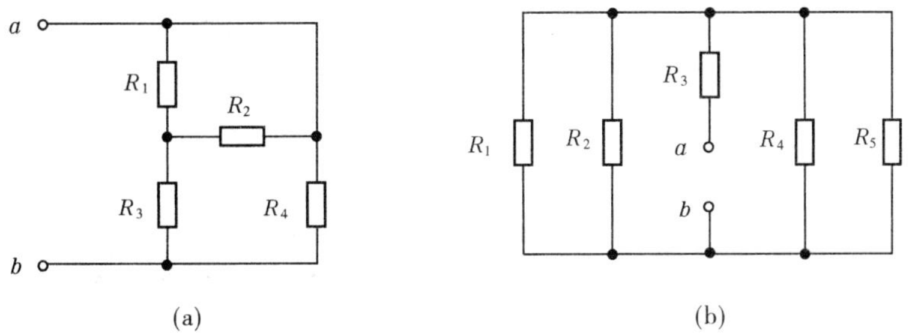

图2-7 例2-1图

最后与 R_4 并联。所以 ab 两端的等效电阻为

$$R_{ab} = [(R_1//R_2)+R_3]//R_4$$

$$= \frac{\left(\frac{6\times 6}{6+6}+7\right)\times 10}{\left(\frac{6\times 6}{6+6}+7\right)+10} = 5(\Omega)$$

如图2-7(b)所示,单口网络中电阻的串、并联关系为 R_1、R_2、R_4、R_5 四个电阻并联后,再与 R_3 串联。所以 ab 两端的等效电阻为

$$R_{ab} = (R_1//R_2//R_4//R_5)+R_3$$

$$= \frac{1}{\frac{1}{10}+\frac{1}{10}+\frac{1}{10}+\frac{1}{10}}+10 = 12.5(\Omega)$$

2.1.4* 电阻的星形连接、三角形连接及电阻的星形连接与三角形连接的等效变换

电路分析时,对于有些较为复杂的电路而言,电阻的连接关系不是简单的串联或并联,如图2-8所示桥式电路。图中 R_1、R_3、R_5 三个电阻以及 R_2、R_4、R_5 三个电阻构成的连接,通常称为星形连接(或Y连接);而 R_1、R_2、R_5 三个电阻以及 R_3、R_4、R_5 三个电阻构成的连接,通常称为三角形连接(或△连接)。这样的电路,利用电阻的串联、并联等效变换,显然已经解决不了问题了。

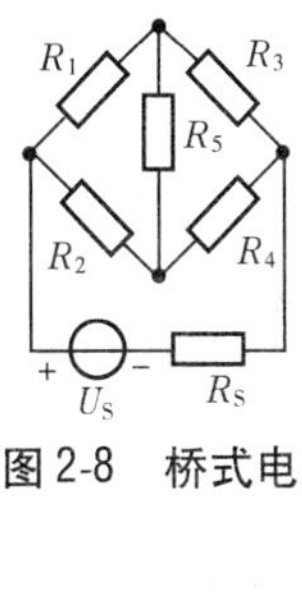

图2-8 桥式电路

下面介绍电阻的星形连接、三角形连接及电阻的星形连接与三角形连接的等效变换。

2.1.4.1 电阻的星形连接和三角形连接

如图2-9所示电路中,图2-9(a)中的三个电阻接成Y形并通过三个端子(1、2、3)与外部电路连接,称为电阻的星形连接。图2-9(b)中的三个电阻接成△并通过三个端子(1、2、3)与外部电路连接,称为电阻的三角形连接。

2.1.4.2 电阻的星形连接与三角形连接的等效变换

对于图2-9(a)所示的Y接电路与图2-9(b)所示的△接电路来说,如果对应端口(两图中的12、23、31端口)的电压、电流关系相同,则两个电路等效。因为等效,所以可以互

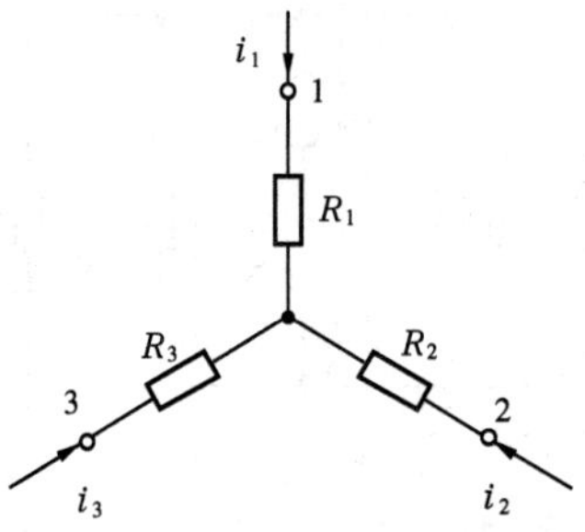

(a)Y连接电路

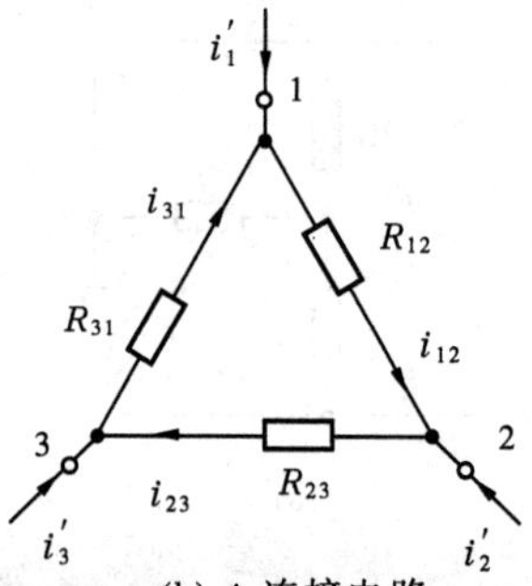

(b) △连接电路

图 2-9　Y 连接和△连接

换。这种互换,称为电阻的 Y—△等效变换。

这里理论推导略去,直接给出 Y—△等效变换的计算公式:

$$\left.\begin{aligned} R_{12} &= \frac{R_1R_2 + R_2R_3 + R_3R_1}{R_3} = R_1 + R_2 + \frac{R_1R_2}{R_3} \\ R_{23} &= \frac{R_1R_2 + R_2R_3 + R_3R_1}{R_1} = R_2 + R_3 + \frac{R_2R_3}{R_1} \\ R_{31} &= \frac{R_1R_2 + R_2R_3 + R_3R_1}{R_2} = R_3 + R_1 + \frac{R_3R_1}{R_2} \end{aligned}\right\} \tag{2-5}$$

和

$$\left.\begin{aligned} R_1 &= \frac{R_{12}R_{31}}{R_{12} + R_{23} + R_{31}} \\ R_2 &= \frac{R_{23}R_{12}}{R_{12} + R_{23} + R_{31}} \\ R_3 &= \frac{R_{31}R_{23}}{R_{12} + R_{23} + R_{31}} \end{aligned}\right\} \tag{2-6}$$

式(2-5)为已知 Y 接电路的电阻(R_1、R_2、R_3),计算等效的△接电路的电阻(R_{12}、R_{23}、R_{31})的计算公式。若 $R_1 = R_2 = R_3 = R_Y$,则 $R_{12} = R_{23} = R_{31} = R_\triangle$,而且 $R_\triangle = 3R_Y$。

式(2-6)则为已知△接电路的电阻(R_{12}、R_{23}、R_{31}),计算等效的 Y 接电路的电阻(R_1、R_2、R_3)的计算公式。若 $R_{12} = R_{23} = R_{31} = R_\triangle$,则 $R_1 = R_2 = R_3 = R_Y$,而且 $R_Y = \frac{1}{3}R_\triangle$。

【例 2-2】　如图 2-10 电路中,已知 $R_1 = R_2 = R_3 = 3\ \Omega$,$R_4 = 5\ \Omega$,$R_5 = 2\ \Omega$,$U_S = 6$ V,求电流 I。

解:由图 2-10 可知:可以运用 Y—△等效变换来简化电路。将图 2-10 中 R_1、R_2、R_3 三个电阻对端点①、②、③所形成的△接变换成 Y 接,如图 2-11 所示。

因为 $R_1 = R_2 = R_3 = 3\ \Omega$,可得 $R_① = R_② = R_③ = \frac{1}{3}R_\triangle$,则等效变换后的 Y 接三个电阻均为 1 Ω,即 $R_① = R_② = R_③ = 1\ \Omega$。

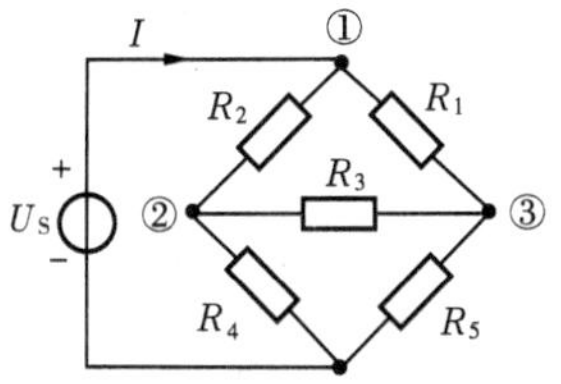

图 2-10　例 2-2 图

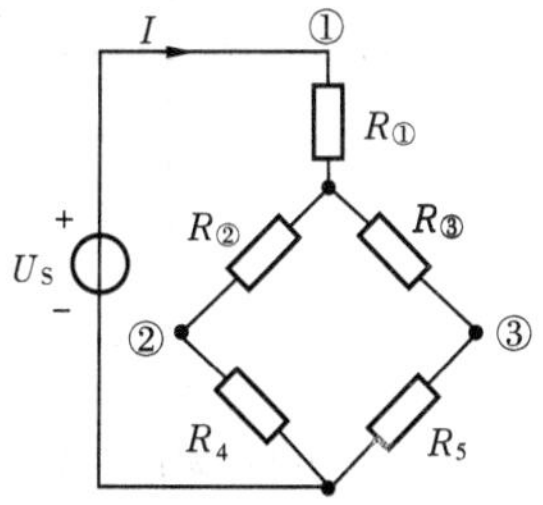

图 2-11　△—Y 等效变换图

再对电路进行电阻的串并联等效变换，如图 2-11 所示电路的等效电阻为

$$R_{eq} = 1 + \frac{(1+5)\times(1+2)}{(1+5)+(1+2)} = 3(\Omega)$$

所以，电流 $I=\dfrac{6\ \text{V}}{3\ \Omega}=2\ \text{A}$。

2.1.5　理想电压源与理想电流源串并联的等效变换

2.1.5.1　理想电压源的串并联等效

1. 理想电压源的串联

图 2-12(a)所示为 n 个电压源的串联。由 KVL 可知，该串联组合可以用一个理想电压源等效替代，如图 2-12(b)所示，这个等效电压源的电压为

$$u_S = \sum_{k=1}^{n} u_{Sk} \tag{2-7}$$

利用式(2-7)计算时，如果图 2-12(a)所示电路中某一电压源 u_{Sk} 的参考方向与图 2-12(b)中等效电压源 u_S 的参考方向一致，则 u_{Sk} 的前面取“+”号，否则取“−”号。

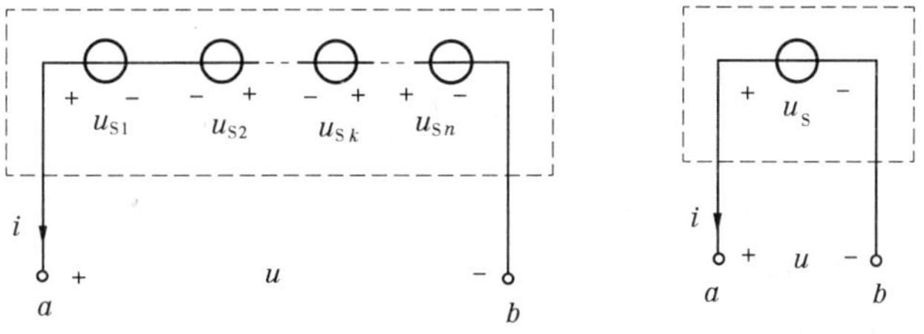

(a)若干个电压源串联　　(b)等效电压源

图 2-12　电压源串联的等效变换

2. 理想电压源的并联

对理想电压源来说，由于 U_S 恒定的特点，大小、方向不一致的电压源不允许并联，否则违背 KVL，没有意义，只有大小相等而且方向一致的电压源才允许并联，如图 2-13(a)所示。其等效后的电压源电压与并联电压源的电压相等，如图 2-13(b)所示。

也就是说，一个理想电压源可以等效成若干个数值相等、方向一致的理想电压源的并联组合；同样，若干个数值相等、方向一致的理想电压源的并联组合，也可以等效成一个数

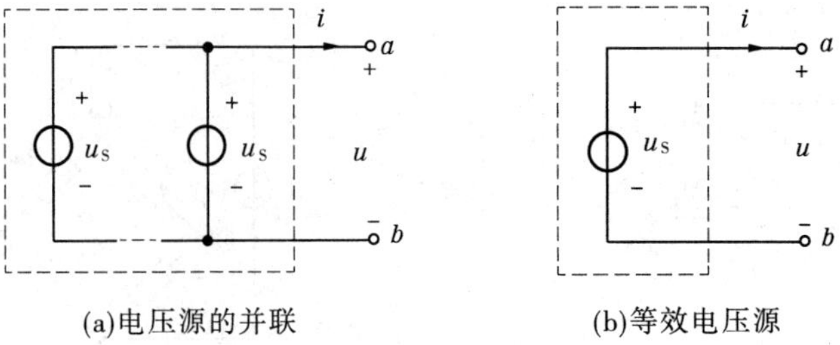

图 2-13　电压源的并联及其等效

值相等、方向一致的理想电压源。

2.1.5.2　理想电流源的串并联等效

1. 理想电流源的串联

对于一个串联支路来说,支路中各元件电流相同。因此,数值不等、方向不一致的理想电流源的串联是没有意义的。只有数值相等且方向一致的理想电流源的串联才有意义,如图 2-14(a)所示。其等效电路为一理想电流源,数值、方向与串联电流源相同,如图 2-14(b)所示。

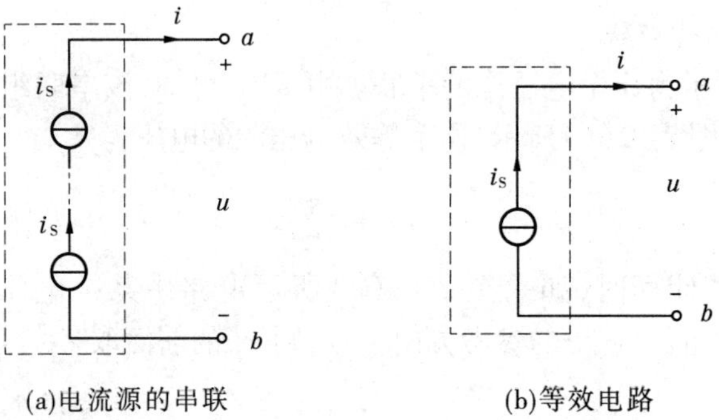

图 2-14　电流源的串联及其等效电路

也就是说,一个理想电流源可以等效成若干个数值相等、方向一致的理想电流源的串联组合;同样,若干个数值相等、方向一致的理想电流源的串联组合,也可以等效成一个数值相等、方向一致的理想电流源。

2. 理想电流源的并联

若干个理想电流源的并联组合(见图 2-15(a)),可以用一个理想电流源等效替代(见图 2-15(b))。该等效电流源的电流为

$$i_S = \sum_{k=1}^{n} i_{Sk} \tag{2-8}$$

利用式(2-8)计算时,如果图 2-15(a)所示电路中某一电流源 i_{Sk} 的参考方向与图 2-15(b)中等效电流源 i_S 的参考方向一致,则 i_{Sk} 的前面取"+"号,否则取"-"号。

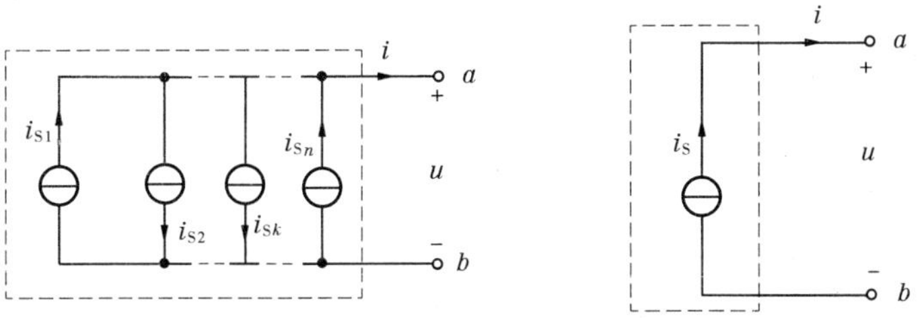

(a)若干个电流源并联　　(b)等效电流源

图 2-15　电流源的并联及其等效变换

2.1.6　理想电压源、理想电流源与其他元件(或组合)的并联、串联等效变换

2.1.6.1　理想电压源与其他元件(或元件组合)的并联

图 2-16(a)所示的电路中,N′可以为电流源、电阻或元件组合。对这一单口网络而言,因为理想电压源的存在,该单口网络无论它的端口 ab 处是断开,还是与外电路连接,无论连接怎样的负载,其端口电压 $u=u_S$。因此,对图 2-16(a)虚框以外的电路来说,虚框部分的等效电路就是一个理想电压源,如图 2-16(b)所示。

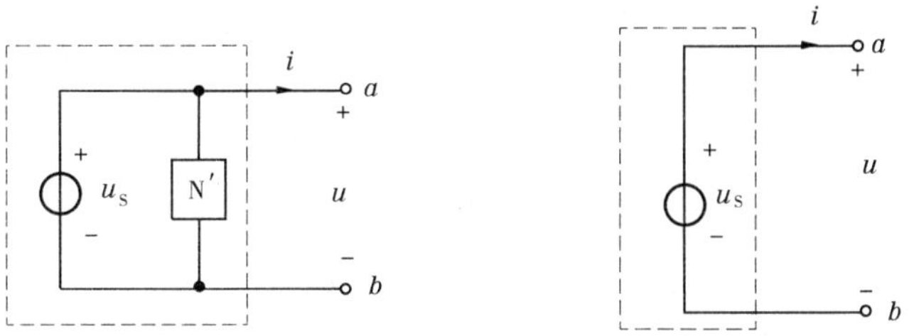

(a)电压源与其他元件(或元件组合)并联　　(b)等效电路

图 2-16　电压源与其他元件(或元件组合)并联时的等效变换

需要指出的是,这种变换对被等效部分电路(图 2-16(a)中虚框部分)来说,其内部不一定等效(或者说一定不等效)。但是,对被等效部分(虚框)以外的电路而言,则一定是等效的。

因此,对电路作等效变换时,凡是类似图 2-16(a)所示电路,对端口 ab 来说,与电压源并联的元件、组合等一律断开。

2.1.6.2　理想电流源与其他元件(或元件组合)的串联

图 2-17(a)所示的部分电路中,N′可以为理想电压源、电阻或元件组合。因为理想电流源的存在,对这一单口网络端口以外的电路来说,该二端网络的等效电路就是一个理想电流源,如图 2-17(b)所示。

同样需要指出的是,这种变换对被等效部分电路(图 2-17(a)中虚框部分)来说,其内部不一定等效(或者说一定不等效)。但是,对被等效部分(虚框)以外的电路而言,则一定是等效的。

(a)电流源与其他元件(或元件组合)串联　　(b)等效电路

图 2-17　电流源与其他元件(或元件组合)串联时的等效变换

因此,对电路作等效变换时,凡是类似图 2-17(a)所示电路,对端口 ab 来说,与电流源串联的元件、组合等一律短路。

2.1.6.3　两种电源模型之间的等效变换

图 2-18(a)为实际电源的电压源模型,图 2-18(b)为实际电源的电流源模型。

(a)实际电源的电压源模型　　(b)实际电源的电流源模型

图 2-18　实际电源的电压源模型与电流源模型

对图 2-18(a)所示电压源模型来说,应用 KVL 可得端口电压、电流关系:

$$u = u_S - Ri \tag{2-9}$$

对图 2-18(b)所示电流源模型来说,应用 KCL 可得端口电压、电流关系:

$$u = (i_S - i)R' = R'i_S - R'i \tag{2-10}$$

由等效网络的概念可知,若图 2-18(a)所示电压源模型与图 2-18(b)所示电流源模型等效,则分别表示其端口电压、电流关系的式(2-9)与式(2-10)应相同。比较式(2-9)和式(2-10)可知,如果两式相同,则必须同时满足:

$$R = R' \tag{2-11}$$

$$u_S = R'i_S \quad 或 \quad i_S = u_S/R' \tag{2-12}$$

对图 2-18 所示的电压源模型和电流源模型来说,若式(2-11)和式(2-12)同时满足,那么两个模型是等效的,也就可以互换了。

需要注意的是,两个模型等效变换时,理想电压源的正极对应的端点与理想电流源箭头对应的端点应相同,如图 2-18 所示都对应 a 端。

【例 2-3】　利用等效变换求图 2-19(a)所示电路的最简等效电路。

解:如图 2-19(a)所示电路的串并联关系为:3 A 电流源与 5 Ω 电阻并联、10 V 电压源与 10 Ω 电阻并联,然后串联。下面开始等效变换。

第一步:将与 10 V 电压源并联的 10 Ω 电阻断开,如图 2-19(b)所示;

第二步:将 3 A 电流源与 5 Ω 电阻的并联组合变换成 15 V 电压源与 5 Ω 电阻串联的

组合,如图2-19(c)所示;

第三步:将顺向串联的15 V电压源与10 V电压源等效成25 V电压源,如图2-19(d)所示,即为最简等效电路。

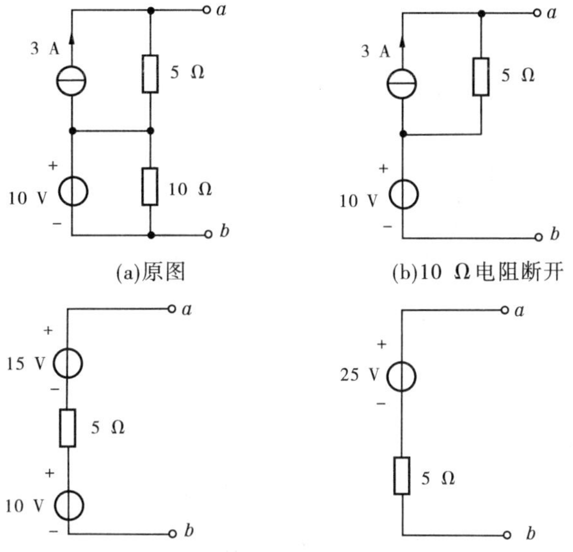

(a)原图　(b)10 Ω电阻断开

(c)并联组合变换成串联组合　(d)最简等效电路

图2-19　例2-3图

【例2-4】　利用等效变换求图2-20(a)所示电路中的电流I。

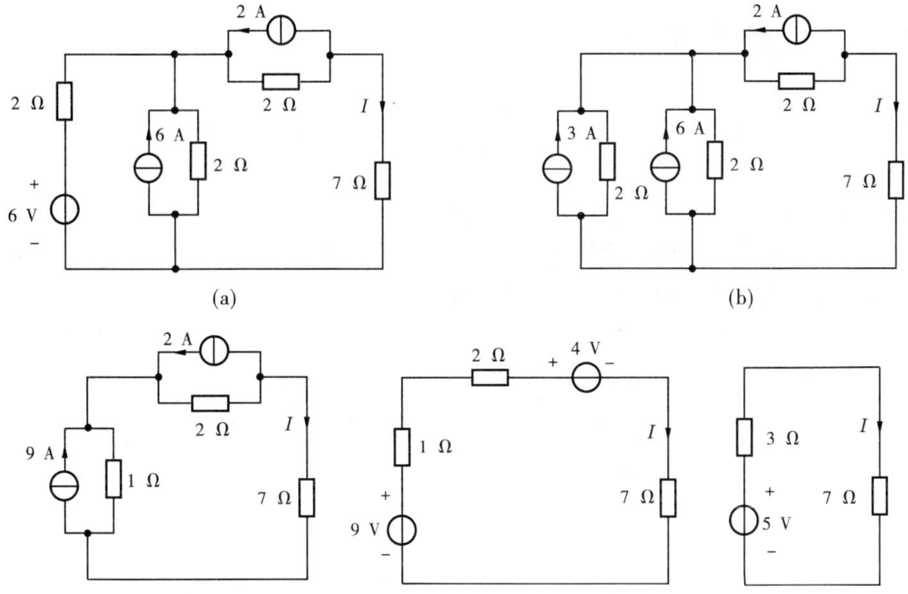

(a)　(b)

(c)　(d)　(e)

图2-20　例2-4图

解:如图2-20(a)所示电路可简单地看作三组电源组合对一个7 Ω电阻供电的电路。

若利用等效变换来计算 7 Ω 电阻上的电流 I,那么需要对 7 Ω 电阻所在支路以外的电路进行等效变换。显然,所要进行的是两种电源模型之间的等效变换。

第一步:将 2 Ω 电阻与 6 V 电压源串联的组合变换成 3 A 电流源与 2 Ω 电阻并联的组合,如图 2-20(b)所示;

第二步:将图 2-20(b) 所示电路左侧的两个并联的电流源组合等效成一个电流源,即 3 A 电流源与 6 A 电流源并联等效成 9 A 电流源,两个 2 Ω 电阻并联等效成 1 Ω 电阻,如图 2-20(c)所示;

第三步:分别将图 2-20(c)所示的两个电流源组合等效成电压源组合,如图 2-20 (d)所示;

第四步:将两个串联的电压源组合等效成一个电压源组合,即 9 V 电压源与 4 V 电压源反向串联后等效成 5 V 电压源,2 Ω 电阻与 1 Ω 电阻串联等效成 3 Ω 电阻,如图 2-20 (e)所示。

图 2-20 (e)所示电路为一单回路电路,计算电流 I,只需利用全电路欧姆定律就可以了:

$$I = \frac{5}{3+7} = 0.5(\mathrm{A})$$

本例说明,利用等效变换来计算电路中某一支路(元件)的电压、电流时,具体的做法是:将待求支路(元件)保留不动,对其余电路进行等效变换,直至最简;当然,也可以描述为将待求支路(元件)从原电路中切除,对剩下的电路进行等效变换,直到最简,然后将切除的支路(元件)接回便可。

2.2 网络方程法

用等效变换的方法对电路进行分析是将电路逐步简化后,再求出待求的支路电压或电流。这种方法对分析不太复杂的电路是行之有效的。但是,这类方法局限于一定结构形式的电路,并且也不便对电路作一般性的探讨。

本节介绍电路分析的网络方程法,是一种系统化的普遍方法。所谓系统化,是指方法的计算步骤有规律,便于编辑计算机的应用程序来辅助计算;所谓普遍,是指对任何线性电路都适用。与等效变换的方法不同,这种方法不需要改变电路的结构,而是选择电路变量,利用 KCL、KVL 建立起电路变量的方程,通过求解方程获得电路变量,从而求解电路。根据选取的电路变量不同,网络方程法又可分为支路电流法、回路(网孔)电流法和节点电压(电位)法。下面分别进行介绍。

2.2.1 支路电流法

支路电流法是以支路电流为变量,根据基尔霍夫电流定律和基尔霍夫电压定律,分别列出电路中的节点电流方程及回路电压方程,然后联立求解出各支路中的电流。

支路法的关键就是列方程。

若电路中有 n 个节点,那么由 KCL 可列出$(n-1)$个独立的节点电流方程。这里首先是选取独立节点,具体的做法是:在 n 个节点电路中任意去掉一个节点,剩下的 $(n-1)$ 个节点即为独立节点。在独立节点上列的 KCL 方程是彼此独立的。

若电路中有 n 个节点,b 条支路,那么由 KVL 可列出 $b-(n-1)$ 个独立的回路电压方程。这里,首先是独立回路的选取,原则是每选一个回路,必须至少包含一条新的支路,而对于平面电路一般选自然网孔作为独立回路。在独立回路(或网孔)上列的 KVL 方程是彼此独立的。

联立可得 b 个独立方程,然后解方程组就可求出各支路的电流。

下面通过例子说明支路电流法的应用。

如图 2-21 所示电路中,支路数 $b=3$,节点数 $n=2$,共要列出 3 个独立方程。电源电压和各电流的参考方向如图 2-21 所示。

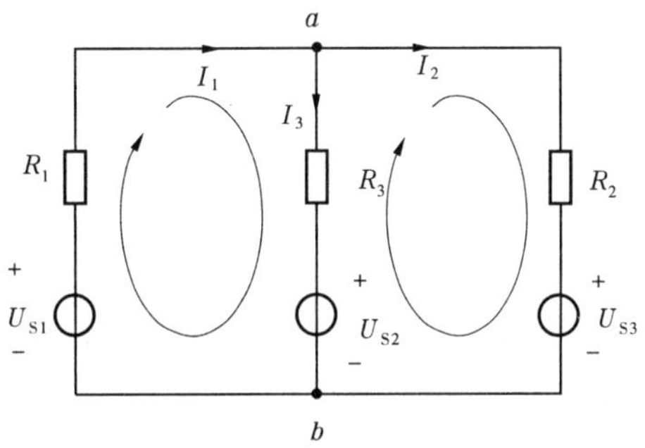

图 2-21　支路电流法例图

首先,应用基尔霍夫电流定律分别对节点 a、b 列方程,则有:

$$I_1 - I_2 - I_3 = 0$$

$$-I_1 + I_2 + I_3 = 0$$

以上两式是等价的,其中一个方程式可以由一个方程式变换得到,是非独立方程。一般来说,n 个节点的电路可由基尔霍夫电流定律列出 $(n-1)$ 个独立方程。其次,应用基尔霍夫电压定律列出其余 $b-(n-1)$ 个方程。图中有 2 个网孔,可列出 2 个基尔霍夫电压方程,如下:

$$I_1R_1 + I_3R_3 + U_{S2} - U_{S1} = 0$$

$$I_2R_2 + U_{S3} - U_{S2} - I_3R_3 = 0$$

应用基尔霍夫电流定律和电压定律一共可列出 $(n-1)+[b-(n-1)]=b$ 个独立方程,所以可以求出 b 个支路电流。

本例中,可以得出以下方程组:

$$\left.\begin{aligned} I_1 - I_2 - I_3 &= 0 \\ I_1R_1 + I_3R_3 + U_{S2} - U_{S1} &= 0 \\ I_2R_2 + U_{S3} - U_{S2} - I_3R_3 &= 0 \end{aligned}\right\} \tag{2-13}$$

通过上述方程组可以求出 3 个支路电流。

利用支路电流法解题的步骤归纳如下:

(1)任意标定各支路电流的参考方向和网孔绕行方向。

(2)用基尔霍夫电流定律列出节点电流方程。有 n 个节点，就可以列出($n-1$)个独立的电流方程。

(3)用基尔霍夫电压定律列出 $l=b-(n-1)$ 个独立的回路电压(网孔电压)方程，其中，l 为网孔数，b 为支路数，n 为节点数。

(4)代入已知数据求解联立方程组，确定各支路电流及方向，必要时可根据支路的电压、电流关系求出各元件的电压和功率等。

【例 2-5】 如图 2-22 所示，已知 $R_1=6\ \Omega$，$R_2=6\ \Omega$，$R_3=3\ \Omega$，$U_{S1}=16\ V$，$U_{S2}=8\ V$。利用支路电流法求各支路的电流。

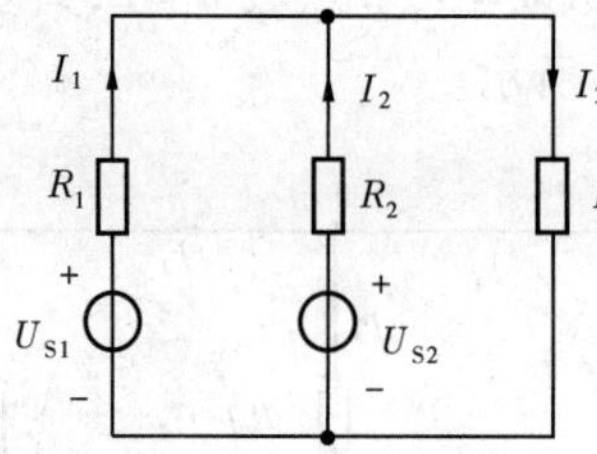

图 2-22 例 2-5 图

解：各支路电流和电压参考方向如图 2-22 所示，图中有 2 个节点，可列出 1 个 KCL 方程：

$$I_1+I_2-I_3=0$$

图 2-22 中有 2 个独立回路(网孔)，可列写 2 个 KVL 方程：

$$-U_{S1}+I_1R_1-I_2R_2+U_{S2}=0$$

$$-U_{S2}+I_2R_2+I_3R_3=0$$

联立以上三个方程，将已知 $R_1=6\ \Omega$，$R_2=6\ \Omega$，$R_3=3\ \Omega$，$U_{S1}=16\ V$，$U_{S2}=8\ V$ 代入可得：$I_1=\frac{5}{3}\ A$，$I_2=\frac{1}{3}\ A$，$I_3=2\ A$。

【例 2-6】 用支路电流法列写图 2-23 所示的 KCL 和 KVL 方程。

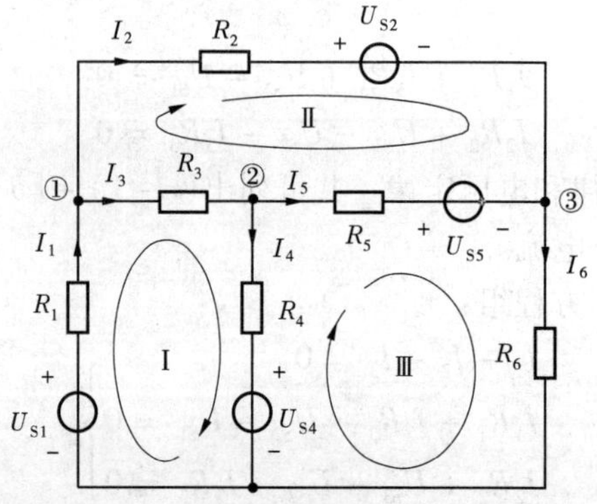

图 2-23 例 2-6 图

解：如图所示：该电路图有 6 条支路，4 个节点和 3 个独立回路(网孔)。支路电流正方向以及网孔绕行方向如图所示。因此，由 KCL 可列写 $4-1=3$ 个独立方程，分别是：

节点①：　$I_1-I_2-I_3=0$

节点②：　$I_3-I_4-I_5=0$

节点③：　$I_2+I_5-I_6=0$

由 KVL 可列写 $6-(4-1)=3$ 个独立方程，分别是：

网孔Ⅰ：　$-U_{S1}+I_1R_1+I_3R_3+I_4R_4+U_{S4}=0$

网孔Ⅱ：　$I_2R_2+U_{S2}-U_{S5}-I_5R_5-I_3R_3=0$

网孔Ⅲ：　$I_5R_5+U_{S5}+I_6R_6-U_{S4}-I_4R_4=0$

由此例可知，当电路的节点数、支路数越多，需要求解的电路方程数就越多，那么用支路法求解的计算量就越大，这就是支路法的不足。下面介绍的回路（网孔）法和节点法就可以解决方程多、计算量大的问题。

2.2.2 * 回路（网孔）电流法

回路（网孔）电流法是以回路（网孔）电流作为变量，根据基尔霍夫电压定律列出含有变量回路（网孔）电流的回路电压方程，然后求解出各回路（网孔）电流。

需要指出的是：

(1) 回路（网孔）电流实际并不存在。它是为了分析电路方便引入的一个中间变量。但是，利用回路（网孔）电流的叠加却可以获得支路电流。有了支路电流电路便可以求解。

(2) 用 KVL 所列方程是在独立回路上获取的，而独立回路的选取方法前面已作介绍。因为我们通常分析的电路均为平面电路，对平面电路而言独立回路通常取自然网孔，所以回路电流法也可以称为网孔电流法，简称网孔法。

(3) 所谓平面电路，是指电路中的各条支路除连接点外不再有交叉的电路。所谓自然网孔，是指在平面电路中由支路构成的一个闭合回路，该回路内不再有支路。自然网孔是独立回路，所列回路方程是独立的。

为了分析方便，这里直接给出网孔法求解方程的一般式（如图 2-24 所示电路，方程的推导不再赘述）：

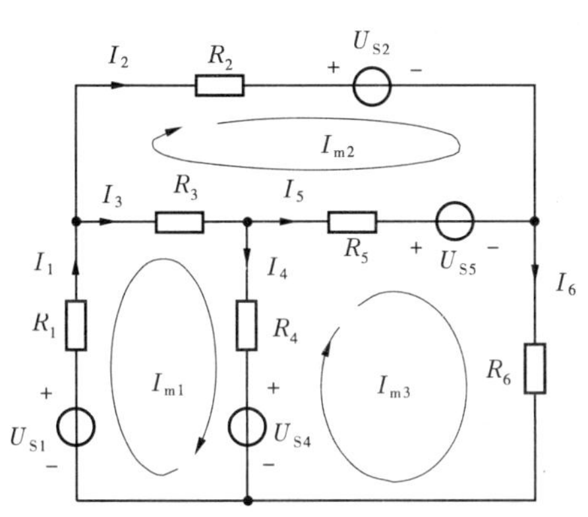

图 2-24　网孔法电路例图

$$\left.\begin{aligned}R_{11}I_{m1}+R_{12}I_{m2}+R_{13}I_{m3}&=U_{S11}\\R_{21}I_{m1}+R_{22}I_{m2}+R_{23}I_{m3}&=U_{S22}\\R_{31}I_{m1}+R_{32}I_{m2}+R_{33}I_{m3}&=U_{S33}\end{aligned}\right\}\qquad(2\text{-}14)$$

R_{11}、R_{22}、R_{33}称作自电阻。其中,R_{11}称为网孔 1 的自电阻,其值等于网孔电流 I_{m1}流过的所有电阻的和;R_{22}称为网孔 2 的自电阻,其值等于网孔电流 I_{m2}流过的所有电阻的和,依次类推。自电阻取正值。

$R_{12}=R_{21}$、$R_{13}=R_{31}$、$R_{32}=R_{23}$称为互电阻。$R_{12}=R_{21}$是指网孔电流 I_{m1}与网孔电流 I_{m2}共同流过的共用支路的电阻值,$R_{13}=R_{31}$是指网孔电流 I_{m1}与网孔电流 I_{m3}共同流过的共用支路的电阻值,依次类推。互电阻取正值还是取负值,要看两个网孔电流在共用支路上的方向是否一致,若方向一致,则互电阻取正值,否则取负值。

U_{S11}、U_{S22}、U_{S33}分别为网孔 1、网孔 2 和网孔 3 所在网孔中所有电压源代数和。网孔中电压源的方向与网孔电流绕行方向一致的取负值,否则取正值。

那么,对图 2-24 所示电路而言:

自电阻:$R_{11}=R_1+R_3+R_4$,$R_{22}=R_2+R_3+R_5$,$R_{33}=R_4+R_5+R_6$

互电阻:$R_{12}=R_{21}=-R_3$(I_{m1}与 I_{m2}在 R_3 所在的共用支路上方向相反)

同理:

$$R_{13}=R_{31}=-R_4,R_{32}=R_{23}=-R_5$$

电压源代数和:$U_{S11}=U_{S1}-U_{S4}$,$U_{S22}=-U_{S2}+U_{S5}$,$U_{S33}=-U_{S5}+U_{S4}$

由此可见,用网孔电流法求解图 2-24 所示电路,所需求解的方程数为 $b-(n-1)=3$ 个,与支路电流法(6 个方程)相比,少了$(n-1)$个方程。由此,就本例而言,网孔法比支路法求解方程的工作量要小。但是,网孔法方程求解的结果是网孔电流,要想作进一步计算,还需利用网孔电流的叠加求出各支路电流。

如图 2-24 所示各支路电流正方向,若网孔电流已知,则支路电流便可通过网孔电流叠加求出。网孔电流叠加时,网孔电流方向与支路电流方向一致时取正,相反则取负。于是有:

$$I_1=I_{m1},I_2=I_{m2},I_3=I_{m1}-I_{m2},I_4=I_{m1}-I_{m3},I_5=I_{m3}-I_{m2},I_6=I_{m3}$$

有了支路电流,所有支路、所有元件上的电流、电压以及功率均可以计算。

网孔法一般式中的方程数取决于电路的网孔数(独立回路数)。若电路只有 2 个网孔,则一般式就 2 个方程,这 2 个方程中不含 I_{m3}的项,如式(2-15)所示。依次类推。

$$\left.\begin{aligned}R_{11}I_{m1}+R_{12}I_{m2}&=U_{S11}\\R_{21}I_{m1}+R_{22}I_{m2}&=U_{S22}\end{aligned}\right\}\qquad(2\text{-}15)$$

综上所述,利用网孔电流法分析电路的步骤可归纳如下:

(1)确定各网孔电流参考方向,并以其参考方向作为网孔的绕行方向。

(2)按 KVL 列写 $l=b-(n-1)$个网孔的 KVL 方程。

(3)联立求解得到各网孔电流。

(4)在所得网孔电流的基础上,按分析要求再求取支路电流、电压等。

下面通过实例说明网孔电流法的应用。

【例2-7】 如图2-25所示电路，已知 $R_1=6\ \Omega$，$R_2=6\ \Omega$，$R_3=3\ \Omega$，$U_{S1}=16\ V$，$U_{S2}=8\ V$。利用网孔电流法求各支路的电流。

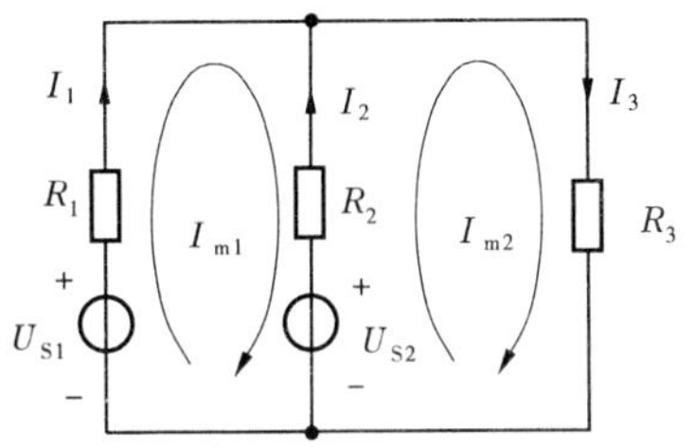

图2-25 例2-7图

解：图2-25所示电路已用支路电流法求解过，本例利用网孔电流法求解。首先确定各支路电流、网孔电流正方向如图2-25所示。

因为本题为2个网孔，针对式(2-15)及电路图可得：

自电阻：$R_{11}=R_1+R_2=6+6=12(\Omega)$，$R_{22}=R_2+R_3=6+3=9(\Omega)$；

互电阻：$R_{12}=R_{21}=-R_2=-6(\Omega)$；

电压源代数和：$U_{S11}=U_{S1}-U_{S2}=16-8=8(V)$，$U_{S22}=U_{S2}=8\ V$；

将以上数值代入式(2-15)，则网孔电流方程为

$$\left.\begin{aligned}12I_{m1}-6I_{m2}&=8\\-6I_{m1}+9I_{m2}&=8\end{aligned}\right\}$$

求解方程组可得网孔电流：$I_{m1}=\frac{5}{3}\ A$，$I_{m2}=2\ A$。

则支路电流：$I_1=I_{m1}=\frac{5}{3}\ A$，$I_2=-I_{m1}+I_{m2}=-\frac{5}{3}+2=\frac{1}{3}(A)$，$I_3=I_{m2}=2\ A$。

与支路法计算结果一致。

2.2.3 节点电压法

对于节点较少而网孔较多的电路，用支路电流法和网孔电流法求解都比较麻烦，方程过多，求解计算量大。在这种情况下，如果选取节点电压作为独立变量，可使计算简便得多。这就是我们要学习的另一种方法——节点电压法。

节点电压法是以节点电压作为变量，在$(n-1)$个节点上列写KCL方程，先求出各个节点电压，再根据各支路的电压、电流关系求得支路电流，从而求解电路的分析方法。

图2-26所示电路中任选某一个节点为参考点，其他节点与此参考点之间的电压为节点电压(电位)。该电路有4个节点，选择其中一点为参考节点(零电位点，如图2-26所示)，U_{n1}、U_{n2}、U_{n3}分别表示节点①、②、③的节点电压。那么节点法求解电路的一般式(推导略去)为

$$\left.\begin{aligned}G_{11}U_{n1}+G_{12}U_{n2}+G_{13}U_{n3}&=I_{S11}\\G_{21}U_{n1}+G_{22}U_{n2}+G_{23}U_{n3}&=I_{S22}\\G_{31}U_{n1}+G_{32}U_{n2}+G_{33}U_{n3}&=I_{S33}\end{aligned}\right\}\tag{2-16}$$

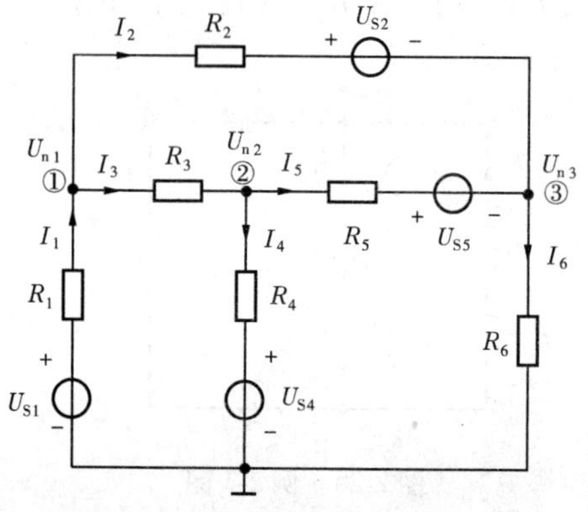

图 2-26　节点法例图

G_{11}、G_{22}、G_{33}称作自电导。其中 G_{11} 为节点①的自电导,其值等于连接在节点①上所有支路电导的和;G_{22}为节点②的自电导,其值等于连接在节点②上所有支路电导的和,依此类推。自电导取正值。

$G_{12}=G_{21}$、$G_{13}=G_{31}$、$G_{23}=G_{32}$称作互电导。$G_{12}=G_{21}$即为直接连接节点①和节点②的那条支路的电导,$G_{13}=G_{31}$即为直接连接节点①和节点③的那条支路的电导,依此类推。互电导取负值。

I_{S11}、I_{S22}、I_{S33}称作电激流代数和。I_{S11}即为连接在节点①上所有支路(含有电源)电激流的代数和,I_{S22}即为连接在节点②上所有支路(含有电源)电激流的代数和,依此类推。所谓电激流,对含有电压源与电阻串联组合的支路其值为 U_{Sk}/R_k,对含有电流源的支路其值为 I_{Sk};所谓代数和,若电压源正极靠近节点,则 U_{Sk}/R_k 取正值,反之取负值;若电流源箭头指向节点,则 I_{Sk}取正值,反之取负值。

如图 2-26 所示电路,式(2-16)中的系数为

自电导:$G_{11}=\dfrac{1}{R_1}+\dfrac{1}{R_2}+\dfrac{1}{R_3},G_{22}=\dfrac{1}{R_3}+\dfrac{1}{R_4}+\dfrac{1}{R_5},G_{33}=\dfrac{1}{R_2}+\dfrac{1}{R_5}+\dfrac{1}{R_6}$

互电导:$G_{12}=G_{21}=-\dfrac{1}{R_3},G_{23}=G_{32}=-\dfrac{1}{R_5},G_{13}=G_{31}=-\dfrac{1}{R_2}$

电激流代数和:$I_{S11}=\dfrac{U_{S1}}{R_1}+\dfrac{U_{S2}}{R_2},I_{S22}=\dfrac{U_{S4}}{R_4}+\dfrac{U_{S5}}{R_5},I_{S33}=-\dfrac{U_{S2}}{R_2}-\dfrac{U_{S5}}{R_5}$

对图 2-26 所示电路来说,若用节点法求解,方程数为 3,比支路法的方程数少,求解方程的工作量要小。但是,节点法方程求解的结果是节点电压(电位),若需要进一步计算,需利用节点电压(电位)以及支路的电压、电流关系求解支路电流,从而达到求解电路的目的。

下面给出图 2-26 所示电路各支路电流(正方向如图 2-26 所示)的求解(推导过程略去):

$$I_1=\frac{U_{S1}-U_{n1}}{R_1}\qquad I_2=\frac{U_{n1}-U_{n3}-U_{S2}}{R_2}$$

$$I_3=\frac{U_{n1}-U_{n2}}{R_3}\qquad I_4=\frac{U_{n2}-U_{S4}}{R_4}$$

$$I_5=\frac{U_{n2}-U_{n3}-U_{S5}}{R_5}\qquad I_6=\frac{U_{n3}}{R_6}$$

需要说明的是，节点法一般式的方程数为$(n-1)$个，若待求电路有 3 个节点，则节点法的一般式方程就只有 2 个，如式(2-17)所示。依次类推。

$$\left.\begin{aligned}G_{11}U_{n1}+G_{12}U_{n2}&=I_{S11}\\G_{21}U_{n1}+G_{22}U_{n2}&=I_{S22}\end{aligned}\right\}\tag{2-17}$$

利用节点电压法分析电路的步骤归纳如下：

(1)选择参考节点，指定各节点的节点电压。

(2)根据节点数(n)确定方程数$(n-1)$，并求出自电导、互电导以及电激流代数和。

(3)联立求解得到各节点电压，并在此基础上进一步求取其他电路变量。

下面用实例介绍节点法的应用。

【例 2-8】 试用节点电压法求图 2-27 所示电路中的各支路电流。

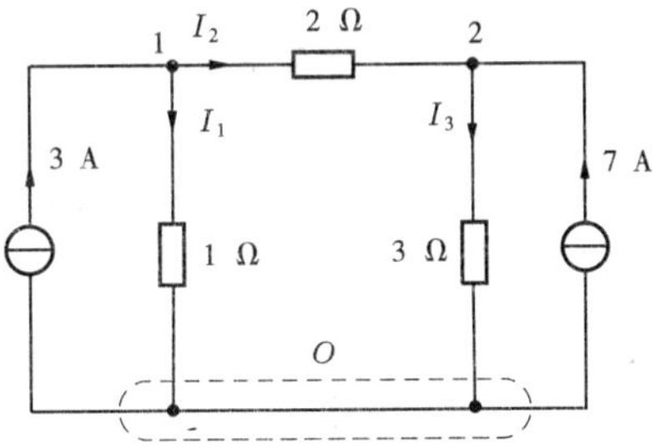

图 2-27　例 2-8 图

解：如图 2-27 所示电路，取节点 O 为参考节点，节点 1、2 的节点电压为 U_{n1}、U_{n2}。因为电路为 3 个节点，节点法一般式为式(2-17)，其中：

自电导：$G_{11}=\frac{1}{1}+\frac{1}{2}=\frac{3}{2}(S)$，$G_{22}=\frac{1}{2}+\frac{1}{3}=\frac{5}{6}(S)$

互电导：$G_{12}=G_{21}=-\frac{1}{2}$ S

电激流代数和：$I_{S11}=3$ A，$I_{S22}=7$ A

于是节点法方程为

$$\left.\begin{aligned}\frac{3}{2}U_{n1}-\frac{1}{2}U_{n2}&=3\\-\frac{1}{2}U_{n1}+\frac{5}{6}U_{n2}&=7\end{aligned}\right\}$$

求解可得：$U_{n1}=6$ V，$U_{n2}=12$ V。

利用节点电压求出各支路电流为

$$I_1=\frac{U_{n1}}{1}=\frac{6}{1}=6(A),I_2=\frac{U_{n1}-U_{n2}}{2}=\frac{6-12}{2}=-3(A),I_3=\frac{U_{n2}}{3}=\frac{12}{3}=4(A)$$

若待求电路为 2 个节点,则节点法一般式方程数有 1 个,此时的节点法也称作弥尔曼定律。

如图 2-28 所示电路,电压源、电流源、电阻均为已知,取 b 点为参考点,a 点的电位(节点电压)为 U,则节点法的公式(推导略去)为

$$U=\frac{\frac{U_{S1}}{R_1}-\frac{U_{S2}}{R_2}-I_{S1}+I_{S2}}{\frac{1}{R_1}+\frac{1}{R_2}+\frac{1}{R_3}}=\frac{\sum\frac{U_S}{R}+\sum I_S}{\sum\frac{1}{R}} \tag{2-18}$$

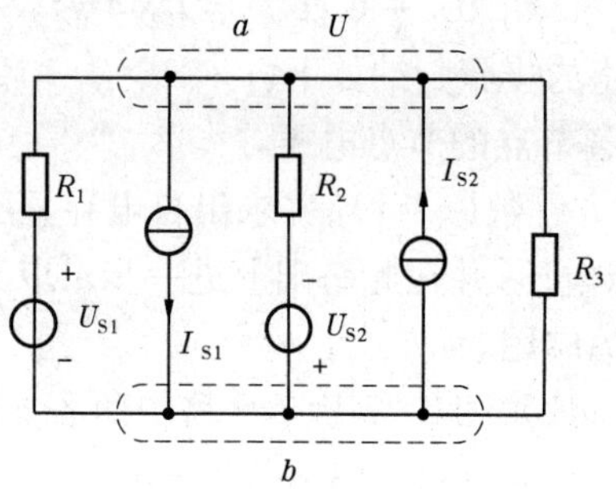

图 2-28 弥尔曼定律例图

式(2-18)称为弥尔曼公式。式中各项取正、取负如前所述。

【例 2-9】 如图 2-29 所示电路,已知 $R_1=6\ \Omega$, $R_2=6\ \Omega$,$R_3=3\ \Omega$,$U_{S1}=16$ V,$U_{S2}=8$ V,用弥尔曼定律求各支路电流。

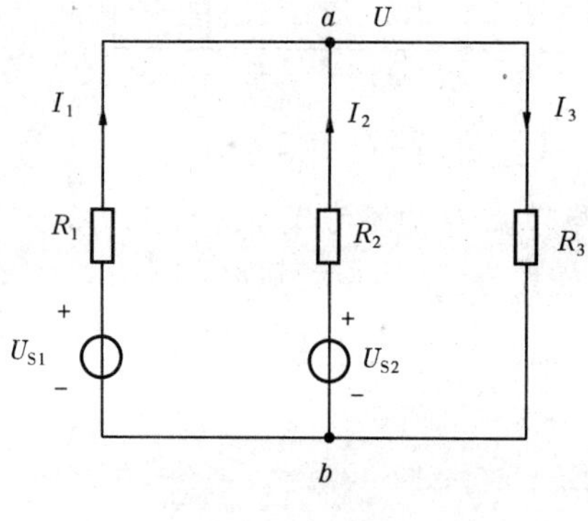

图 2-29 例 2-9 图

解:如图 2-29 所示电路,取 b 点为参考点,a 点的电位(节点电压)为 U,由式(2-18)可得:

$$U=\frac{\sum\frac{U_S}{R}}{\sum\frac{1}{R}}=\frac{\frac{U_{S1}}{R_1}+\frac{U_{S2}}{R_2}}{\frac{1}{R_1}+\frac{1}{R_2}+\frac{1}{R_3}}=\frac{\frac{16}{6}+\frac{8}{6}}{\frac{1}{6}+\frac{1}{6}+\frac{1}{3}}=6(V)$$

则各支路电流：

$$I_1 = \frac{U_{S1} - U}{R_1} = \frac{16 - 6}{6} = \frac{5}{3}(\mathrm{A})$$

$$I_2 = \frac{U_{S2} - U}{R_2} = \frac{8 - 6}{6} = \frac{1}{3}(\mathrm{A})$$

$$I_3 = \frac{U}{R_3} = \frac{6}{3} = 2(\mathrm{A})$$

计算结果与支路法、回路（网孔）法相同。

综上所述，同一个问题采用支路电流法、回路（网孔）电流法、节点电压法都可以求解。但是，支路电流法、回路（网孔）电流法、节点电压法在解决不同问题时各有利弊。因此，使用支路电流法、回路（网孔）电流法、节点电压法求解电路时，要注意扬长避短，正确选择。

2.3　网络定理

前面介绍的等效变换和网络方程法都是求解电路时行之有效的方法，而且在解决不同问题时体现出各自的优势。下面介绍的网络定理（叠加定理、戴维南定理等）也是求解电路的方法之一，在解决某些问题时也非常有效。

2.3.1　叠加定理

叠加定理是线性电路的一个重要定理，在求解某些线性电路时非常有效。需要说明的是，叠加定理仅适用于线性电路。

2.3.1.1　叠加定理的描述

在线性集总参数电路中，若干个（两个或两个以上）电源同时作用时在电路中的某处引起的响应（电压、电流），等于这些电源分别单独作用时在该处引起的响应（电压、电流）的叠加。

这里的响应指的是负载电压或电流，而电源电压（电流）则称为激励。

所谓单独作用，是指一个（也可以是一组）电源作用时，其余电源置零。这里的单独作用和置零均对理想电压源和理想电流源而言。

所谓置零，对理想电压源来说就是将理想电压源短路，对理想电流源来说就是将理想电流源开路（断开）。

下面将利用图例对叠加定理进行描述。

如图 2-30（a）所示，电路中有一个理想电压源和一个理想电流源共同作用，R_2 所在支路的电流 I 为两个电源同时作用时的响应；如图 2-30（b）所示，电路为理想电压源单独作用，此时理想电流源开路，R_2 所在支路的电流 I' 为理想电压源单独作用时的响应；如图 2-30（c）所示，电路为理想电流源单独作用，此时理想电压源短路，R_2 所在支路的电流 I'' 为理想电流源单独作用时的响应。

叠加定理告诉我们：$I = I' + I''$。

应用叠加定理计算电路时的步骤归纳如下：

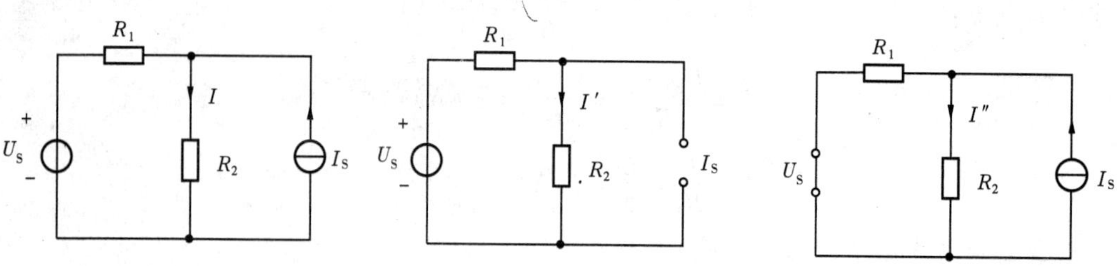

(a)两个电源共同作用　　(b) U_S 单独作用　　(c)I_S 单独作用

图 2-30　叠加定理例图

(1)作理想电源单独作用时的电路图。即一个理想电源作用,其余理想电源置零。

(2)求出待求电压或电流在所有电源分别单独作用时的分量(图例中的 I'、I''称为待求电流 I 的分量)。

(3)将待求电压或电流的分量叠加。

使用叠加定理时要注意以下几点:

(1)叠加定理只适用于线性电路。

(2)单独作用时,除理想电源外其余电路参数不变。

(3)叠加时,需注意待求响应(电压或电流)的正方向与待求响应(电压或电流)分量的正方向是否一致。若分量的正方向与待求响应的正方向一致,则叠加时分量前取正号,否则取负号。为了避免出错,一般选择分量与待求响应的正方向一致。另外,还要注意正方向下取值的正负。

(4)叠加定理所描述的叠加仅限于电压或电流的叠加。若需计算功率,可先用叠加定理计算出电压或电流,然后用电压或电流来计算功率。

2.3.1.2　叠加定理的应用

下面通过具体实例说明叠加定理的应用。

【例 2-10】　如前面所述图 2-22 所示电路,试用叠加定理求各支路电流。

解:(1)作单独作用的电路图。

图 2-22 所示电路为两个电压源共同作用的电路,U_{S1} 单独作用时 U_{S2} 短路,如图 2-31(a)所示;U_{S2} 单独作用时 U_{S1} 短路,如图 2-31(b)所示。

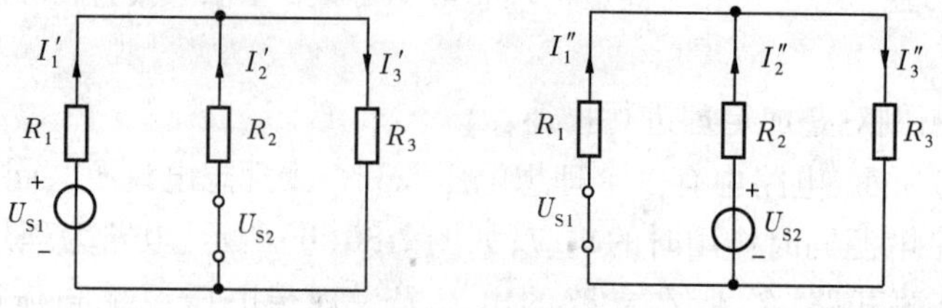

(a)U_{S1} 单独作用　　(b) U_{S2} 单独作用

图 2-31　例 2-10 图

(2)求单独作用时的响应(分量)。

图 2-31(a) 中，由于 U_{S2} 短路，所以 R_2 和 R_3 并联后与电源支路形成单回路电路，于是：

$$I'_1 = \frac{U_{S1}}{R_1 + \frac{R_2 R_3}{R_2 + R_3}} = \frac{16}{6 + \frac{6 \times 3}{6 + 3}} = 2(\text{A})$$

由并联分流原理可得：$I'_2 = -\frac{R_3}{R_2 + R_3} I'_1 = -\frac{3}{6+3} \times 2 = -\frac{2}{3}(\text{A})$

$$I'_3 = \frac{R_2}{R_2 + R_3} I'_1 = \frac{6}{6+3} \times 2 = \frac{4}{3}(\text{A})$$

图 2-31(b) 中，由于 U_{S1} 短路，所以 R_1 和 R_3 并联后与电源支路形成单回路电路，同理可得：

$$I''_2 = \frac{U_{S2}}{R_2 + \frac{R_1 R_3}{R_1 + R_3}} = \frac{8}{6 + \frac{6 \times 3}{6 + 3}} = 1(\text{A})$$

而

$$I''_1 = -\frac{R_3}{R_1 + R_3} I''_2 = -\frac{3}{6+3} \times 1 = -\frac{1}{3}(\text{A})$$

$$I''_3 = \frac{R_1}{R_1 + R_3} I''_2 = \frac{6}{6+3} \times 1 = \frac{2}{3}(\text{A})$$

(3) 叠加。

由叠加定理可知：

$$I_1 = I'_1 + I''_1 = 2 + \left(-\frac{1}{3}\right) = \frac{5}{3}(\text{A})$$

$$I_2 = I'_2 + I''_2 = -\frac{2}{3} + 1 = \frac{1}{3}(\text{A})$$

$$I_3 = I'_3 + I''_3 = \frac{4}{3} + \frac{2}{3} = 2(\text{A})$$

与网络方程法计算结果一致。

【例 2-11】 如图 2-32(a) 所示电路，已知：$R_1 = 3\ \Omega$，$I_{S2} = 5\ \text{A}$，$R_3 = 5\ \Omega$，$R_4 = 2\ \Omega$，$U_{S4} = 10\ \text{V}$，$I_{S5} = 10\ \text{A}$。用叠加定理求电阻 R_3 上的电流 I 及 R_3 消耗的功率。

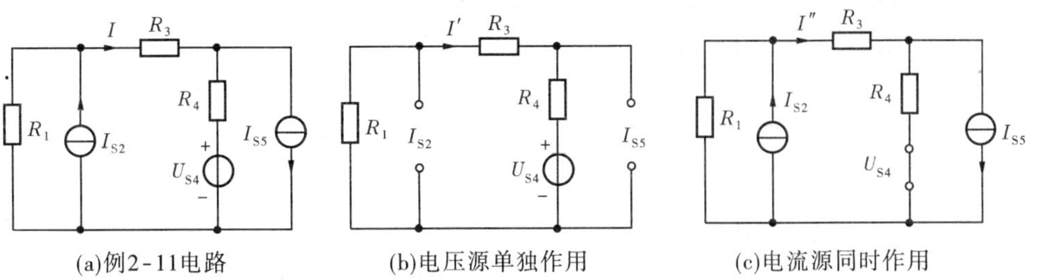

(a) 例 2-11 电路　(b) 电压源单独作用　(c) 电流源同时作用

图 2-32　例 2-11 图

解:(1)作电源单独作用的电路图。

将三个理想电源分成两组,一组为一个电压源,另一组为两个电流源。电压源单独作用,两个电流源代之以开路,如图 2-32(b)所示;两个电流源作用,电压源代之以短路,如图 2-32(c)所示。

(2)求待求电流 I 的分量。

如图 2-32(b)所示电路,因为两个电流源开路,所以电路为一单回路电路,于是:

$$I' = -\frac{U_{S4}}{R_1 + R_3 + R_4} = -\frac{10}{2 + 5 + 3} = -1(\text{A})$$

如图 2-32(c)所示电路,因为电压源短路,所以电路为两个电流源模型与 R_3 串联后构成的单回路电路,于是:

$$I'' = \frac{I_{S2}R_1 + I_{S5}R_4}{R_1 + R_3 + R_4} = \frac{5 \times 3 + 10 \times 2}{3 + 5 + 2} = 3.5(\text{A})$$

(3)叠加。

由叠加定理可得:$I = I' + I'' = -1 + 3.5 = 2.5(\text{A})$

电阻 R_3 消耗的功率为:$P = I^2R_3 = 2.5^2 \times 5 = 31.25(\text{W})$

特别需要指出的是,电阻 R_3 消耗的功率切不可用 $P = I'^2R_3 + I''^2R_3$ 来计算,因为功率不是电压、电流的一次函数,所以不能直接用叠加定理来叠加功率。

叠加定理在线性电路的分析中起着重要的作用,它是分析线性电路的基础,线性电路中很多定理都可以用叠加定理导出。因此,掌握叠加定理意义重大。

2.3.2 戴维南定理

戴维南定理也称为等效发电机原理,或等效电源定理。因为,戴维南定理本身也属于等效变换的范畴,所以在电路分析方法归纳时,也可以将戴维南定理归纳到等效变换中去。

2.3.2.1 戴维南定理的描述

戴维南定理指出:任何一个线性有源二端网络,对外电路来说,都可以用一个理想电压源和电阻串联的组合来等效置换。此理想电压源的电压等于有源二端网络端口的开路电压,而电阻等于有源二端网络除源(理想电压源短路,理想电流源开路)后得到的无源二端网络的等效电阻。

上述理想电压源和电阻的串联组合称为戴维南等效电路。

下面利用图例对戴维南定理的应用进行描述。

如图 2-33(a)所示,N_S 为一个有源二端网络,通过端口 1—1′与外电路连接。对外电路来说,该有源二端网络可用一个理想电压源和一个电阻的串联来进行等效。具体等效过程如下:

首先将外电路与 N_S 在端口 1—1′处断开,如图 2-33(b)所示。由于 N_S 内部含有理想电源,所以断开后的 N_S 在端口 1—1′处将出现电压,这个电压称为 N_S 在端口 1—1′处的开路电压,用 u_{oc}来表示。然后将断开后的 N_S 中的所有理想电源置零,即把 N_S 中的理想电压源短路,理想电流源开路,于是便可得到一个无源网络,用 N_0 表示。显然,无源网络

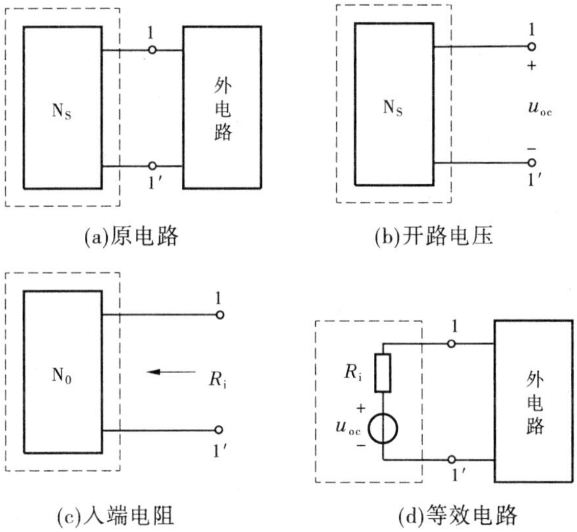

图 2-33　戴维南定理例图

N_0 可以用一个等效电阻 R_i 来表示，此等效电阻称为 N_0 在端口 1—1′处的等效电阻，如图 2-33(c)所示。N_S 就等效为一个理想电压源（电压等于 u_{oc}）与一个电阻（阻值为 R_i）的串联组合，最后将外电路接回，如图 2-33(d)所示。

2.3.2.2　戴维南定理的应用

戴维南定理通常用于只计算一个元件（或一个支路）的电压、电流的电路计算，尤其是计算最大功率传输时，应用戴维南定理会非常方便。至于最大功率传输的分析、计算，这里不再讨论。

使用戴维南定理进行电路分析、计算的步骤归纳如下：

(1)将待求支路（元件）从原电路中切除。

(2)求含源二端网络端口处的开路电压 u_{oc}。

(3)求含源二端网络除源后的等效电阻 R_i。

(4)确定等效电路。即将电压等于 u_{oc} 的理想电压源与阻值等于 R_i 的电阻串联，形成戴维南等效电路，然后将切除的支路（元件）接回。

(5)根据要求进行进一步的计算。

下面通过例题进行练习。

【例 2-12】 如图 2-34(a)所示电路中，已知：$R_1=R_2=4\ \Omega$，$R_3=6\ \Omega$，$U_{S1}=30\ V$，$U_{S5}=10\ V$，$I_{S2}=3\ A$，$I_{S4}=2\ A$。用戴维南定理求电流 I_3。

解：(1)将待求支路（R_3 所在支路）切除，如图 2-34(b)所示。

(2)求开路电压 u_{oc}

开路电压正方向如图 2-34(b)所示，该含源二端网络的开路电压为

$$u_{oc}=U_{S1}-I_{S2}R_1-U_{S5}=30-3\times4-10=8(V)$$

(3)求等效入端电阻 R_i。

将图 2-34(b)所示电路除源，即电压源短路，电流源开路，如图 2-34(c)所示无源网

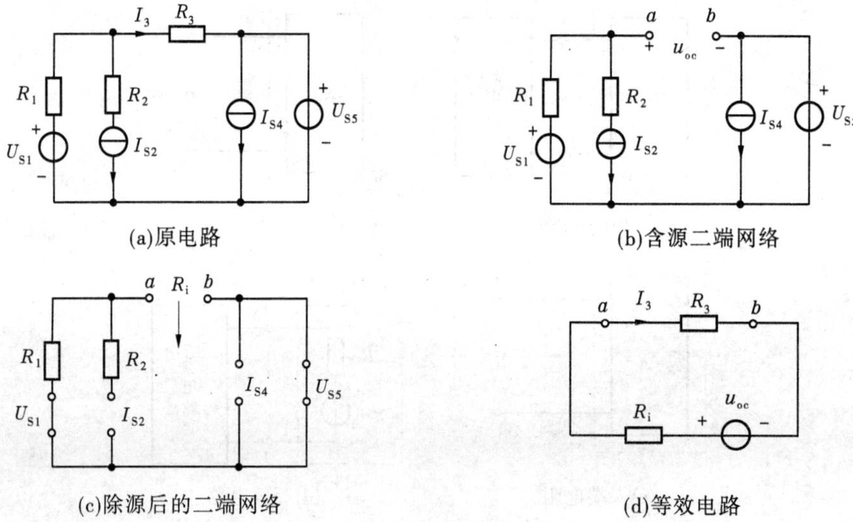

(a)原电路　(b)含源二端网络
(c)除源后的二端网络　(d)等效电路

图 2-34　例 2-12 图

络。入端电阻为

$$R_i = R_1 = 4\ \Omega$$

(4)确定等效电路。

由开路电压和等效入端电阻确定含源二端网络的等效戴维南电路，再将切除支路接回，如图 2-34(d)所示。

(5)计算电流 I_3。

由图 2-34(d)所示电路可得:

$$I_3 = \frac{u_{oc}}{R_i + R_3} = \frac{8}{4+6} = 0.8(\text{A})$$

【例 2-13】　图 2-35(a)所示电路中，已知 $R_1 = 6\ \Omega$，$R_2 = 6\ \Omega$，$R_3 = 3\ \Omega$，$U_{S1} = 16\ \text{V}$，$U_{S2} = 8\ \text{V}$。用戴维南定理求电阻 R_3 上的电流 I。

解:(1)把待求支路 R_3 切除，如图 2-35(b)所示。

(2)求开路电压。

由如图 2-35(b)所示电路可得开路电压为

$$u_{oc} = \frac{U_{S1} - U_{S2}}{R_1 + R_2}R_2 + U_{S2} = \frac{16-8}{6+6} \times 6 + 8 = 12(\text{V})$$

(3)求入端电阻。

由图 2-35(c)可得入端电阻为

$$R_i = \frac{R_1 R_2}{R_1 + R_2} = \frac{6 \times 6}{6+6} = 3(\Omega)$$

(4)确定等效电路。

由开路电压和入端电阻可得等效戴维南电路，将切除支路接回，如图 2-35(d)所示。

(5)求电阻 R_3 上的电流 I。

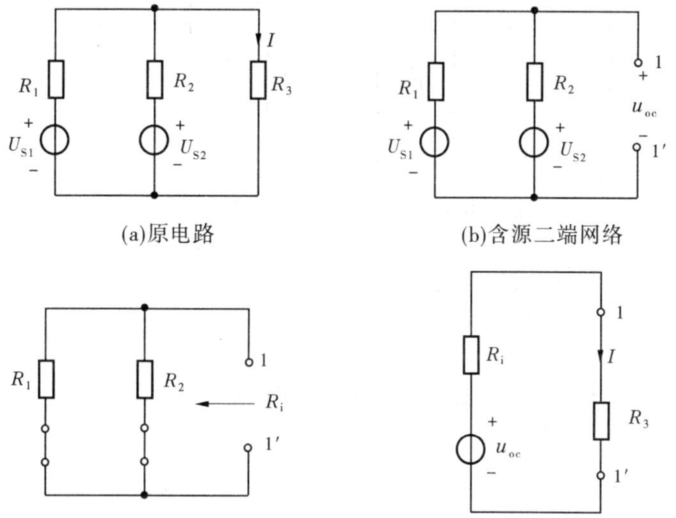

(a)原电路　　(b)含源二端网络

(c)除源后的二端网络　　(d)等效电路

图2-35　例2-13图

由图2-35(d)所示等效电路可得

$$I=\frac{u_{oc}}{R_i+R_3}=\frac{12}{3+3}=2(\mathrm{A})$$

2.3.3* 诺顿定理

与戴维南定理一样,诺顿定理也称为等效发电机原理或等效电源定理。同样,在电路分析方法归纳时,也可以归纳到等效变换中去。

2.3.3.1 诺顿定理的描述

诺顿定理指出:任何一个线性有源二端网络,对外电路来说,都可以用一个理想电流源和电阻的并联组合来等效置换,此理想电流源的电流等于该有源二端网络端口处的短路电流 i_{sc},电阻等于该有源二端网络去除所有电源(理想电压源短路,理想电流源开路)后得到的无源二端网络的等效电阻 R_i。理想电流源和电阻的并联组合称为诺顿等效电路。

下面用图例对定理进行描述。

如图2-36(a)所示,N_S 为一个有源二端网络,通过端口1—1′与外电路连接。对外电路来说,该有源二端网络可用一个理想电流源和一个电阻的并联来进行等效。具体等效过程如下:

首先将外电路与 N_S 在端口1—1′处断开外电路,并将端口1—1′短路,如图2-36(b)所示。由于 N_S 内部含有理想电源,所以在端口1—1′处将出现电流,这个电流称为 N_S 在端口1—1′处的短路电流,用 i_{sc} 来表示。然后将断开后的 N_S 中的所有理想电源置零,即把 N_S 中的理想电压源短路,理想电流源开路,于是便可得到一个无源网络,用 N_0 表示。显然,无源网络 N_0 可以用一个等效电阻 R_i 来表示,此等效电阻称为 N_0 在端口1—1′处的

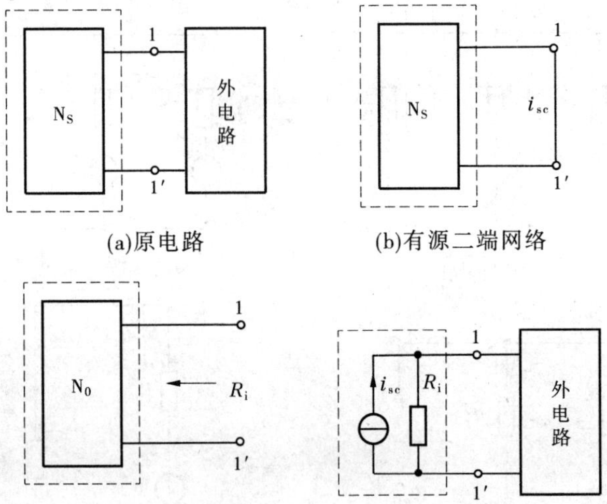

(a)原电路　(b)有源二端网络

(c)除源后的二端网络　(d)等效电路

图 2-36　诺顿定理例图

等效电阻，如图 2-36（c）所示。N_S 就等效为一个理想电流源（电流等于 i_{sc}）与一个电阻（阻值为 R_i）的并联组合。最后，将外电路接回，如图 2-36（d）所示。

诺顿定理可以用图 2-37 证明：

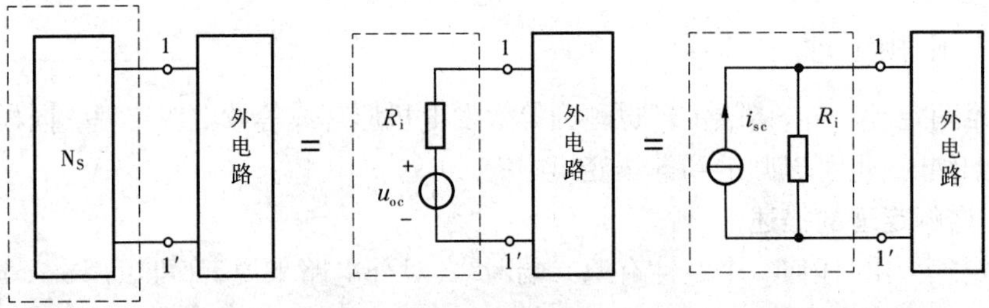

(a)原电路　(b)等效戴维南电路　(c)等效诺顿电路

图 2-37　诺顿定理的证明

由戴维南定理可知，如图 2-37（a）电路可等效为图 2-37（b）所示电路。由电源模型的等效变换可知，图 2-37（b）所示电路可等效为图 2-37（c）所示电路。

由电源模型的等效变换的条件可知，由等效戴维南电路可直接求出等效诺顿电路，而且两个模型的电阻相等，$i_{sc}=\dfrac{u_{oc}}{R_i}$。

2.3.3.2　诺顿定理的应用

诺顿定理计算电路的步骤归纳如下：

（1）将待求支路（元件）从原电路中切除。

（2）求含源二端网络端口处的短路电流 i_{sc}。

（3）求含源二端网络除源后的等效入端电阻 R_i。

(4)确定等效电路。即将电流等于 i_{sc} 的理想电流源与阻值等于 R_i 的电阻并联,形成诺顿等效电路,然后将切除的支路(元件)接回。

(5)根据要求,利用等效电路作进一步的计算。

下面通过例题进行练习。

【例2-14】 如图2-38(a)所示电路,已知 $R_1=6\ \Omega$, $R_2=6\ \Omega$, $R_3=3\ \Omega$, $U_{S1}=16\ V$, $U_{S2}=8\ V$。用诺顿定理求电阻 R_3 上的电流 I。

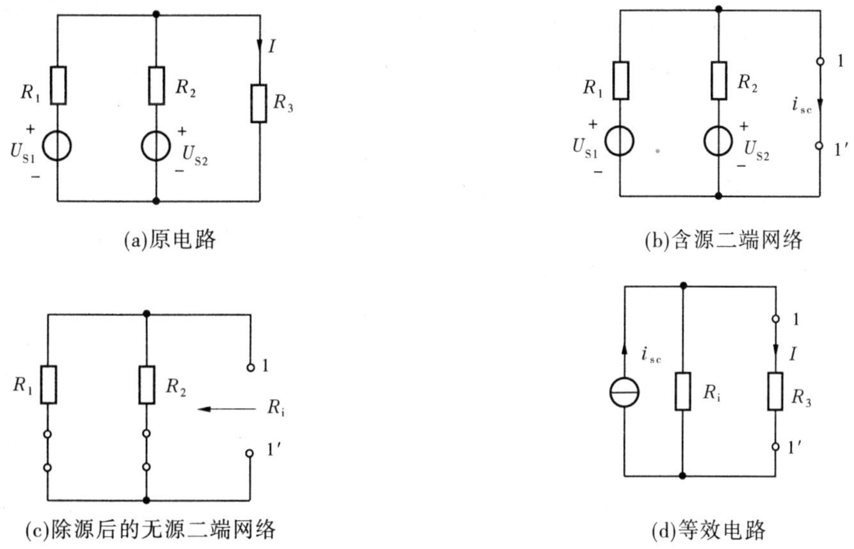

图2-38　例2-14图

解:(1)将待求支路切除,并将端口短路,如图2-38(b)所示。

(2)求短路电流 i_{sc}。

图2-38(b)所示电路,由叠加定理可求得短路电流 i_{sc} 为

$$i_{sc}=\frac{U_{S1}}{R_1}+\frac{U_{S2}}{R_2}=\frac{16}{6}+\frac{8}{6}=4(\mathrm{A})$$

(3)求等效入端电阻 R_i。

将图2-38(b)中的理想电压源短路,即理想电压源短路,得无源二端网络如图2-38(c)所示;由图2-38(c)可求得等效入端电阻为

$$R_i=\frac{R_1R_2}{R_1+R_2}=\frac{6\times 6}{6+6}=3(\Omega)$$

(4)确定等效电路。

将电路等于 i_{sc} 的理想电流源和阻值等于 R_i 的电阻并联,可得诺顿等效电路;接回待求支路,得到等效电路如图2-38(d)所示。

(5)求待求电流 I。

图2-38(d)所示电路,根据电阻并联分流原理可求得 I 为

$$I=\frac{R_i}{R_i+R_3}i_{sc}=\frac{3}{3+3}\times 4=2(\mathrm{A})$$

需要指出的是，i_{sc}的正方向从端口由1指向1′，则诺顿等效电路中理想电流源的数值等于i_{sc}，正方向为1′指向1。

2.4 受控源及含受控源的电路分析

2.4.1 受控源

第1章介绍的理想电压源、理想电流源，其理想电压源的电压和理想电流源的电流都是给定的恒定值或是时间函数，不会受其他支路电流或电压的影响，因此理想电压源和理想电流源称为独立源。此外，在电路理论中还引入了受控源，用来描述含有电子器件电路的工作特性。受控源的电压和受控源的电流都不是给定的，而是受电路中某部分的电压或电流的控制，所以受控源也称非独立源。

受控源是一种双口元件（四端元件），它含有两条支路。其一为控制量所在支路，控制量或为电压或电流；另一支路为受控支路，这条支路或为一个受控电压源或为一个受控电流源。

受控源因控制量是电压或电流分为电压控制电压源（VCVS）、电压控制电流源（VCCS）、电流控制电压源（CCVS）和电流控制电流源（CCCS）。其模型如图2-39所示。

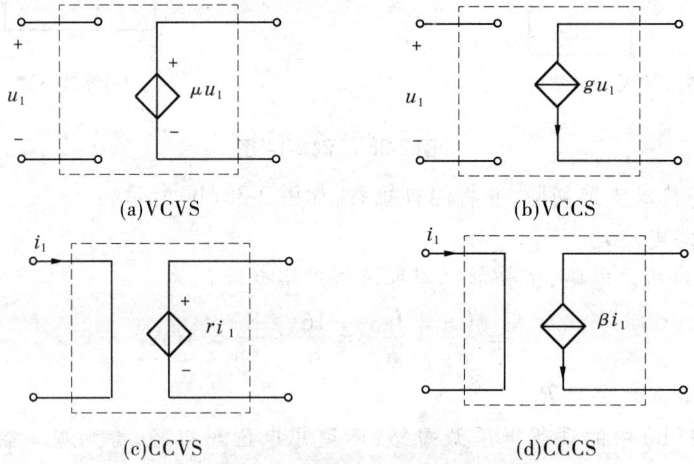

图2-39 四种受控源模型

必须指出的是，受控源与独立源有所不同。独立源在电路中起着“激励”作用，因为有了它才能在电路中产生电压和电流（响应）。而受控源则不同，它的电压和电流受电路中其他电压和电流的控制。当控制量（电压或电流）消失或等于零时，受控电压源的电压或受控电流源的电流也为零，所以受控源不过是用来反映电路中某处的电压或电流能控制另一处的电压或电流这一现象而已，其本身不能直接起“激励”作用。因此，描述它们的电路图形符号也有所区别，独立源用带圆圈的图形符号表示，而受控源用带菱形的图形符号表示。

图2-39所示的四种受控源模型中，μ、g、r和β是用来表示控制量与受控源之间控制

关系的系数。当μ、g、r和β为常数时,说明受控电压源的电压和受控电流源的电流与控制量成正比,这种受控源称为线性受控源。其中,μ和β为无量纲的系数,μ称为转移电压比,β称为转移电流比;而r和g是有量纲的系数,r为电阻性质的系数,称为转移电阻,g为电导性质的系数,称为转移电导。

我们把受控源表示成具有两对端钮的电路模型,其中,被控制量接于一对端钮之间,而控制量当作是存在于另外一对端钮之间的电压和电流,这样做有时会给电路分析带来方便。所以,可以把受控源看作是一种具有两对端钮的元件。但是,在有些情况下不一定要专门标出控制量所在处的端钮。

2.4.2* 含受控源的电路的分析

由于受控源所具有与独立源不同的特性,在分析、计算含有受控源的电路时,与分析、计算只有独立源的电路时,有些问题需要注意区别对待。具体注意事项归纳如下:

(1)利用等效变换分析、计算含受控源的电路。

等效变换时,受控源与独立源一样对待,但是受控源的受控量所在支路不能进行变换,必须保留。

(2)利用网络方程法分析、计算含受控源的电路。

利用网络方程法分析、计算含受控源的电路时,受控源与独立源一样对待。这样,在列写的方程组中会多出受控源的受控量变量(多出的变量数即为电路中的受控源数),显然方程数不够。这时,需要根据电路实际列写若干个补充方程(有多少受控量变量,补充多少个方程),即补充将受控量变量用电路变量来表示的若干个方程。

(3)利用网络定理分析、计算含受控源的电路。

利用叠加定理、戴维南定理分析、计算含受控源的电路时,独立源置零时,受控源要像电阻一样被保留下来,也就是说,受控源不能置零。

下面通过部分例题逐一作简单介绍。

【例2-15】 如图2-40所示电路中,已知$U_S=4\ V$,$R_1=2\ \Omega$,$R_2=3\ \Omega$,$R_3=1\ \Omega$。用等效变换求R_2所在支路的I。

解:(1)等效变换第一步:

①将理想电压源U_S与R_1串联的电压源模型变换成理想电流源I_S与R_1并联的电流源模型。

$$I_S=\frac{U_S}{R_1}=\frac{4}{2}=2(\text{A})$$

②将受控电压源$2U_2$与R_3串联的受控源模型变换成受控电流源与R_3并联的受控电流源模型,受控电流源的电流为

$$\frac{2U_2}{R_3}=\frac{2\times 3I}{1}=6I$$

第一步变换后如图2-40(b)所示。

(2)等效变换第二步:

①将理想电流源与受控电流源进行叠加。叠加后的电流源的电路为:$2-6I$。

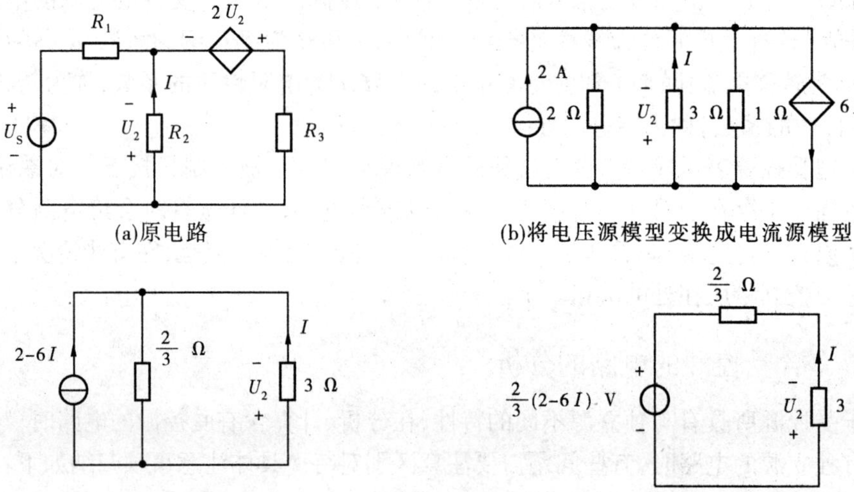

(a)原电路　(b)将电压源模型变换成电流源模型

(c)两个电流源叠加　(d)最简等效电路

图 2-40　例 2-15 图

②将并联的 R_1 与 R_3 等效成一个电阻 R_{13}，其阻值为：$R_{13}=\dfrac{R_1R_3}{R_1+R_3}=\dfrac{2\times1}{2+1}=\dfrac{2}{3}(\Omega)$

第二步等效后的电路如图 2-40(c)所示。

(3)等效变换第三步：

将如图 2-40(c)所示电路中的电流源模型变换成电压源模型。电压源电压为 $\dfrac{2}{3}(2-6I)$ V，电阻的阻值为 $\dfrac{2}{3}$ Ω，如图 2-40(d)所示。

最后，求 R_2 所在支路的 I：如图 2-40(d)所示最简等效电路，由 KVL 可得：$3I+\dfrac{2}{3}I+\dfrac{2}{3}(2-6I)=0$，于是有：$I=4$ A。

本例中，受控源的受控量所在支路与待求支路为同一个支路，只要受控量所在支路保留不动，以上等效变换便没有问题，即受控源与独立源一样对待。

【例 2-16】　如图 2-41 所示电路中，已知 $U_S=4$ V，$R_1=2$ Ω，$R_2=3$ Ω，$R_3=1$ Ω。试分别用支路法、网孔法、节点法求各支路电流。

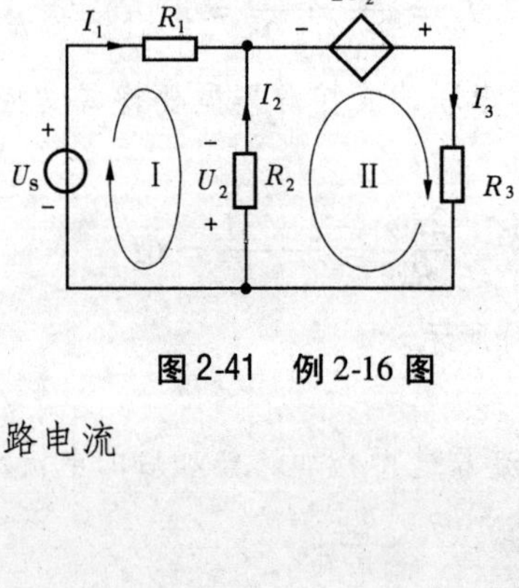

图 2-41　例 2-16 图

解：1. 用支路法求各支路电流

支路电流正方向与网孔绕行方向如图2-41所示，因为受控源和电流源一样对待，用支路电流法可列写3个方程如下：

$$\left.\begin{aligned} I_1+I_2-I_3&=0\\ 2I_1-3I_2&=4\\ 3I_2+I_3&=2U_2 \end{aligned}\right\}\tag{1}$$

由式(1)可知，3个方程，4个未知变量，显然无法获得唯一的解。

由图2-41所示电路可知：$U_2=3I_2$，此式即为补充方程。将此式与式(1)联立可得：

$$\left.\begin{aligned} I_1+I_2-I_3&=0\\ 2I_1-3I_2&=4\\ 3I_2+I_3&=2U_2\\ U_2&=3I_2 \end{aligned}\right\}$$

4个方程，4个未知变量，求解可得：$I_1=8\ \text{A}$，$I_2=4\ \text{A}$，$I_3=12\ \text{A}$。

因为电路中只有一个受控源，也就只有一个受控量变量，所以用支路法求解时需要补充一个将受控量变量用支路电流表示的方程便可求解。

2. 用网孔法求各支路电流

网孔电流正方向如图2-41所示网孔绕行方向，因为受控源和电流源一样对待，用网孔法可列写2个方程如下：

$$\left.\begin{aligned} (R_1+R_2)I_{m1}-R_2I_{m2}&=U_S\\ -R_2I_{m1}+(R_2+R_3)I_{m2}&=2U_2 \end{aligned}\right\}\tag{2}$$

同样的问题，式(2)为2个方程，3个未知变量，需补充方程。

由图2-41所示电路可得：$U_2=I_2R_2=(I_{m2}-I_{m1})R_2$，将此式与式(2)联立可得：

$$\left.\begin{aligned} 5I_{m1}-3I_{m2}&=4\\ -3I_{m1}+4I_{m2}&=2U_2\\ U_2&=3(I_{m2}-I_{m1}) \end{aligned}\right\}$$

求解可得：$I_{m1}=8\ \text{A}$，$I_{m2}=12\ \text{A}$。

由网孔电流可得各支路电流分别为：$I_1=I_{m1}=8\ \text{A}$，$I_2=I_{m2}-I_{m1}=12-8=4(\text{A})$，$I_3=I_{m2}=12\ \text{A}$。

同样，用网孔法求解时需要补充一个将受控量变量用网孔电流表示的方程。

3. 用节点法求各支路电流

因为图2-41所示电路为两个节点，选取图示电路下方节点为参考点，所以由弥尔曼定律可得节点电压方程为

$$U_n=\frac{\dfrac{U_S}{R_1}-\dfrac{2U_2}{R_3}}{\dfrac{1}{R_1}+\dfrac{1}{R_2}+\dfrac{1}{R_3}}\tag{3}$$

式(3)为一个方程两个未知变量，所以需要补充方程。

由图2-41所示电路可知：$U_n=-U_2$，将此式与式(3)联立并代入已知数据可得：

$$\left(\frac{1}{2}+\frac{1}{3}+\frac{1}{1}\right)U_n=\frac{4}{2}-\frac{-2U_n}{1}$$

求解此式可得节点电压：$U_n=-12$ V。

由节点电压可求得各支路电流：$I_1=\frac{U_S-U_n}{R_1}=\frac{4-(-12)}{2}=8(\text{A})$

$$I_2=-\frac{U_n}{R_2}=-\frac{-12}{3}=4(\text{A})$$

$$I_3=\frac{2U_2+U_n}{R_3}=\frac{6I_2+U_n}{R_3}=\frac{6\times4-12}{1}=12(\text{A})$$

同样，用节点法求解时需要补充一个将受控量变量用节点电压表示的方程。

本例中，同一个问题用三种方法求解，可以彼此验证其求解结果的正确性。

【例 2-17】 如图 2-42(a)所示电路，已知 $U_{S1}=14$ V，$U_{S2}=2$ V，$R_1=R_3=100\ \Omega$，$R_2=200\ \Omega$，$R_4=300\ \Omega$。用叠加定理求 R_4 支路中的 I。

解：1. 画两个电压源分别单独作用时的电路图

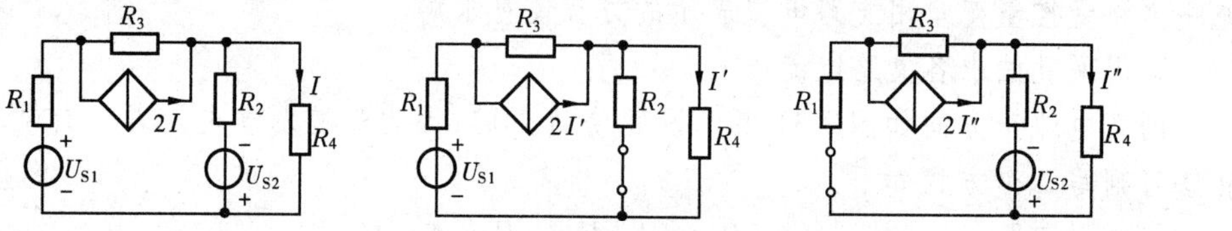

图 2-42　例 2-17 图

(1) U_{S1}单独作用，U_{S2}置零(代之以短路)，此时受控电流源保留，如图 2-42(b)所示；

(2) U_{S2}单独作用，U_{S1}置零(代之以短路)，此时受控电流源保留，如图 2-42(c)所示。

2. 分别求出两个独立源单独作用时的响应 I'和 I''

(1)用节点法求 U_{S1}单独作用时的响应 I'。

如图 2-42(b)所示电路为两个节点的电路，取下面节点为参考点，则节点电压方程为

$$\left(\frac{1}{R_1+R_3}+\frac{1}{R_2}+\frac{1}{R_4}\right)U'=\frac{U_{S1}+2I'R_3}{R_1+R_3}$$

补充一个方程为：$U'=I'R_4$，联立两个方程并代入已知值可得：

$$\left.\begin{aligned}\left(\frac{1}{200}+\frac{1}{200}+\frac{1}{300}\right)U'&=\frac{14+200I'}{200}\\U'&=300I'\end{aligned}\right\}$$

求解可得：$I'=\frac{7}{300}$ A。

(2)用节点法求 U_{S2}单独作用时的响应 I''。

如图 2-42(c)所示电路，用弥尔曼定律列写一个方程，加一个补充方程，联立可得：

$$\left.\begin{aligned}\left(\frac{1}{R_1+R_3}+\frac{1}{R_2}+\frac{1}{R_4}\right)U''&=\frac{2I''R_3}{R_1+R_3}-\frac{U_{S2}}{R_2}\\U''&=I''R_4\end{aligned}\right\}$$

代入已知值求解可得：$I''=-\dfrac{1}{300}$ A。

3. 叠加

由叠加定理可知：

$$I=I'+I''=\frac{7}{300}+\left(-\frac{1}{300}\right)=\frac{6}{300}=0.02(\mathrm{A})$$

【例2-18】 如图2-43(a)所示电路中，已知 $U_S=10$ V，$R_1=R_2=1$ kΩ。求戴维南等效电路和诺顿等效电路。

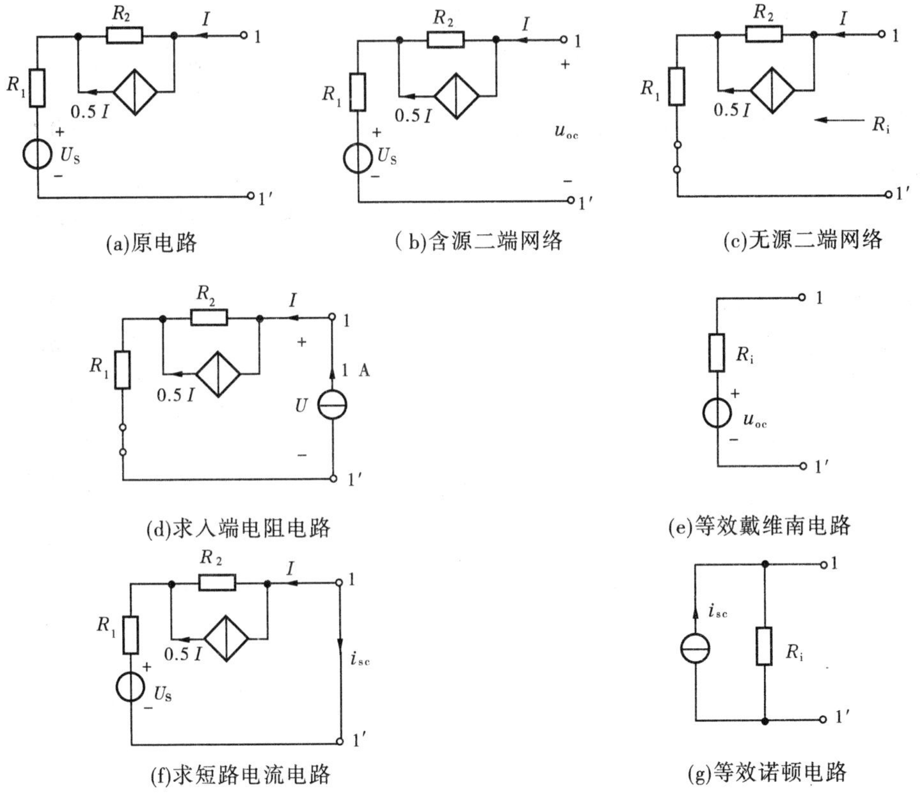

图2-43 例2-18图

解：1. 求等效戴维南定理

(1)利用图2-43(b)所示电路，求开路电压 u_{oc}。

图2-43(b)所示电路，由于端口1—1′开路，所以 $I=0$，受控电流源的电流 $0.5I=0$，受控电流源相当于开路，则开路电压为

$$u_{oc}=U_S=10\ \mathrm{V}$$

(2)利用图2-43(c)所示无源二端网络，求等效入端电阻 R_i。

由图2-43(b)所示含源二端网络到图2-43(c)所示无源二端网络，遵循的规则是理想电压源 U_S 置零(代之以短路)，受控源保留。

因为图2-43(c)中含有受控源，所以求解入端电阻时，无法采用简单的电阻串并联等

效来完成。这里,需要采用试验的方法来计算,即在无源二端网络的端口处施加一个理想电源(电压源、电流源均可),然后通过求解端口电压或电流,最后利用欧姆定律计算出入端电阻。

如图 2-43(d)所示电路,在无源二端网络的端口处加一个理想电流源,通过求解端口电压 U,利用欧姆定律,便可计算入端电阻。需要注意的是,端口电压、电流正方向的选择应该是从端口向内看,正方向一致。如图 2-43(d)所示正方向,此时有:$R_i = \frac{U}{I}$。

端口处施加的是理想电压源还是理想电流源,其数值为多少,是可以任意选择的,若选择恰当,会给计算带来方便。

本题中,选择施加理想电流源,且数值为 1 A,这样 $R_i = \frac{U}{1}$。因此,计算出电压 U 的值,便可直接得到电阻 R_i 的值。

由图 2-43(d)可知:$I = 1$ A,则受控电流源的电路为 $0.5I = 0.5$ A,因此:

$$U = -0.5IR_2 + I(R_2 + R_1) = -0.5 \times 1\,000 + 1 \times (1\,000 + 1\,000) = 1\,500(\mathrm{V})$$

所以入端电阻 $R_i = 1\,500\ \Omega$。

则等效戴维南电路为一个 10 V 的理想电压源与一个阻值为 1 500 Ω 的电阻的串联组合,如图 2-43(e)所示。

2. 求等效诺顿电路

利用图 2-43(f)所示电路,求电路电流 i_{sc}。

图 2-43(f)中,受控源的控制量 $I = -i_{sc}$,则受控电流源的电流为 $0.5I = -0.5i_{sc}$,所以由 KVL 可得:

$$-U_S + (R_1 + R_2)i_{sc} + 0.5IR_2 = 0$$

代入已知值可得:$i_{sc} = \frac{1}{150}$ A。

则诺顿等效电路为数值短路电流 i_{sc} 的理想电流源与一个阻值为等效入端电阻 R_i 的电阻的并联组合,如图 2-43(g)所示。

本章小结

本章学习了电路的等效变换,分析电路的基本方法和基本定理,通过本章的学习,要求掌握用等效变换法来分析电路,掌握线性电路的基本分析方法和基本定理。

(1)电阻的串联、电阻的并联及电阻的串并联等效变换,电阻的三角形连接和星形连接以及相互转换,电源之间的串并联等效,电源与电阻之间的串并联等效等。

(2)支路电流法即利用基尔霍夫电流定律列出 $(n-1)$ 个节点电流方程和利用基尔霍夫电压定律列出 l(网孔数)个回路电压方程,再联立解方程组,从而求解出各支路电流的最基本、最直观的一种求解复杂电路的方法。

(3)网孔电流法用于求节点支路较多的电路,避免了用支路电流法求解方程过多,带来解题繁杂的问题。解题方法是先求网孔电流,再利用网孔电流求支路电流。

(4)节点电压法用于节点较少而网孔较多的电路。节点电压法求解步骤:选择参考节点,设定参考方向;求节点电压 U;求支路电流。

(5)叠加定理:在任何由线性电阻、线性受控源及独立源组成的电路中,每一个元件的电流或电压可以看成是每一个独立源单独作用于电路时,在该元件上所产生的电流或电压的代数和,这就是叠加定理。当某一独立源单独作用时,其他独立源应置零,即独立电压源用短路代替,独立电流源用开路代替。独立源置零时,受控源应保留。

(6)戴维南定理:一个含独立电源、线性电阻和受控源的一端口,对外电路来说,可以用一个电压源和电阻的串联组合来等效置换,此电压源的电压等于一端口的开路电压,电阻等于一端口的全部独立电源置零后的输入电阻。

(7)诺顿定理:一个含独立电源、线性电阻和受控源的一端口,对外电路来说,可以用一个电流源和电阻的并联组合等效变换,电流源的电流等于该一端口的短路电流,电阻等于把该一端口的全部独立电源置零后的输入电阻。此电流源和并联电阻组合的电路称为诺顿等效电路。

(8)受控源输出的电压或电流受电路中其他支路的电压或电流控制。控制量的大小及方向改变时,受控源输出的电压或电流的大小及方向也将随之改变。受控源在电路中不能独立存在。含有受控源的线性电路仍可用基尔霍夫定律及线性电路的基本分析方法分析。

习题二

2-1 求图2-44所示各单口网络的等效电阻 R_{ab}。

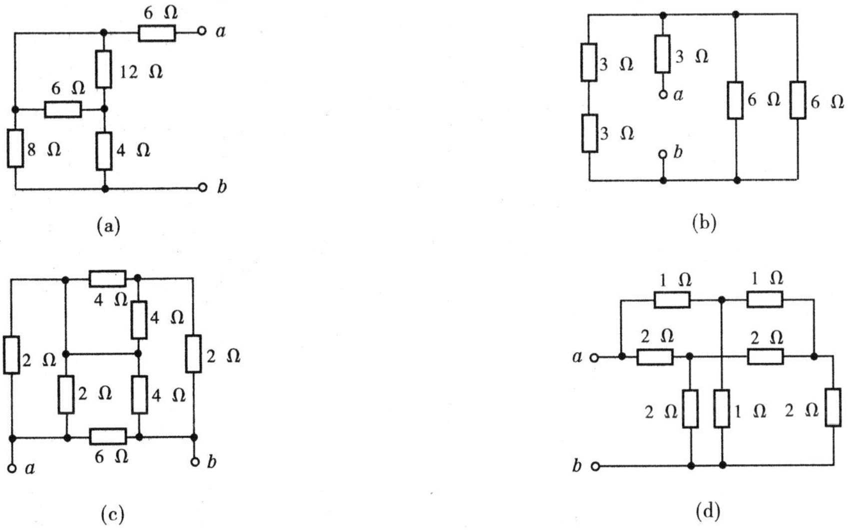

图2-44 习题2-1图

2-2　化简图 2-45 所示各电路。

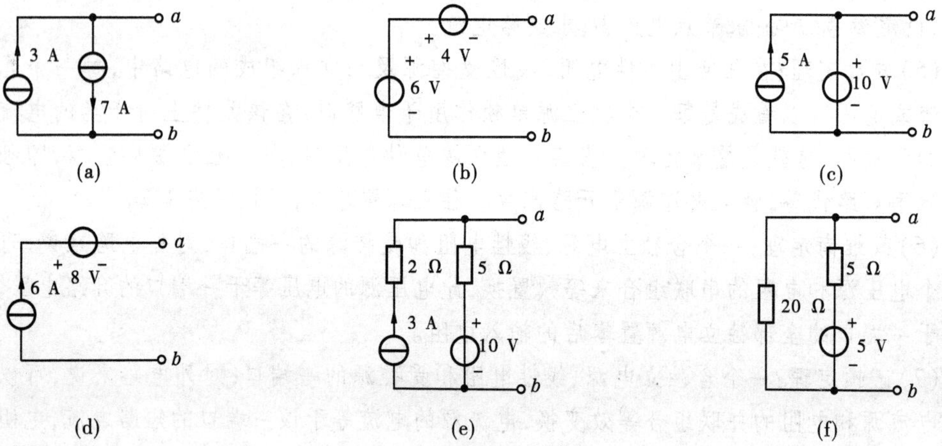

图 2-45　习题 2-2 图

2-3　图 2-46 所示电路中，$I_S = 16.5$ mA，$R_S = 2$ kΩ，$R_1 = 40$ kΩ，$R_2 = 10$ kΩ，$R_3 = 25$ kΩ，求 I_1、I_2 和 I_3。

2-4　试用等效变换的方法计算图 2-47 所示电路中流过 2 Ω 电阻的电流 I。

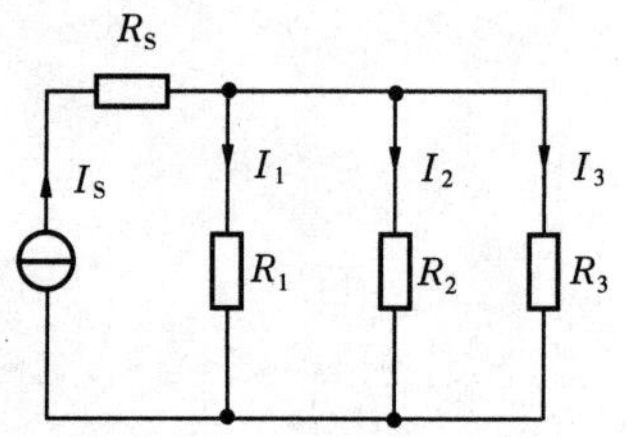

图 2-46　习题 2-3 图

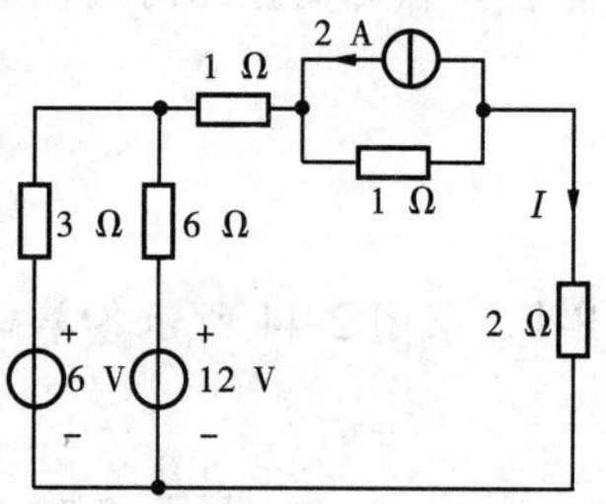

图 2-47　习题 2-4 图

2-5　如图 2-48 所示电路，分别求：(1) 开关 S 打开时的电压 U_{ab}；(2) 开关 S 闭合时的电流 I_{ab}。

图 2-48　习题 2-5 图

2-6　如图 2-49 所示电路，求出电流 I。

2-7　利用支路电流法求图 2-50 所示的各支路电流。

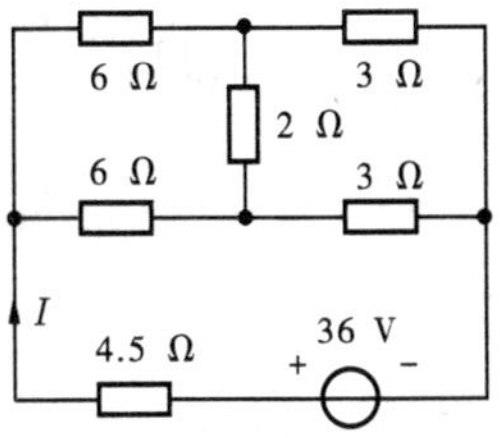

图 2-49　习题 2-6 图

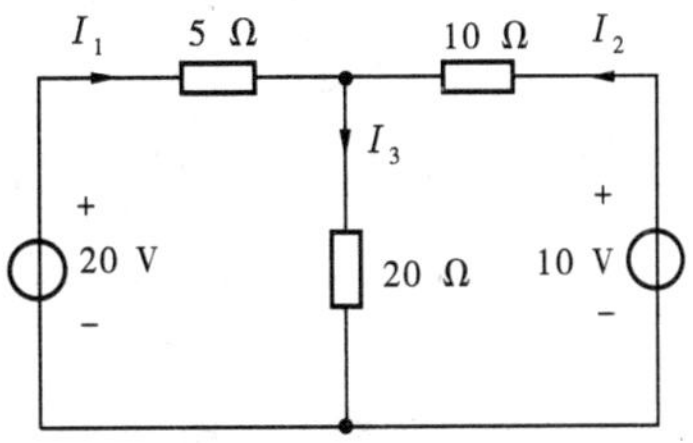

图 2-50　习题 2-7 图

2-8　如图 2-51 所示电路，利用支路电流法列求解各支路电流的方程。

2-9　用网孔电流法求解如图 2-52 所示电路中的 I。

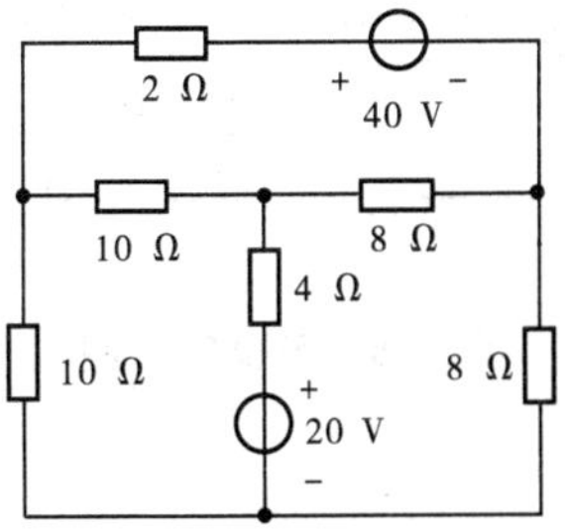

图 2-51　习题 2-8 图

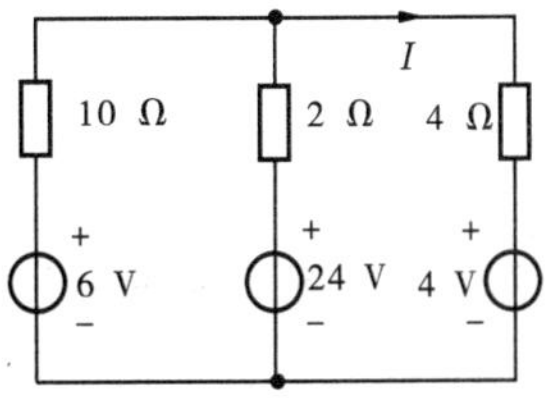

图 2-52　习题 2-9 图

2-10　如图 2-53 所示电路，试用网孔电流法列出电路的求解方程。

2-11　试用节点电压法求解图 2-54 电路的各电流。

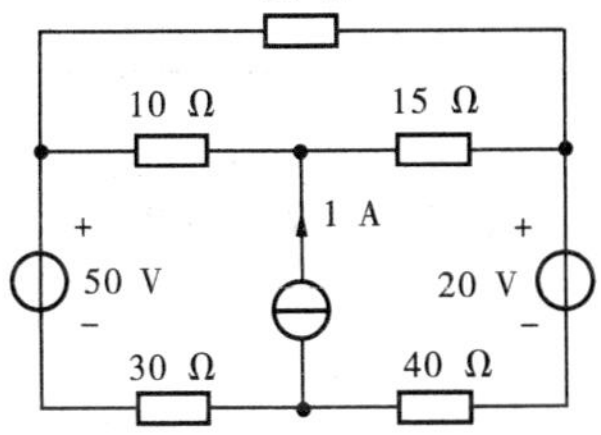

图 2-53　习题 2-10 图

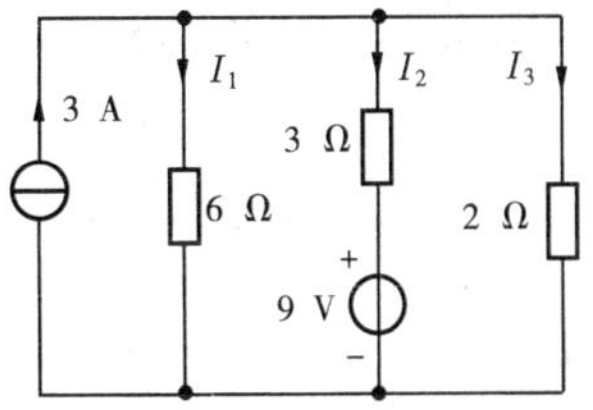

图 2-54　习题 2-11 图

2-12　列出图 2-55 所示电路的节点方程。

2-13　试用叠加定理计算图 2-56 所示电路中的 I 和 U。

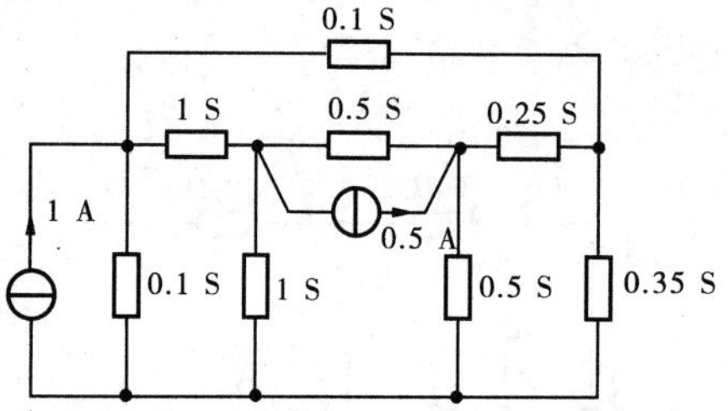

图 2-55　习题 2-12 图

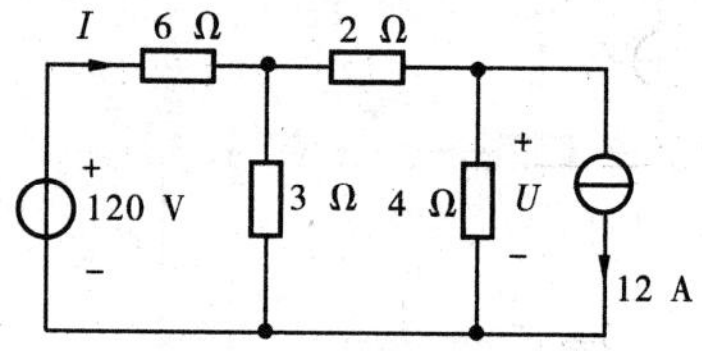

图 2-56　习题 2-13 图

2-14　如图 2-57 所示，利用叠加定理求流过 3 Ω 电阻的电流 I。

2-15　利用叠加定理求如图 2-58 所示电路中的电压 U。

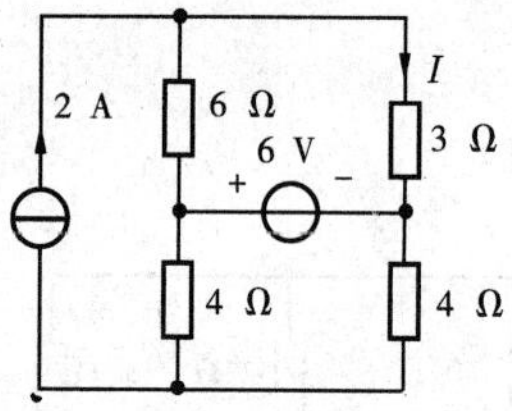

图 2-57　习题 2-14 图

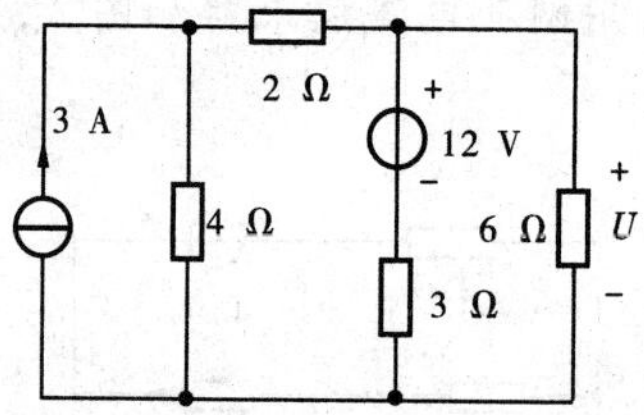

图 2-58　习题 2-15 图

2-16　求图 2-59 所示电路的戴维南等效电路。

2-17　图 2-60 所示电路中已知 $U_{S1}=24$ V，$U_{S2}=6$ V，$I_S=10$ A，$R_1=R_2=R_3=R_4=2$ Ω。用戴维南定理求电阻 R_4 上的电流 I。

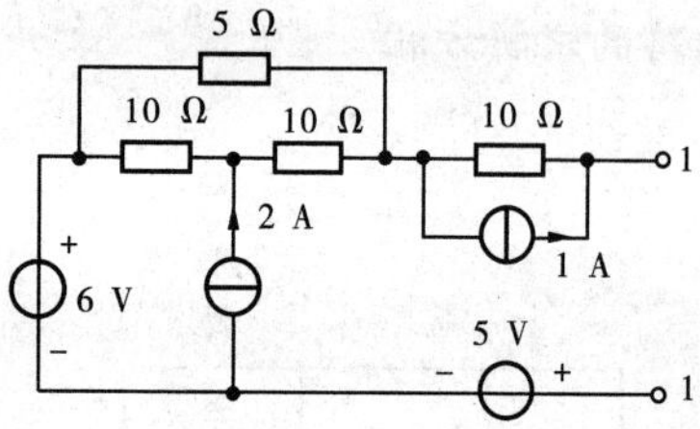

图 2-59　习题 2-16 图

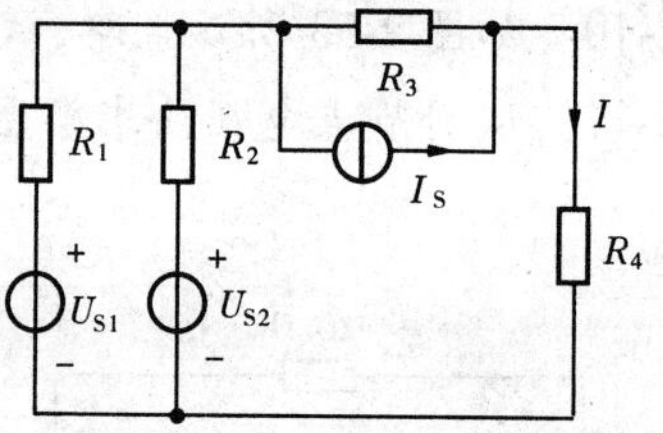

图 2-60　习题 2-17 图

2-18　求图 2-61 所示电路的诺顿等效电路。

2-19　用诺顿定理求解图 2-62 中 6 Ω 电阻中的电流 I。

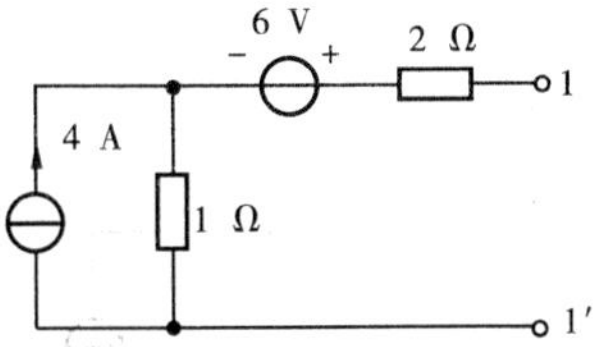

图 2-61　习题 2-18 图

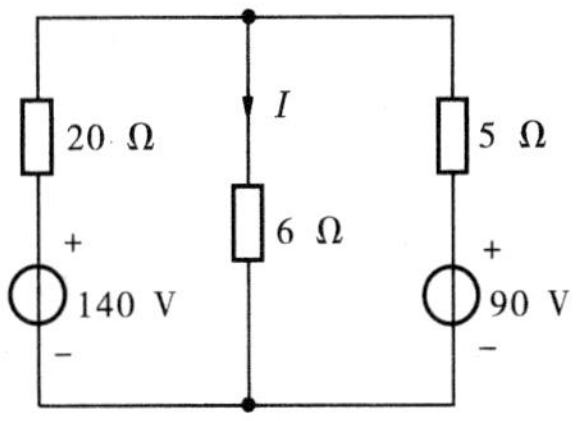

图 2-62　习题 2-19 图

2-20　电路如图 2-63 所示，分别用支路法和网孔法求 I_X。

2-21　电路如图 2-64 所示，已知：$U_S=4$ V，$I_S=2$ A，$R_1=2$ Ω，$R_2=1$ Ω，$R_3=3$ Ω。试用叠加定理求 I。

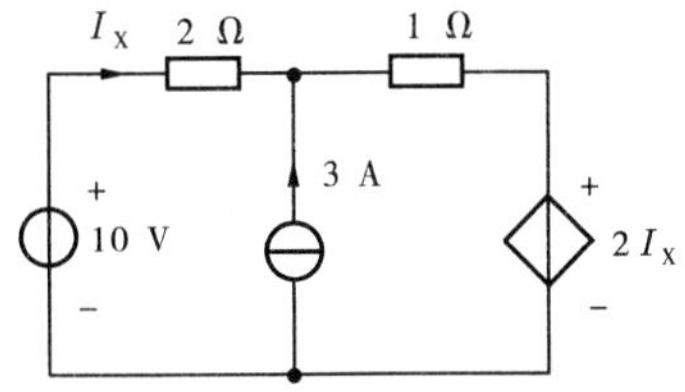

图 2-63　习题 2-20 图

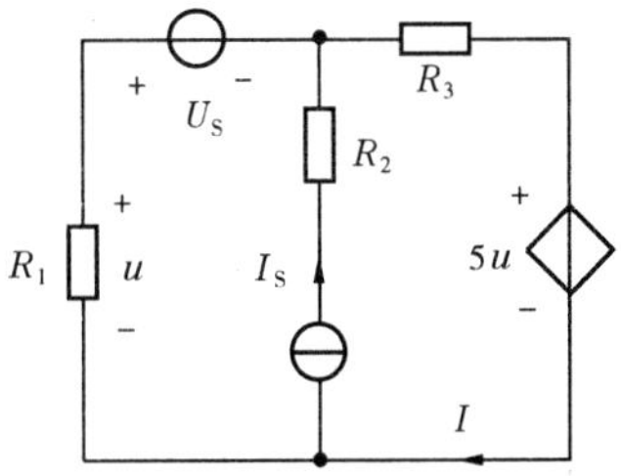

图 2-64　习题 2-21 图

2-22　用节点电压法列写如图 2-65 所示电路的节点方程。

2-23　用戴维南定理求如图 2-66 所示电路中的电流 I_2。

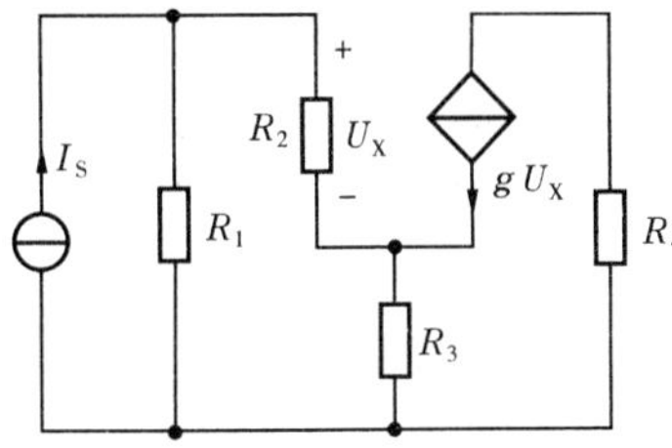

图 2-65　习题 2-22 图

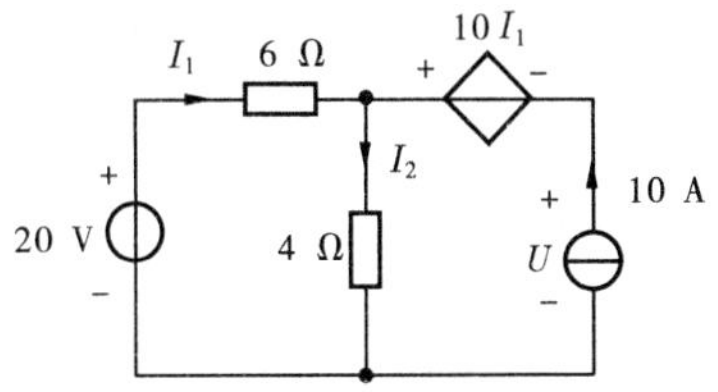

图 2-66　习题 2-23 图

2-24　如图 2-67 所示电路，分别用叠加定理、节点法和戴维南定理求电路中的 u_2。

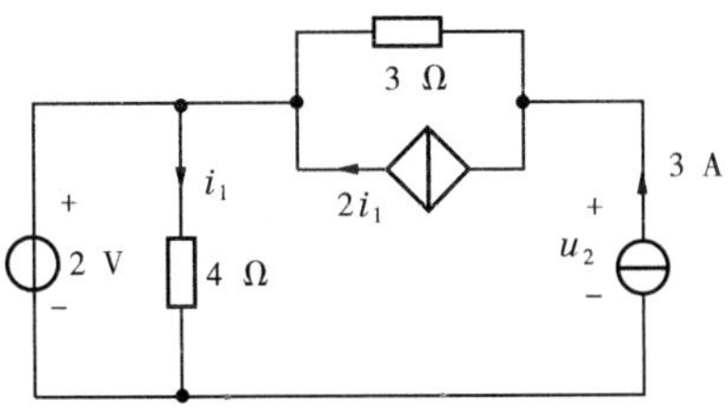

图 2-67　习题 2-24 图

第 3 章　单相正弦交流电路的分析

【内容提要】

本章介绍单相正弦激励下线性电路的分析方法——相量法。内容包括正弦交流电的基本概念,正弦量的相量表示法,单一电阻元件、单一电感元件、单一电容元件上的电压、电流关系及功率损耗情况,在此基础上,多参数组合的简单正弦交流电路的计算,正弦交流电路的功率以及提高功率因数的意义和方法,交流电路中串联谐振现象。

【学习要求】

- 了解交流量的概念,理解正弦交流电的三要素、相位、相位差及同频率正弦量之间超前、滞后的概念;
- 理解正弦交流电有效值的概念及有效值与最大值之间的关系,理解频率、周期、角频率的概念及其三者之间的关系;
- 理解正弦量的相量表示以及正弦量与相量之间的关系;
- 理解电路基本定律的相量形式、阻抗和相量图,掌握用相量法分析和计算简单正弦电流电路的方法;
- 理解并掌握正弦交流电路的有功功率、功率因数等的概念和计算;
- 了解正弦交流电路的瞬时功率、无功功率和视在功率的概念;
- 了解提高功率因数的方法及其意义,了解正弦交流电路中串联谐振的条件及特征。

3.1　正弦量

3.1.1　交流量的概念

实际工程技术中所遇到的电流、电压,在许多情况下,其大小和方向都是随时间而变化的,这类电量统称为交流量。

交流量随时间变化时,每隔一段时间便重复前面变化规律的,称周期性交流量,否则称非周期性交流量。按正弦规律变化的,称正弦量,否则称非正弦量。图 3-1 给出的是几种电工中常见的周期性交流量的波形。

由于正弦函数具有许多优点,所以在工程实际中得到了广泛的应用。例如,电力工程中所有的电压、电流,几乎全部采用正弦函数的形式。其中大多数问题,都可以按正弦电流电路的问题来加以分析处理。另外,正弦函数是周期函数的一个重要特例。任何一个非正弦周期函数,都可以分解为一个频率为整数倍的正弦函数的无穷级数,这类问题也可以按正弦电流电路的方式来分析处理。所以,对正弦电流电路的分析研究具有重要的实际意义。

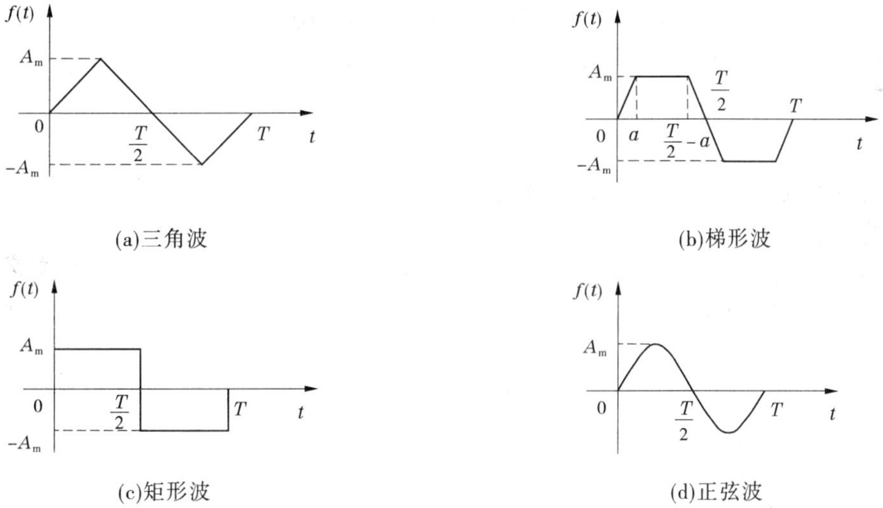

图 3-1 几种常见的交流量的波形

3.1.2 正弦量及其基本概念

凡是按正弦规律变化的电压和电流等交流电量，都称为正弦量。

交流电是由交流发电机产生的，其原理简单的说就是电磁感应原理，这里不再赘述。下面以正弦电流为例，分别说明正弦量的各个要素和不同的表示方式。

图 3-2 为一段正弦交流电路。图中 i 在指定的参考方向下，其表达式为

$$i = I_m \sin(\omega t + \theta) \quad (A) \tag{3-1}$$

式(3-1)为交流电流的三角函数形式，也称一般式，其波形图表示如图 3-3 所示。一般式中，I_m 为最大值，ω 为角频率，θ 为初相位。最大值、角频率、初相位称为正弦量的三要素。

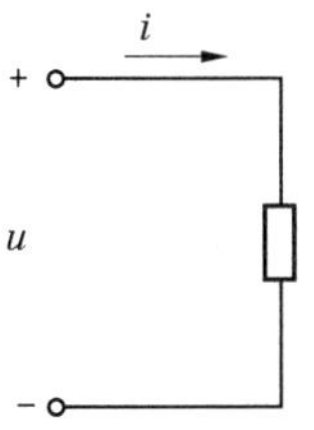

图 3-2 电流的参考方向

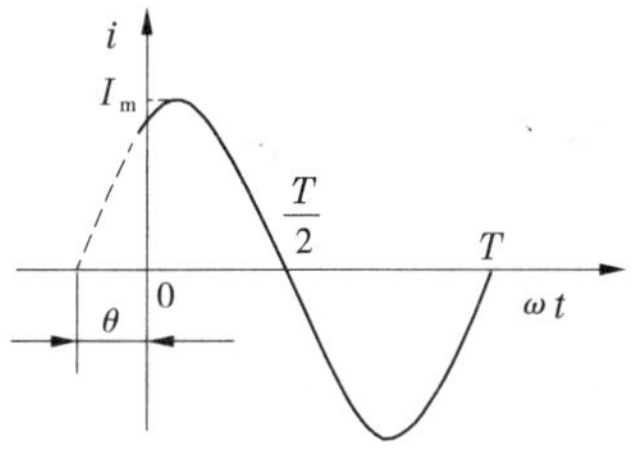

图 3-3 正弦交流电的波形

对式(3-1)所示的交流电流而言，它的变化规律是确定的。但是，I_m、ω、θ 三个量中任意一个的取值发生变化，它所表示的正弦量便不同。因此，称式(3-1)为正弦量的一般式。如果 I_m、ω、θ 都是确定的值，那么它所表示的正弦量就是唯一的。因此，通常称 I_m(最大值)、ω(角频率)、θ(初相位)为正弦交流量的三要素。

3.1.2.1 **瞬时值、最大值、有效值**

正弦交流量的大小和方向随时间按正弦规律变化,因此不同时刻具有不同的数值,或正或负或为零。我们把任意时刻正弦交流电的数值称为瞬时值,用小写字母表示,如 i、u 分别表示电流、电压的瞬时值。

最大的瞬时值称为最大值(也叫幅值、峰值)。用带 m 下标的大写字母表示。如 I_m、U_m 分别表示电流、电压的最大值。最大值虽然有正有负,但习惯上最大值都以绝对值表示,它的大小规定了交流量变化的范围。

正弦交流电的瞬时值都随时间变化,为了确切地衡量其大小、方便计算和对交流电进行测量,工程实际中,引入一个称为有效值的量来描述交流电的大小。

有效值是根据电流热效应的原理定义的。将一个正弦交流电流 i 和一个直流电流 I 分别通过相同的电阻 R,如果在相同的时间 T 内,两个电流在相同的电阻上产生的热量相等(做功能力相同),那么从热效应的角度来说,这两个电流(i、I)是等效的,于是就称这个直流电流 I 为这个交流电流 i 的有效值。

根据有效值的定义可以写出下面的表达式:

$$I^2RT = \int_0^T i^2R\mathrm{d}t$$

于是有:

$$I = \sqrt{\frac{1}{T}\int_0^T i^2\mathrm{d}t} \tag{3-2}$$

对于正弦电流,其表达式为

$$i(t) = I_m\sin(\omega t + \theta_i) \quad (\mathrm{A}) \tag{3-3}$$

把式(3-3)代入式(3-2),所以正弦电流的有效值为

$$I = \sqrt{\frac{1}{T}\int_0^T I_m^2\sin^2(\omega t + \theta_i)\mathrm{d}t} = \frac{I_m}{\sqrt{2}} = 0.707I_m$$

同理,正弦电压的有效值为

$$U = \frac{U_m}{\sqrt{2}} = 0.707U_m$$

因此,正弦交流电的有效值和最大值之间有如下的关系:

$$I = \frac{I_m}{\sqrt{2}}, \qquad U = \frac{U_m}{\sqrt{2}}$$

需要指出的是:①有效值用大写字母表示,与表示直流的字母一样。②未做特殊说明的电压、电流值一律默认为有效值。例如,电压 380 V、220 V,电流 5 A,都是指它们的有效值。

【例 3-1】 已知某交流电压为 $u = 220\sqrt{2}\sin\omega t$ (V),这个交流电压的最大值和有效值为多少?

解: 最大值为:$U_m = 220\sqrt{2} = 311.1$(V)

有效值为:$U = \frac{U_m}{\sqrt{2}} = \frac{220\sqrt{2}}{\sqrt{2}} = 220$(V)

3.1.2.2 角频率、频率、周期

式(3-1)中 ω 称为正弦电流的角频率,其单位是弧度/秒(rad/s)。它是反映交流量变化快慢的物理量。与之相应的表示交流量变化快慢的物理量还有频率和周期,三者之间的关系为

$$\omega = 2\pi f = \frac{2\pi}{T} \tag{3-4}$$

式(3-4)中,f 为频率,表示交流电每秒钟变化的次数,单位是1/秒(1/s),或称赫兹(Hz),简称赫。工程实际中还有千赫(kHz)和兆赫(MHz)等常用单位。它们之间的换算关系为

$$1\ \text{kHz} = 10^3\ \text{Hz},\ 1\ \text{MHz} = 10^6\ \text{Hz}$$

式(3-4)中 T 称为周期,表示交流电变化一周所需要的时间,与频率 f 之间的关系是 $T=\frac{1}{f}$,单位是秒(s)。

式(3-4)表示 T、f、ω 三个物理量之间的关系,只要知道其中之一,则其余均可求出。

【例3-2】 求出我国工频50 Hz交流电的周期 T 和角频率 ω。

解:

$$T = \frac{1}{f} = \frac{1}{50} = 0.02(\text{s})$$

$$\omega = 2\pi f = 2\pi \times 50 = 100\pi = 314(\text{rad/s})$$

注意:周期、频率和角频率都是反映交流电变化快慢的物理量。

3.1.2.3 相位、初相位、相位差

式(3-1)中,$(\omega t+\theta)$ 称为正弦量的相位角或相位,它反映了正弦量的变化进程。θ 称为正弦量的初相位(初相),它是正弦量在 $t=0$ 时的相位角,即

$$(\omega t + \theta)\big|_{t=0} = \theta$$

初相的大小与计时起点有关,单位用度或者弧度表示,它的取值一般在 $|\theta| \leqslant \pi$ 范围内。

在正弦交流电路的分析中,常常需要比较同频率的正弦量的相位角。现任意给定正弦电压 u 和正弦电流 i,即

$$u = U_{\mathrm{m}}\sin(\omega t + \theta_u) \quad (\text{V})$$

$$i = I_{\mathrm{m}}\sin(\omega t + \theta_i) \quad (\text{A})$$

其中电压、电流的初相位分别为 θ_u 和 θ_i。它们之间的相位差用 φ 表示,则有:

$$\varphi = (\omega t + \theta_u) - (\omega t + \theta_i) = \theta_u - \theta_i$$

由此可见,对于同频率的正弦量来说,相位差在任何瞬间都是一个常数,与时间无关,其单位与初相相同。

对于不同频率的两个正弦量,它们之间的相位差是随时间变化的,不是常数,无法比较,故不作讨论。

如图3-4所示为正弦电压 u 和正弦电流 i 的波形及相位关系。

对于两个同频率的正弦量而言,它们的相位关系,可根据相位差取值的不同而表示为

超前、滞后、同相、反相和正交，下面分别加以讨论：

（1）如果 $\varphi=\theta_u-\theta_i>0$，称电压 u 超前电流 i 一个角度 φ（也可称电流 i 滞后电压 u 一个角度 φ），如图 3-4 所示。

（2）如果 $\varphi=\theta_u-\theta_i<0$，则称电压 u 滞后电流 i 一个角度 φ（也可称电流 i 超前电压 u 一个角度 φ），如图 3-5（a）所示。

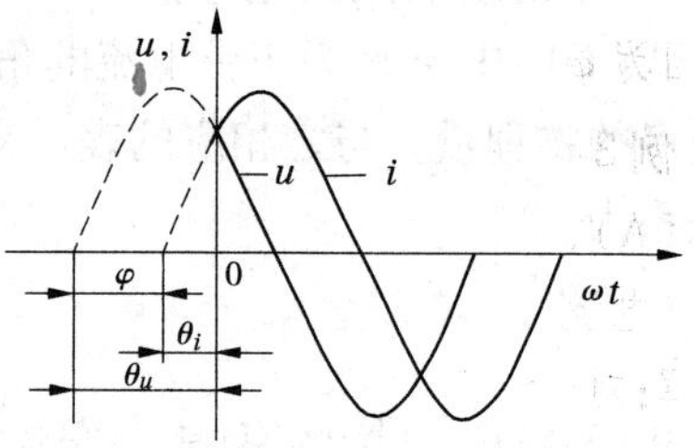

图 3-4　正弦交流电 u 和 i 的相位及相位差

（3）如果 $\varphi=\theta_u-\theta_i=0$，则称电压 u 与电流 i 同相，如图 3-5（b）所示。

（4）如果 $\varphi=\theta_u-\theta_i=\pm\pi$，称 u 与 i 反相，如图 3-5（c）所示。

（5）如果 $\varphi=\theta_u-\theta_i=\pm\dfrac{\pi}{2}$，则称 u 与 i 正交，如图 3-5（d）所示。

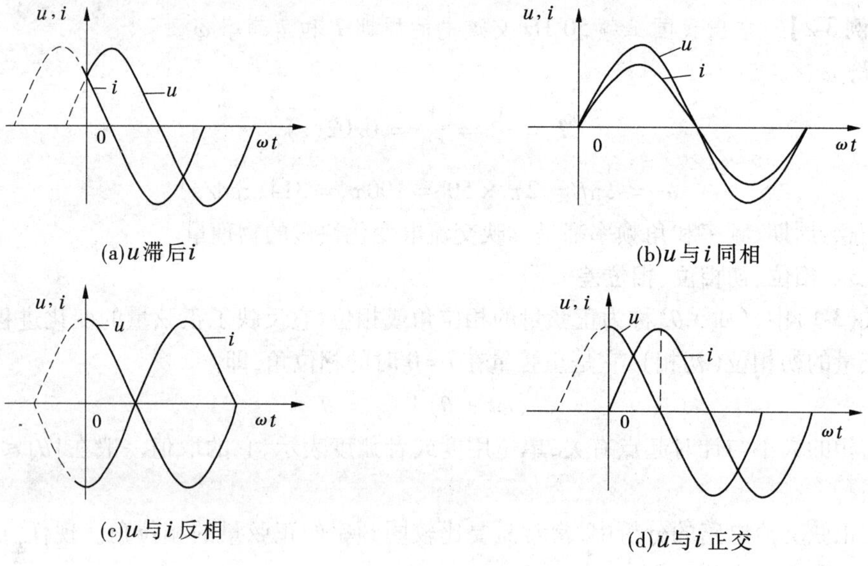

图 3-5　两个同频率正弦量的相位差

【例 3-3】　设有两个同频率的正弦电流分别为

$$i_1=-6\sin(\omega t+80^\circ)\quad(\mathrm{A})$$

$$i_2=8\sin(\omega t+30^\circ)\quad(\mathrm{A})$$

请问哪一个电流滞后？滞后的角度是多少？

解：在比较正弦量的相位关系时，还应使各正弦量的正负符号一致。此例中，两个电流的正负符号不同，在比较前先把 i_1 的负号移到相位内。负号表示反相，差 ±180°。若式中原来的初相为正，就减去 180°；若式中原来的初相为负，就加上 180°。i_1 改写为

$$i_1=6\sin(\omega t+80^\circ-180^\circ)=6\sin(\omega t-100^\circ)\quad(\mathrm{A})$$

所以相位差为

$$\varphi = \theta_1 - \theta_2 = -100° - 30° = -130°$$

因为 $\varphi<0$，所以电流 i_1 滞后电流 i_2 130°。

【例3-4】 已知某交流电压为 $u=220\sqrt{2}\sin(628t-60°)$ (V)，$i=14.1\sin(628t+30°)$ (A)，求电压与电流的最大值、有效值、角频率、频率、周期、初相位、相位差，并说明电压与电流的相位关系。

解：对于电压来说：

$$U_m = 220\sqrt{2}\ \text{V}, U = \frac{220\sqrt{2}}{\sqrt{2}} = 220(\text{V}), \omega_u = 628\ \text{rad/s}$$

$$f_u = \frac{\omega}{2\pi} = \frac{628}{2\pi} = 100(\text{Hz}), T_u = \frac{1}{f_u} = \frac{1}{100} = 0.01(\text{s}), \theta_u = -60°$$

对于电流来说：

$$I_m = 14.1\ \text{A}, I = \frac{14.1}{\sqrt{2}} = 10(\text{A}),\ \omega_i = 628\ \text{rad/s},\ f_i = \frac{\omega}{2\pi} = \frac{628}{2\pi} = 100(\text{Hz})$$

$$T_i = \frac{1}{f_i} = \frac{1}{100} = 0.01(\text{s}), \theta_i = 30°,\ \varphi = \theta_u - \theta_i = -60° - 30° = -90°$$

因为 $\varphi<0$，所以电压滞后电流 90°。

3.2 正弦交流电路的相量分析

在进行正弦稳态电路的响应分析时，经常需要对正弦电量进行代数、微分和积分运算，因此分析计算过程就显得十分繁琐。下面将要介绍更为简洁、更加行之有效的分析方法——相量分析法。

相量分析法简称相量法。其分析思路就是，首先将正弦量用相量表示，然后将正弦量的运算对应成相量的运算，最后将相量运算的结果对应成正弦量。这样，相对繁琐的正弦量的运算就可以回避，而采用相对简洁的相量运算来完成。

下面分别介绍相量运算时将要用到的复数运算以及正弦量的相量表示。

3.2.1 复数的基本知识

3.2.1.1 复数的表示

复数 A 可用复平面上的有向线段来表示。该有向线段的长度 a 称为复数 A 的模，模总是取正值。a_1 为复数 A 在实轴上的投影，a_2 为复数 A 在虚轴上的投影，该有向线段与实轴正方向的夹角 θ 称为复数 A 的辐角，如图3-6所示。

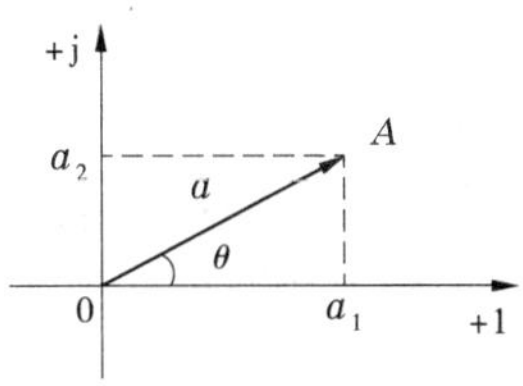

图3-6 复数的表示

由数学知识可得，复数有三种表示形式，即代数形式、三角函数形式以及指数形式（也称为极坐标形式）。

以图3-6为例，复数 A 的代数形式为

$$A = a_1 + \text{i}a_2$$

因为在电工理论中，电流也用符号 i 表示，所以为了避免误解、出错，将复数的虚部单

位改用 j 来表示，因此复数 A 的代数形式应改写为

$$A = a_1 + ja_2 \tag{3-5}$$

复数 A 的三角函数形式为

$$A = a\cos\theta + ja\sin\theta \tag{3-6}$$

复数 A 的指数形式为

$$A = ae^{j\theta} \tag{3-7}$$

对于同一个复数 A 来说，式(3-5)～式(3-7)是等同的，即

$$A = a_1 + ja_2 = a\cos\theta + ja\sin\theta = ae^{j\theta} \tag{3-8}$$

所以，复数 A 的实部 a_1 及虚部 a_2 与模 a 及辐角 θ 的关系为

$$a_1 = a\cos\theta \qquad a_2 = a\sin\theta$$

$$a = \sqrt{a_1^2 + a_2^2} \qquad \theta = \arctan\frac{a_2}{a_1}$$

式(3-8)中，$e^{j\theta} = \cos\theta + j\sin\theta$ 称为欧拉(尤拉)公式。

另外，为了书写方便，电工中常把 $e^{j\theta}$ 简写成 $\angle\theta$。例如：$5e^{j30^\circ} = 5\angle 30^\circ$。

【例 3-5】 将下列复数的指数形式化为代数形式。

(1) $A_1 = 10\angle 36.9^\circ$；(2) $A_2 = 10\angle 110^\circ$。

解：(1) $A_1 = 10\angle 36.9^\circ = 10\cos 36.9^\circ + j10\sin 36.9^\circ = 8 + j6$

(2) $A_2 = 10\angle 110^\circ = 10\cos 110^\circ + j10\sin 110^\circ = -3.420 + j9.397$

【例 3-6】 将下列复数的代数形式化为指数形式。

(1) $A_1 = 6 + j8$；(2) $A_2 = 8 - j6$。

解：(1) 因为 $a = \sqrt{6^2 + 8^2} = 10$，$\theta = \arctan\dfrac{8}{6} = 53.1^\circ$，所以：

$$A_1 = 6 + j8 = 10\angle 53.1^\circ$$

(2) 因为 $a = \sqrt{8^2 + (-6)^2} = 10$，$\theta = \arctan\dfrac{-6}{8} = -36.9^\circ$，所以：

$$A_2 = 8 - j6 = 10\angle -36.9^\circ$$

3.2.1.2　复数的四则运算

设两复数为：

$$A = a_1 + ja_2 = a\angle\theta_1$$

$$B = b_1 + jb_2 = b\angle\theta_2$$

(1) 加减运算：

$$A \pm B = (a_1 \pm b_1) + j(a_2 \pm b_2)$$

由此可知，两个复数相加减的运算法则是，两个复数的实部与实部相加减，虚部与虚部相加减。因此，做加减运算时，两个复数应该是代数形式；若不是，则应先化成代数形式。

复数的加减运算也可以在复平面上用有向线段来表示。因此，求两复数之和的运算在复平面上用有向线段来表示是符合平行四边形求和法则的。

(2) 乘除运算：

$$A \cdot B = ae^{j\theta_1} \cdot be^{j\theta_2} = abe^{j(\theta_1+\theta_2)} = ab\angle(\theta_1 + \theta_2)$$

$$\frac{A}{B} = \frac{ae^{j\theta_1}}{be^{j\theta_2}} = \frac{a}{b}e^{j(\theta_1-\theta_2)} = \frac{a}{b}\angle(\theta_1 - \theta_2)$$

由此可知,两个复数作乘运算的法则是,两个复数的模与模相乘,辐角与辐角相加。因此,作乘运算的复数应该是指数形式;若不是,则应先化成指数形式。

两个复数作除运算的法则是,两个复数的模与模相除,辐角与辐角相减。因此,作除运算的复数应该是指数形式;若不是,则应先化成指数形式。

【例3-7】 已知 $A=6+j8=10\angle 53.1°$,$B=4-j3=5\angle -36.9°$。试计算 $A+B$、$A-B$、AB、$\frac{A}{B}$。

解: $A+B=(6+j8)+(4-j3)=(6+4)+j(8-3)=10+j5=11.18\angle 26.6°$

$A-B=(6+j8)-(4-j3)=(6-4)+j[8-(-3)]=2+j11=11.18\angle 79.7°$

$AB=(10\angle 53.1°)(5\angle -36.9°)=10\times 5\angle[53.1°+(-36.9°)]=50\angle 16.2°$

$$\frac{A}{B}=\frac{10\angle 53.1°}{5\angle -36.9°}=2\angle[53.1°-(-36.9°)]=2\angle 90°$$

3.2.2　正弦量的相量表示法

3.2.2.1　相量表示

在线性电路中,如果电源激励为某一频率的正弦量,则电路中各处的电流和电压响应也全部是与激励同一频率的正弦量。另外,相同频率的正弦量相加减,所得的正弦量频率不变。这意味着计算正弦电流和电压的过程与频率无关,所以只要求出振幅(或有效值)和初相,待求的正弦电流和电压便可以确定。根据正弦电路的这一特点,可用一个复数来反映正弦量的振幅(或有效值)和初相,这一复数称为正弦量的相量表示,简称相量。相量的模表示正弦量的有效值(或最大值),相量的辐角表示正弦量的初相位。

例如假设正弦电流、电压的表达式为

$$i=\sqrt{2}I\sin(\omega t+\theta_i)\quad (A),\qquad u=\sqrt{2}U\sin(\omega t+\theta_u)\quad (V)$$

用相量表示分别为:

(1)有效值相量形式:$\dot{I}=Ie^{j\theta_i}=I\angle\theta_i$ (A),$\dot{U}=Ue^{j\theta_u}=U\angle\theta_u$ (V);

(2)最大值相量形式:$\dot{I}_m=I_m e^{j\theta_i}=I_m\angle\theta_i$ (A),$\dot{U}_m=U_m e^{j\theta_u}=U_m\angle\theta_u$ (V)。

显然,有效值相量和最大值相量的关系,为

$$\dot{I}=\frac{1}{\sqrt{2}}\dot{I}_m\qquad \dot{U}=\frac{1}{\sqrt{2}}\dot{U}_m$$

一般来说,正弦量既可以用最大值相量($\dot{I}_m$、$\dot{U}_m$)来表示,也可以用有效值相量($\dot{I}$、$\dot{U}$)来表示。但是,习惯上都用有效值相量($\dot{I}$、$\dot{U}$)来表示。

从以上相量式可以看出,把一个正弦量写成复数的指数形式即为所谓的相量表示。

需要指出的是,这里的相量既可以写成复数,也可以在复平面上用有向线段来表示,但是,它是用来表示正弦量的,并非数学意义上的向量或矢量。为了避免混淆,表示正弦量的相量用代表交流电符号的大写字母顶部加一圆实点来表示(如上所示),以示区别。

3.2.2.2　相量图

把相量在复平面上用有向线段来表示的图形称为相量图。

【例3-8】 分别写出代表下列正弦电流的相量,并画出相量图。

(1)$i_1 = 2\sqrt{2}\sin(\omega t + 60°)$ (A);

(2)$i_2 = 3\sqrt{2}\sin(\omega t - 30°)$ (A)。

解:由已知可得两个正弦电流对应的有效值相量分别为:

$\dot{I}_1 = 2\angle 60°$ A,$\dot{I}_2 = 3\angle -30°$ A。

相量图如图3-7所示。

需要注意的是,不同频率的正弦交流量所对应的相量是不能画在一个图上的。

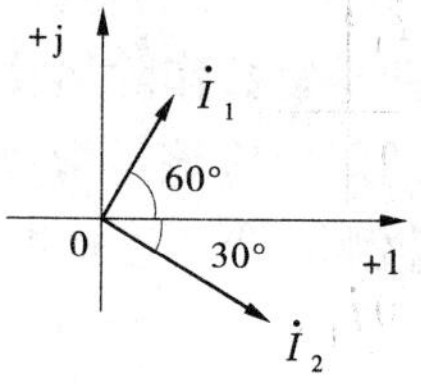

图3-7 例3-8图

3.2.2.3 **相量与正弦量的关系**

任意一个正弦量都可以用相量来表示。反之,任意一个相量也对应一个正弦量。正弦量与相量之间的关系是表示和对应的关系,而绝非等同关系。

【例3-9】 已知工频正弦电压的相量形式为 $\dot{U} = 10\angle 60°$ V,试求正弦电压的解析式。

解: 由于 $\omega = 2\pi f = 2\pi \times 50 = 100\pi$(rad/s),$U = 10$ V,$\theta = 60°$,所以

$$u = \sqrt{2}U\sin(\omega t + \theta) = 10\sqrt{2}\sin(100\pi t + 60°) \quad (\text{V})$$

3.2.3 用相量求正弦量的和与差

如上所述,用相量求正弦量的和与差,首先是将正弦量用相量表示,然后将正弦量的和、差运算对应成相量的和、差运算,最后将相量运算的结果对应成正弦量。

而相量的运算方法有两种:一是在相量图上按矢量的加、减法则进行,即图解法;二是通过复数运算来进行。

3.2.3.1 **用图解法运算**

相量虽然不是矢量,但是,相量可以在复平面上用有向线段来表示,因此相量的加减运算与矢量的加减运算一样,都可以用图解法。

1. 平行四边形法则

下面用例题介绍平行四边形法则的应用。

设有两个同频率正弦量:$i_1 = \sqrt{2}I_1\sin(\omega t + 90°)$ (A),$i_2 = \sqrt{2}I_2\sin\omega t$ (A)。现在用平行四边形法则分别求:$i_1 + i_2$ 和 $i_1 - i_2$。

第一步:将正弦量用相量表示,并画在图上。

由已知可得两个电流对应的相量为:$\dot{I}_1 = I_1\angle 90°$ (A),$\dot{I}_2 = I_2\angle 0°$ (A)。对应的相量图如图3-8(a)所示。

第二步:将正弦量的运算对应出相量的运算,并在相量图上用平行四边形法则求和(差)。

$i_1 + i_2$ 对应的相量形式为 $\dot{I}_1 + \dot{I}_2$,而 $i_1 - i_2$ 对应的相量形式为$\dot{I}_1 - \dot{I}_2$。

图3-8(b)和图3-8(c)分别为两个电流求和与求差的情况。所谓平行四边形法则,就是以已知的两个相量作为两个边,画一个平行四边形,则对角线位置的相量即为两个相量的和。

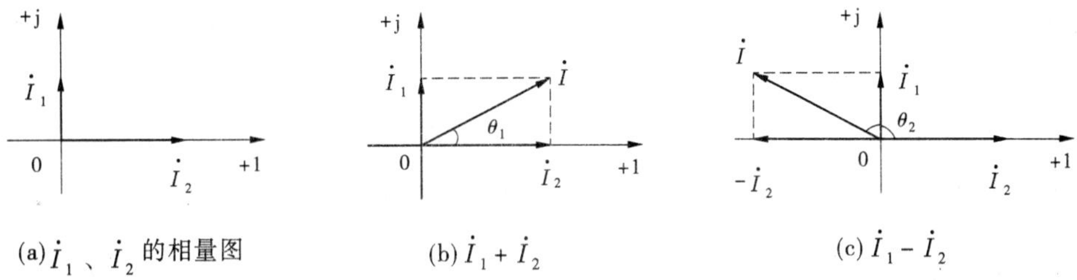

(a) $\dot{I}_1$、$\dot{I}_2$ 的相量图　(b) $\dot{I}_1+\dot{I}_2$　(c) $\dot{I}_1-\dot{I}_2$

图 3-8　平行四边形法则

图 3-8(b)中 $\dot{I}=\dot{I}_1+\dot{I}_2$ (A),图 3-8(c)中 $\dot{I}=\dot{I}_1-\dot{I}_2=\dot{I}_1+(-\dot{I}_2)$ (A)。

第三步:将相量运算的结果对应成正弦量。

若图 3-8(b)中 $\dot{I}=\dot{I}_1+\dot{I}_2=I\angle\theta_1$ (A),则这个 $\dot{I}$ 一定对应一个正弦量 $i=\sqrt{2}I\sin(\omega t+\theta_1)$ (A),而这个 i 就等于 i_1+i_2,即:$i_1+i_2=\sqrt{2}I\sin(\omega t+\theta_1)$ (A)。

若图 3-8(c)中 $\dot{I}=\dot{I}_1-\dot{I}_2=\dot{I}_1+(-\dot{I}_2)=I\angle\theta_2$ (A),同样,这里的 $\dot{I}$ 也对应一个正弦量 i,而这个 $i=\sqrt{2}I\sin(\omega t+\theta_2)$ (A)就等于 i_1-i_2,即:$i_1-i_2=\sqrt{2}I\sin(\omega t+\theta_2)$ (A)。

2. 多边形法则

多边形法则的本质就是在平行四边形法则基础上的一个推广。

当有三个或更多的相量相加时,利用平行四边形法则两两求和比较烦琐。而用多边形法则就简单的多。

图 3-9 给出的是两个相量($\dot{U}_1$、$\dot{U}_2$)相加的多边形法则的应用。

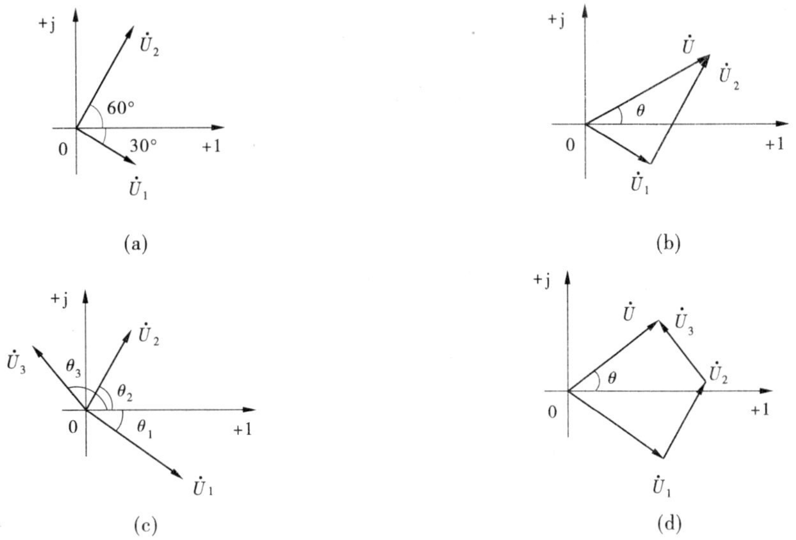

图 3-9　多边形法则求相量的和

图 3-9(a)为已知相量$\dot{U}_1$、$\dot{U}_2$ 的相量图,用多边形法则求和的具体做法是:首先将相量$\dot{U}_2$ 平移,并将其起点与相量$\dot{U}_1$ 的终点重合,再从相量$\dot{U}_1$ 的起点到相量$\dot{U}_2$ 的终点画一个相量 $\dot{U}$。那么相量 $\dot{U}$ 即为相量$\dot{U}_1$ 和相量$\dot{U}_2$ 的和,即:$\dot{U}=\dot{U}_1+\dot{U}_2$,如图 3-9(b)所示。

图 3-9(c)所示为三个已知的相量,利用多边形法则求和,如图 3-9(d)所示。

图 3-9(d)中:$\dot{U}=\dot{U}_1+\dot{U}_2+\dot{U}_3$。

图解法的优点是直观、明了,但缺点是存在误差。因为画相量图以及求和时,所有的相量都是通过米尺、量角器画出来的,所以若计算结果的准确度要求较高,则图解法便不能满足。下面介绍的用复数运算就可以解决这个问题。

3.2.3.2 用复数运算

下面通过例题进行介绍。

已知 $i_1=3\sqrt{2}\sin(314t+30°)$ (A),$i_2=4\sqrt{2}\sin(314t-60°)$ (A),求 i_1+i_2。

用复数运算也是三步。

第一步:将正弦量用相量表示。

由已知可得两个电流对应相量分别为:$\dot{I}_1=3\angle 30°$ (A),$\dot{I}_2=4\angle -60°$ (A)。

第二步:将正弦量的运算对应出相量的运算,并用复数进行计算。

i_1+i_2 对应的相量形式为 $\dot{I}_1+\dot{I}_2$,下面进行相量运算。

$$\begin{aligned}\dot{I}_1+\dot{I}_2&=3\angle 30°+4\angle -60°\\&=(3\cos 30°+\mathrm{j}3\sin 30°)+[4\cos(-60°)+\mathrm{j}4\sin(-60°)]\\&=\left(3\times\frac{\sqrt{3}}{2}+\mathrm{j}3\times\frac{1}{2}\right)+\left[4\times\frac{1}{2}+\mathrm{j}4\times\left(-\frac{\sqrt{3}}{2}\right)\right]\\&=5\angle -23.1°(\mathrm{A})\end{aligned}$$

第三步:将相量运算的结果对应成正弦量。

因为 $\dot{I}_1+\dot{I}_2=5\angle -23.1°$ A,所以对应的正弦量为

$$i_1+i_2=5\sqrt{2}\sin(\omega t-23.1°)\quad(\mathrm{A})$$

3.3 正弦交流电路中的基本元件

电阻元件、电感元件及电容元件是交流电路的基本元件,所有交流电路都是由这三个基本元件(或元件组合)构成的,为了更好地分析交流电路,先来分析单个基本元件上的电压与电流的关系以及功率损耗情况,为后续分析做好准备。

3.3.1 电阻元件

3.3.1.1 电路模型

将一个电阻接到交流电源上,电压与电流的参考方向如图 3-10 所示(关联参考方向)。

3.3.1.2 电压、电流关系

1. 瞬时值关系

如图3-10所示电路，因为正方向一致（关联），则由欧姆定律可得：

$$u = iR \tag{3-9}$$

若正方向不一致（非关联），则欧姆定律为 $u = -iR$，所以习惯上都规定电压、电流正方向一致（关联）。

假设流过电阻的电流为（为了书写方便，假设电流的初相位为零）

$$i = I_m \sin\omega t \quad (\text{A}) \tag{3-10}$$

将式(3-10)代入式(3-9)可得：

$$u = I_m \sin\omega t\, R = I_m R \sin\omega t = U_m \sin\omega t \quad (\text{V}) \tag{3-11}$$

比较式(3-10)电流与式(3-11)电压的初相位，可知电阻元件上电流与电压是同相位的。波形图如图3-11所示。

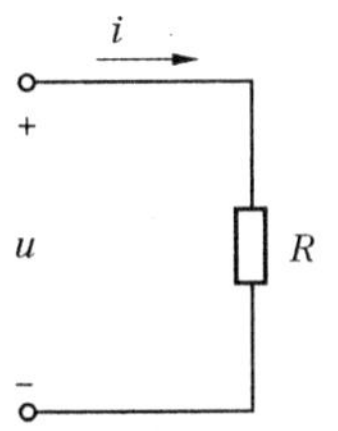

图3-10 电阻元件的时域模型

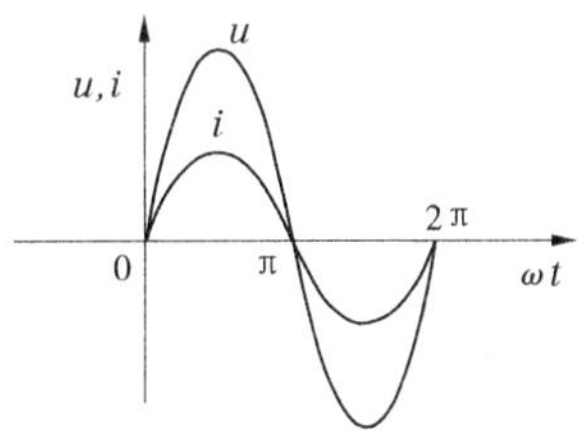

图3-11 电阻元件上电压与电流的波形图

2. 有效值关系

由式（3-11）可知：

$$U_m = I_m R$$

称为电压、电流的最大值关系式，两边各除以$\sqrt{2}$，于是有：

$$U = IR \tag{3-12}$$

式（3-12）即为电阻元件上电压、电流的有效值关系。

3. 相量关系

由式（3-10）可知，电流的相量形式为

$$\dot{I} = I\angle 0° \quad (\text{A}) \tag{3-13}$$

由式（3-11）可知，电压的相量形式为

$$\dot{U} = U\angle 0° \quad (\text{V}) \tag{3-14}$$

把式（3-12）代入式(3-14)，结合式（3-13）可得：

$$\dot{U} = U\angle 0° = IR\angle 0° = I\angle 0° R = \dot{I}R \tag{3-15}$$

式（3-15）即为电阻元件上电压、电流的相量关系。相量图如图3-12所示，对应的相量模型如图3-13所示。

3.3.1.3 功率损耗情况

1. 瞬时功率

在交流电路中，元件上电压的瞬时值与电流的瞬时值乘积叫作该元件的瞬时功率，用

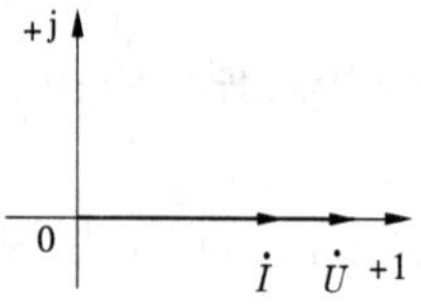

图 3-12　电阻元件上电压与电流的相量图

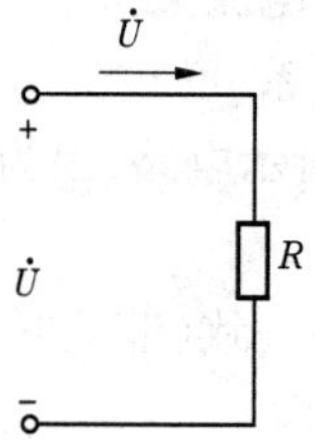

图 3-13　电阻元件的相量模型

小写字母 p 表示，即

$$p = ui$$

如图 3-10 所示电路，电阻元件上的瞬时功率为

$$p = ui = U_{\mathrm{m}}\sin\omega t \cdot I_{\mathrm{m}}\sin\omega t = UI(1 - \cos2\omega t) \tag{3-16}$$

由式(3-16)可知：电阻元件上瞬时功率由两部分组成：第一部分是 UI；第二部分是幅值为 UI，并以 2ω 的角频率随时间按正弦规律变化的变量 $UI\cos2\omega t$。因此，电阻元件上瞬时功率波形图如图 3-14 所示。

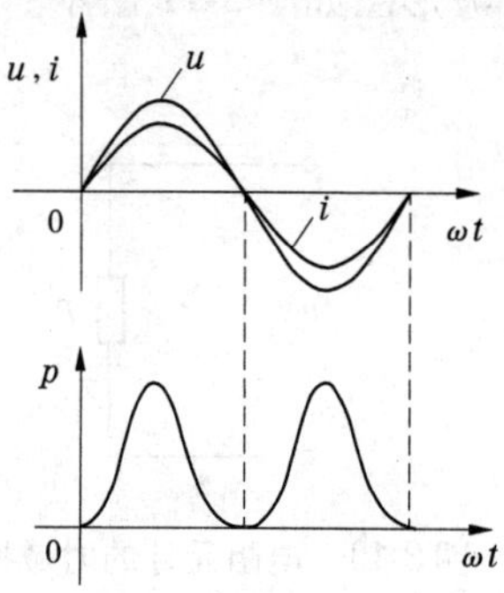

图 3-14　电阻元件上电压、电流及瞬时功率的波形图

2. 有功功率

有功功率也称平均功率，即其瞬时功率在一个周期内的平均值，用大写字母 P 表示：

$$P = \frac{1}{T}\int_0^T p\mathrm{d}t$$

对于正弦交流电路中电阻元件来说，其有功功率为

$$\begin{aligned} P &= \frac{1}{T}\int_0^T p\mathrm{d}t = \frac{1}{T}\int_0^T UI(1 - \cos2\omega t)\mathrm{d}t \\ &= \frac{1}{T}UI\left(\int_0^T 1\mathrm{d}t - \int_0^T \cos2\omega t\mathrm{d}t\right) \\ &= \frac{1}{T}UI(T - 0) = UI \end{aligned} \tag{3-17}$$

因为 $U = IR$，所以式(3-17)还可表示为

$$P = UI = I^2R = \frac{U^2}{R} \tag{3-18}$$

式(3-18)为电阻元件上有功功率的计算公式，单位为瓦(W)，工程上常用的单位还有千瓦(kW)，1 kW = 1 000 W。

从图 3-14 电阻元件上的瞬时功率随时间变化的波形可以看出，瞬时功率 p 在一个周期内总是大于等于零，也就是 $p = ui \geqslant 0$。由于电压、电流正方向一致(关联)，所以称电阻元件吸收电能，或称消耗功率，电阻元件是耗能元件。

【例 3-10】　在图 3-10 中，电阻 $R = 100\ \Omega$，R 两端的电压 $u_{\mathrm{R}} = 100\sqrt{2}\sin(\omega t - 30°)$

(V),求:

(1)通过电阻 R 的电流 i_R;

(2)电阻 R 的功率 P_R;

(3)画出 $\dot{U}_R$、$\dot{I}_R$ 图。

解:(1)根据已知写出电压的相量:$\dot{U}_R = 100\angle -30°$ V

由式(3-15)可以得到:$\dot{I}_R = \dfrac{\dot{U}_R}{R} = \dfrac{100\angle -30°}{100} = 1\angle -30°$(A)

所以:
$$i_R = \sqrt{2}\sin(\omega t - 30°) \quad (\text{A})$$

(2)求电阻上的功率。

因为:$U_R = 100$ V,$I_R = 1$ A,所以

$$P_R = U_R I_R = 100 \times 1 = 100(\text{W})$$

(3)画相量图,如图3-15所示。

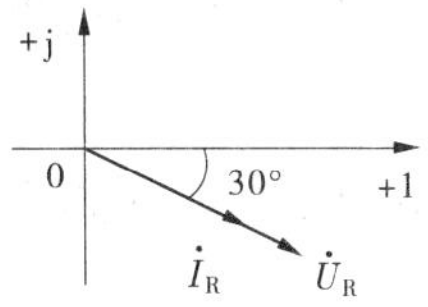

图3-15 例3-10电压与电流相量图

3.3.2 电感元件

3.3.2.1 电路模型

如图3-16所示为电感元件的时域模型。电压与电流的参考方向为关联参考方向。

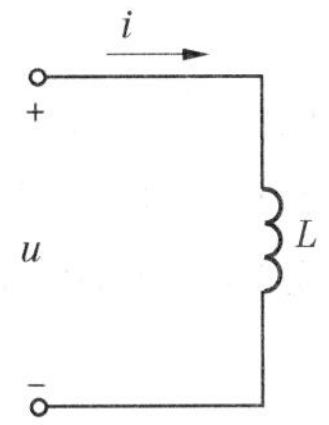

图3-16 电感元件的时域模型

3.3.2.2 电压、电流关系

1. 瞬时值关系

在图3-16所示的关联参考方向下,根据电磁感应原理可得:

$$u = L\frac{di}{dt} \tag{3-19}$$

式(3-19)中的 L 称为电感,用来描述电感元件储存磁场能量的能力,单位为H(亨),导出单位有毫亨(mH)、微亨(μH)。其换算关系为 $1\ \text{H} = 10^3\ \text{mH} = 10^6\ \mu\text{H}$。

假设流过电感的电流为(为了书写方便,假设电流的初相位为零)

$$i = I_m \sin\omega t \tag{3-20}$$

将式(3-20)代入式(3-19)可得:

$$u = L\frac{d(I_m \sin\omega t)}{dt} = I_m \omega L\cos\omega t = I_m X_L \cos\omega t \tag{3-21}$$

式(3-21)中:

$$X_L = \omega L = 2\pi f L \tag{3-22}$$

式(3-22)中的 X_L 称为感抗,单位为Ω,用来描述电感元件对电流呈现的阻碍作用,与电源频率成正比。电源频率越高,感抗越大,表示电感元件对电流的阻碍作用越大。反之,频率越低,感抗越小,对电流的阻碍作用也就越小。对于直流电路来说,因为频率为零,感抗也就为零,所以电感元件在直流电路中相当于短路。

由式(3-21)可得:

$$u = I_m X_L \sin\left(\omega t + \frac{\pi}{2}\right) = U_m \sin\left(\omega t + \frac{\pi}{2}\right) \quad (3\text{-}23)$$

由式(3-20)可知，电流的初相位为 $\theta_i = 0°$；由式(3-23)可知电压的初相位 $\theta_u = 90°$，比较两个初相位可知电感元件上电压超前电流 90°。波形图如图 3-17 所示。

2. 有效值关系

由式(3-23)可知：$U_m = I_m X_L$，此为电感元件上电压、电流的最大值关系，将其两边各除以$\sqrt{2}$可得有效值关系式：

$$U = IX_L \quad (3\text{-}24)$$

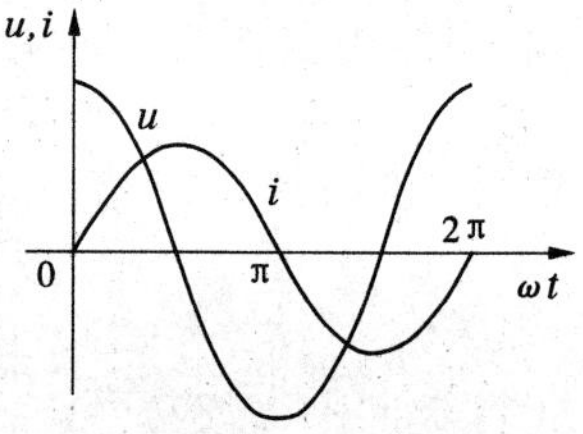

图 3-17 电感元件上电压、电流的波形图

3. 相量关系

由式(3-20)可得电感元件上电流的相量形式为

$$\dot{I} = I\angle 0° \quad (\mathrm{A}) \quad (3\text{-}25)$$

由式(3-23)可得电感元件上电压的相量形式为

$$\dot{U} = U\angle 90° \quad (\mathrm{V}) \quad (3\text{-}26)$$

把式(3-24)、式(3-25)代入式(3-26)可得：

$$\dot{U} = U\angle 90° = IX_L\angle 90° = I\angle 0° X_L \mathrm{j} = \dot{I}(\mathrm{j}X_L)$$

即

$$\dot{U} = \dot{I}(\mathrm{j}X_L) \quad (3\text{-}27)$$

式(3-27)为电感元件上电压、电流的相量关系，相量图如图 3-18 所示。式中 $\mathrm{j}X_L$ 为感抗的复数形式，也可称为复数形式的感抗(或复感抗)。式(3-27)对应的电感元件的相量模型如图 3-19 所示。

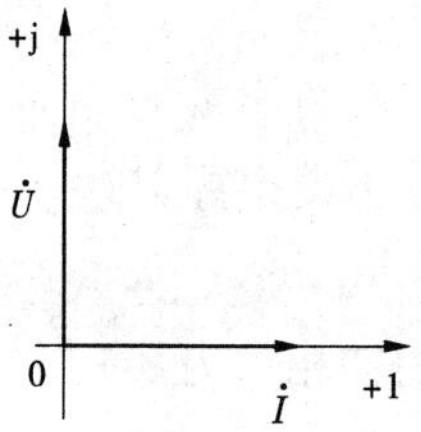

图 3-18 电感元件上电压与电流的相量图

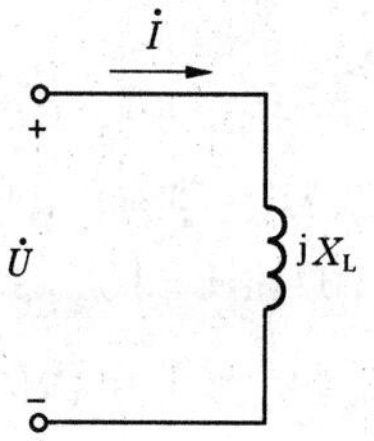

图 3-19 电感元件的相量模型图

3.3.2.3 功率损耗情况

1. 瞬时功率

如图 3-16 所示电路，电感元件上的瞬时功率为

$$p = ui = U_m \sin\left(\omega t + \frac{\pi}{2}\right) \cdot I_m \sin\omega t = I_m U_m \sin\omega t \cdot \cos\omega t$$

$$= I_m U_m \cdot \frac{1}{2}\sin 2\omega t = IU\sin 2\omega t \quad (3\text{-}28)$$

式(3-28)说明电感元件的瞬时功率 p 也是随着时间按照正弦规律变化的，其频率是

电源频率的两倍。瞬时功率曲线如图3-20所示。

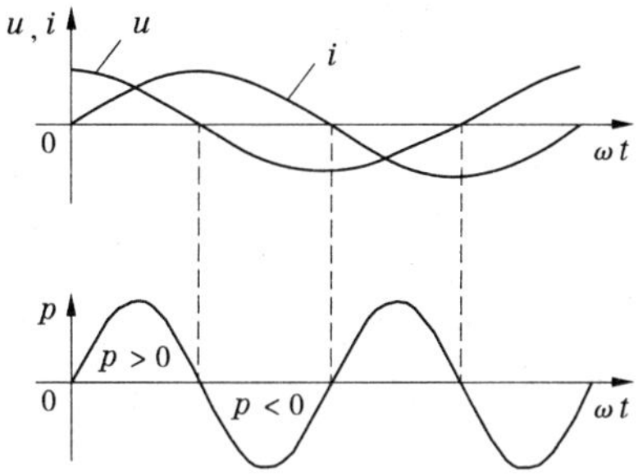

图3-20 瞬时功率的曲线

2. 有功功率

由定义可知,电感元件的有功功率即平均功率为

$$P = \frac{1}{T}\int_0^T p\mathrm{d}t = \frac{1}{T}\int_0^T IU\sin 2\omega t\mathrm{d}t = 0$$

电感元件的有功功率 $P=0$,表明电感元件不消耗有功功率。

3. 无功功率

由图3-20可以看出,瞬时功率曲线在一个周期内有 $p>0$,也有 $p<0$ 的情况。由前面所学可知:因为电感元件上的电压、电流正方向一致,所以当 $p=ui>0$ 时,电感元件吸收能量(消耗功率);而当 $p=ui<0$ 时,电感元件释放能量(发出功率)。虽然平均功率为零,但是电感元件与电源之间有能量的交换。当 $p>0$ 时,电感元件吸收电能变成磁场能储存起来;而当 $p<0$ 时,电感元件将储存的磁场能释放出来。因此,称电感元件为储能元件。

为了描述电路的能量交换特性,特引入无功功率这一物理量,用 Q 表示,无功功率为

$$Q = UI\sin\varphi \tag{3-29}$$

式(3-29)中,U 为端口电压有效值,I 为端口电流有效值,φ 为端口电压相量与端口电流相量的夹角。

对电感元件来说,$\varphi=90°$,所以电感元件的无功功率为

$$Q_{\mathrm{L}} = UI\sin\varphi = UI = I^2X_{\mathrm{L}} = \frac{U^2}{X_{\mathrm{L}}}$$

无功功率的单位为乏,用 var 表示。

【例3-11】 在图3-16所示电路中,已知电压 $u=100\sqrt{2}\sin(\omega t+60°)$ (V),电感 $L=10$ mH,分别求电源频率为50 Hz和50 kHz时通过电感的电流 i 以及无功功率。

解:由已知可得正弦量的相量为:$\dot{U}=100\angle 60°$ V。

(1)当频率为 $f_1=50$ Hz 时:

$$\omega_1 = 2\pi f_1 = 2\times 3.14\times 50 = 314(\mathrm{rad/s})$$

$$X_{\mathrm{L1}} = \omega_1 L = 314\times 10\times 10^{-3} = 3.14(\Omega)$$

$$\dot{I}_1 = \frac{\dot{U}}{\mathrm{j}X_{\mathrm{L1}}} = \frac{100\angle 60°}{\mathrm{j}3.14} = 31.85\angle -30°(\mathrm{A})$$

所以此时的电流为：　$i_1 = 31.85\sqrt{2}\sin(314t - 30°)$　（A）

无功功率为：　$Q_1 = UI_1 = 100 \times 31.85 = 3\ 185(\text{var})$

（2）当频率为 $f_2 = 50$ kHz 时：

$$\omega_2 = 2\pi f = 2 \times 3.14 \times 50 \times 10^3 = 3.14 \times 10^5(\text{rad/s})$$

$$X_{L2} = \omega_2 L = 3.14 \times 10^5 \times 10 \times 10^{-3} = 3\ 140(\Omega)$$

$$\dot{I}_2 = \frac{\dot{U}}{\text{j}X_{L2}} = \frac{100\angle 60°}{\text{j}3\ 140} = 0.031\ 85\angle -30°(\text{A}) = 31.85\angle -30°(\text{mA})$$

所以此时的电流为：$i_2 = 31.85\sqrt{2}\sin(314 \times 10^5 t - 30°)$　（mA）

无功功率为：$Q_2 = UI_2 = 100 \times 31.85 \times 10^{-3} = 3.185(\text{var})$

从本例的计算可知，电感元件在高频时感抗大，对电流的阻碍作用大；在低频时感抗小，对电流的阻碍作用小，可见电感元件能有效地阻止高频电流通过。

3.3.3　电容元件

3.3.3.1　电路模型

电容元件是各种实际电容器的理想电路模型，假设电压、电流正方向关联，电容元件的时域模型如图 3-21 所示。

3.3.3.2　电压、电流关系

1. 瞬时值关系

电容元件上的伏安关系在图 3-21 的关联参考方向下，有

$$i = C\frac{\text{d}u}{\text{d}t} \tag{3-30}$$

由式（3-30）可知，电容元件上电压与电流的瞬时关系也是微分关系。

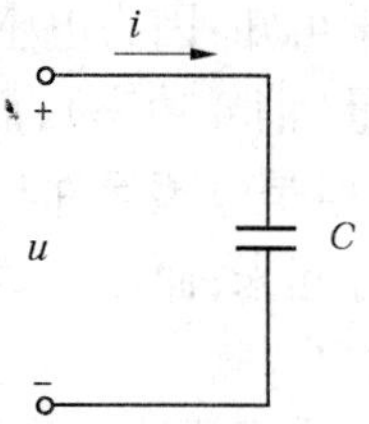

图 3-21　电容元件的时域模型图

假设流过电容的电压为（为了书写方便，假设电压的初相位为零）

$$u = U_m \sin\omega t \tag{3-31}$$

将式（3-31）代入式（3-30）可得：

$$i = C\frac{\text{d}u}{\text{d}t} = \omega C U_m \cos\omega t$$

$$= \omega C U_m \sin\left(\omega t + \frac{\pi}{2}\right) = U_m \frac{1}{X_C}\sin\left(\omega t + \frac{\pi}{2}\right) \tag{3-32}$$

式（3-32）中：

$$X_C = \frac{1}{\omega C} = \frac{1}{2\pi f C} \tag{3-33}$$

式（3-33）中，X_C 称为容抗，单位为 Ω。容抗为电容元件对电流呈现的阻碍作用。在一定的电压下，容抗越大，电路中的电流越小。容抗与频率成反比：$\omega \to 0, X_C \to \infty$，电容相当于开路；$\omega \to \infty, X_C = 0$，电容相当于短路。对于直流电路（$\omega = 0$），电容元件的容抗为无穷大，电容相当于开路。物理学中所谓“隔直”作用，指的就是电容的这一特性。

由式(3-32)可得：

$$i = U_m \frac{1}{X_C}\sin\left(\omega t + \frac{\pi}{2}\right) = I_m \sin\left(\omega t + \frac{\pi}{2}\right) \tag{3-34}$$

由式(3-31)可知电压的初相位 $\theta_u = 0°$，由式(3-34)可知电流的初相位 $\theta_i = 90°$，比较两个初相位可知电容元件上电流超前电压 90°。波形图如图 3-22 所示。

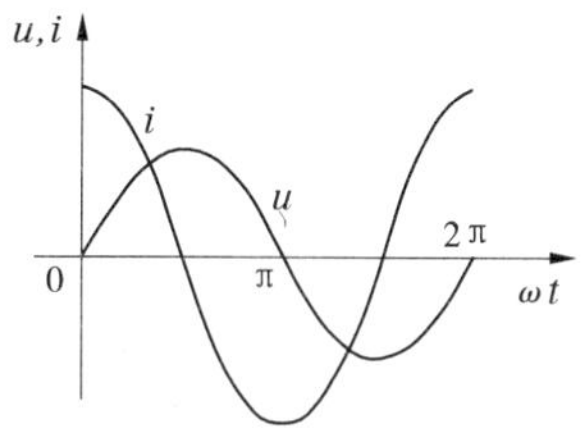

图 3-22　电容元件上电压、电流的波形图

2. 有效值关系

由式(3-34)可知：$U_m = I_m X_C$。此为电容元件上电压、电流的最大值关系。两边各除以$\sqrt{2}$可得有效值关系：

$$U = IX_C \quad 或 \quad I = \frac{U}{X_C} \tag{3-35}$$

3. 相量关系

由式(3-31)可得电容元件上电压的相量形式为

$$\dot{U} = U\angle 0° \quad (\mathrm{V}) \tag{3-36}$$

由式(3-34)可得电感元件上电流的相量形式为

$$\dot{I} = I\angle 90° \quad (\mathrm{A}) \tag{3-37}$$

把式(3-35)、式(3-37)代入式(3-36)可得：

$$\dot{U} = U\angle 0° = IX_C\angle 0° = I\angle 90° X_C\angle -90° = \dot{I}X_C(-\mathrm{j}) = \dot{I}(-\mathrm{j}X_C)$$

即

$$\dot{U} = \dot{I}(-\mathrm{j}X_C) \tag{3-38}$$

式(3-38)为电容元件上电压、电流的相量关系，相量图如图 3-23 所示。式中$(-\mathrm{j}X_C)$为容抗的复数形式，也可称为复数形式的容抗(或复容抗)。式(3-38)对应的电容元件的相量模型如图 3-24 所示。

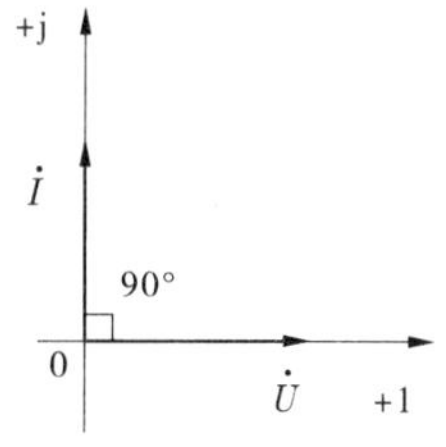

图 3-23　电容元件上电压与电流的相量图

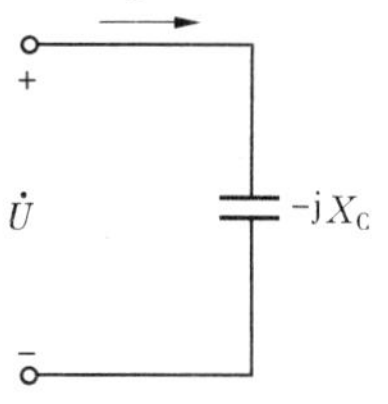

图 3-24　电阻元件的相量模型

3.3.3.3　功率损耗情况

1. 瞬时功率

在电压与电流取关联参考方向下，电容元件上的瞬时功率为

$$p = ui = U_m \sin\omega t I_m \sin\left(\omega t + \frac{\pi}{2}\right) = I_m U_m \sin\omega t \cos\omega t$$

$$= I_m U_m \frac{1}{2}\sin 2\omega t = IU\sin 2\omega t \tag{3-39}$$

由式(3-39)可知，电容元件上的瞬时功率是随着时间而变化的正弦函数，其频率是电源频率的两倍。图 3-25 给出了功率瞬时变化的曲线。

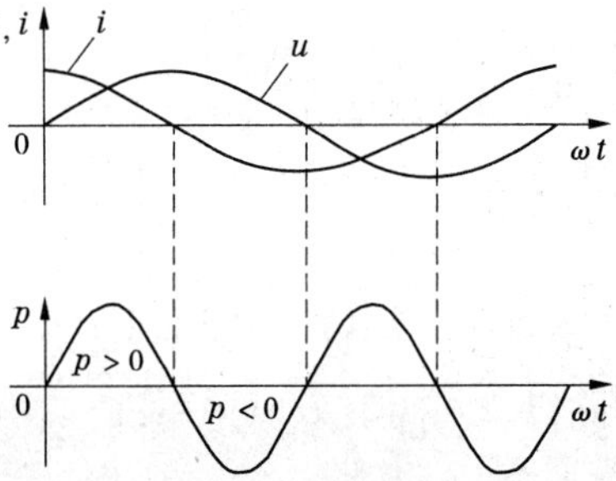

图 3-25　电容元件的瞬时功率的曲线

2. 有功功率

由定义可知，电容元件的有功功率即平均功率为

$$P = \frac{1}{T}\int_0^T p\mathrm{d}t = \frac{1}{T}\int_0^T IU\sin 2\omega t\mathrm{d}t = 0$$

与电感元件一样，电容元件的有功功率为零，说明电容元件也不消耗有功功率。

3. 无功功率

由图 3-25 可以看出，瞬时功率曲线在一个周期内有 $p>0$，也有 $p<0$ 的情况。所以，当 $p=ui>0$ 时，电容元件吸收能量(消耗功率)；而当 $p=ui<0$ 时，电容元件释放能量(发出功率)。虽然平均功率为零，但是电容元件与电源之间有能量的交换，即当 $p>0$ 时，电容元件吸收电能变成电场能储存起来；而当 $p<0$ 时，电容元件将储存的电场能释放出来。因此，电容元件也称为储能元件。

同上，因为 $\varphi=-90°$，所以由定义可得电容元件的无功功率为

$$Q_C = UI\sin\varphi = -UI = -I^2X_C = -\frac{U^2}{X_C}$$

Q_C 和 Q_L 一样，单位也是乏(var)。电容元件的无功功率取负值。

【例 3-12】　在图 3-21 中，已知电压 $u=100\sqrt{2}\sin(\omega t+60°)$ (V)，电容 $C=10\ \mu F$，分别求电源频率为 50 Hz 和 50 kHz 时通过电容的电流 i 及无功功率。

解：由已知可得正弦电压对应的有效值相量为：

$$\dot{U} = 100\angle 60°\ \mathrm{V}$$

(1) 当频率为 $f_1=50$ Hz 时：

$$\omega_1 = 2\pi f_1 = 2\times 3.14\times 50 = 314(\mathrm{rad/s})$$

$$X_{C1} = \frac{1}{\omega_1 C} = \frac{1}{314\times 10\times 10^{-6}} = 318.5(\Omega)$$

$$\dot{I}_1 = \frac{\dot{U}}{-\mathrm{j}X_{C1}} = \frac{100\angle 60°}{-\mathrm{j}318.5} = \frac{100\angle 60°}{318.5\angle -90°} = 0.314\angle 150°(\mathrm{A})$$

所以此时的电流：　$i_1=0.314\sqrt{2}\sin(314t+150°)$　(A)

无功功率为：　$Q_{C1} = -UI_1 = -100 \times 0.314 = -31.4(\text{var})$

(2) 当频率为 $f_2 = 50$ kHz 时：

$$\omega_2 = 2\pi f_2 = 2 \times 3.14 \times 50 \times 10^3 = 3.14 \times 10^5 (\text{rad/s})$$

$$X_{C2} = \frac{1}{\omega_2 C} = \frac{1}{3.14 \times 10^5 \times 10 \times 10^{-6}} = 0.318\,5(\Omega)$$

$$\dot{I}_2 = \frac{\dot{U}}{-\text{j}X_{C2}} = \frac{100\angle 60°}{-\text{j}0.318\,5} = \frac{100\angle 60°}{0.318\,5\angle -90°} = 314\angle 150°(\text{A})$$

所以此时的电流：$i_2 = 314\sqrt{2}\sin(3.14 \times 10^5 t + 150°)$　(A)

无功功率为

$$Q_{C2} = -UI_2 = -100 \times 314 = -31\,400(\text{var})$$

本例计算中，电容元件在低频时容抗大，对电流的阻碍作用大；在高频时容抗小，对电流的阻碍作用小。电容元件与电感元件的特性正好相反。

3.4　电路基本定律的相量形式

正弦交流电路中的电压、电流都是与激励同频率的正弦量。因此，描述电路性状的微(积)分方程的特解可以用相量法转换成代数方程来求解。本节将给出电路基本定律的相量形式，这样就可以直接用相量法得出电路相量形式的方程。

3.4.1　基尔霍夫定律的相量形式

基尔霍夫定律的时域形式为

基尔霍夫电流定律(KCL)：$\sum i = 0$；

基尔霍夫电压定律(KVL)：$\sum u = 0$。

由于交流电路中各电流都是与电源同频率的正弦量，根据上节所述的相量运算可以得出基尔霍夫定律的相量形式为：

基尔霍夫电流定律(KCL)：$\sum \dot{I} = 0$；

基尔霍夫电压定律(KVL)：$\sum \dot{U} = 0$。

需要指出的是，交流电压、电流的瞬时值可以叠加，即 $\sum i = 0$、$\sum u = 0$；相量也可以叠加，即 $\sum \dot{I} = 0$、$\sum \dot{U} = 0$；但是，交流电压、电流的有效值一般不能叠加，或者说，有效值的代数和一般不为零，即 $\sum I \neq 0$、$\sum U \neq 0$。所以，在交流电路的分析计算时，除概念要清晰外，符号的书写也必须正确。下面通过例题分析、说明。

【例 3-13】　如图 3-26(a) 所示部分电路，已知：$i_1 = 10\sqrt{2}\sin(\omega t + 60°)$　(A)，$i_2 = 10\sqrt{2}\sin(\omega t - 30°)$　(A)，求电流 i。

解：根据图 3-26(a) 所示部分电路电流正方向的规定，应用 KCL 可得：

$$i = i_1 + i_2$$

其对应的相量形式为

$$\dot{I} = \dot{I}_1 + \dot{I}_2 \tag{1}$$

(a)时域模型　　(b)相量模型

图 3-26　例 3-13 图

图 3-26(b)即为式(1)(相量形式的 KCL)所对应的相量模型。

由已知可得,$\dot{I}_1=10\angle 60°$ A　$\dot{I}_2=10\angle -30°$ A,所以:

$$\dot{I}=\dot{I}_1+\dot{I}_2=10\angle 60°+10\angle -30°=10\sqrt{2}\angle 15°(\text{A})$$

由此可得:

$$i=10\sqrt{2}\sqrt{2}\sin(\omega t+15°)=20\sin(\omega t+15°)\quad(\text{A})$$

由以上计算可知,有效值 $I=10\sqrt{2}$ A,$I_1=10$ A,$I_2=10$ A,显而易见,$I\neq I_1+I_2$。

【例 3-14】　如图 3-27(a)所示部分电路,试求端口电压 u。已知:

$$u_1=6\sqrt{2}\sin(\omega t+180°)\quad(\text{V})$$

$$u_2=8\sqrt{2}\sin(\omega t+90°)\quad(\text{V})$$

$$u_3=12\sqrt{2}\sin\omega t\quad(\text{V})$$

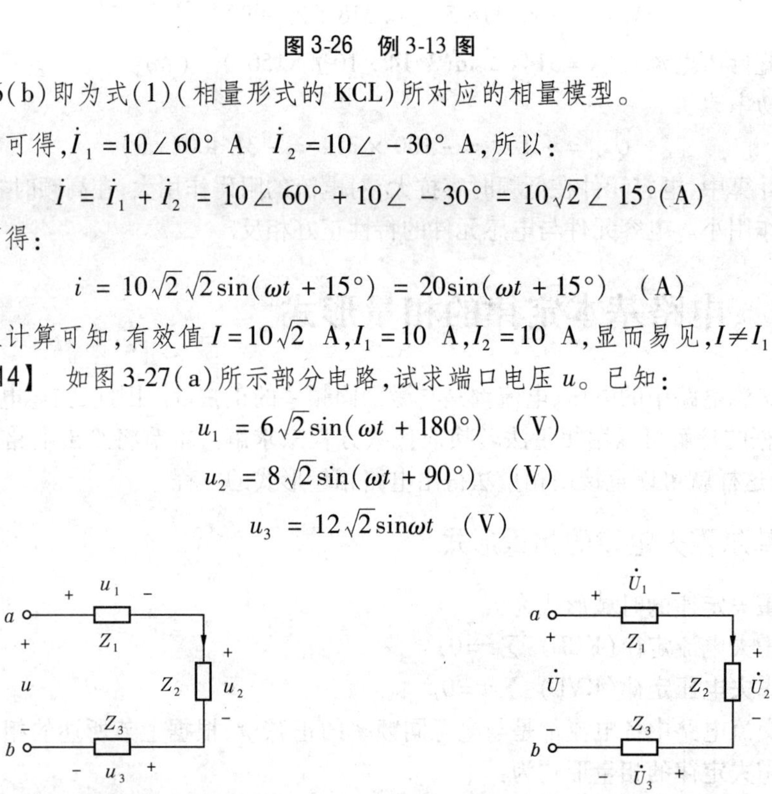

(a)时域模型　　(b)相量模型

图 3-27　例 3-14 图

解:根据图 3-27(a)所示部分电路电压正方向的规定,应用 KVL 可得:

$$u=u_1+u_2+u_3\tag{2}$$

式(1)对应的相量形式为

$$\dot{U}=\dot{U}_1+\dot{U}_2+\dot{U}_3$$

该相量形式的表达式对应的相量模型如图 3-27(b)所示。

由已知电压可得:

$$\dot{U}_1=6\angle 180°\text{ V}$$

$$\dot{U}_2=8\angle 90°\text{ V}$$

$$\dot{U}_3=12\angle 0°\text{ V}$$

因此:

$$\dot{U}=\dot{U}_1+\dot{U}_2+\dot{U}_3=6\angle 180°+8\angle 90°+12\angle 0°$$
$$=-6+j8+12=6+j8=10\angle 53.1°(V)$$

对应的电压瞬时值表达式：

$$u=10\sqrt{2}\sin(\omega t+53.1°)\quad (V)$$

同样值得注意的是，任意回路中全部电压的瞬时值代数和为零、相量代数和为零，但是，有效值的代数和不一定等于零。比如在本题中的 $U\neq U_1+U_2+U_3$。

3.4.2 欧姆定律的相量形式

欧姆定律通常是针对电阻元件（或者是含电阻元件的直流电路）而言的。在直流电路中，若电阻元件上电压、电流正方向关联，则欧姆定律的表达式为

$$u=iR \tag{3-40}$$

式(3-40)称为无源支路欧姆定律。此外，还有含源支路欧姆定律和全电路欧姆定律。

在交流电路中，电阻、电感、电容元件上的电压相量和电流相量关系（上节已介绍）分别为

电阻元件：$\dot{U}=\dot{I}R$；

电感元件：$\dot{U}=\dot{I}(jX_L)$；

电容元件：$\dot{U}=\dot{I}(-jX_C)$。

这些关系通常称为元件上电压相量和电流相量关系的欧姆定律形式，或称为相量形式的欧姆定律。这些关系用一个通式来描述，即

$$\dot{U}=\dot{I}Z \tag{3-41}$$

式(3-41)即欧姆定律的相量形式。式中 Z 称为复阻抗。

由此可知，在交流电路中，电阻元件的复阻抗 $Z=R$，电感元件的复阻抗 $Z=jX_L$，电容元件的复阻抗 $Z=-jX_C$。

那么，由电阻、电感、电容元件组成的交流电路中，欧姆定律的相量形式和复阻抗的取值又会如何，下面将详细分析。

3.5 复阻抗、复导纳及其等效变换

3.5.1 复阻抗

无源二端网络的端口电压相量和端口电流相量的比值为该无源二端网络的复阻抗，用符号 Z 表示，即

$$Z=\frac{\dot{U}}{\dot{I}}$$

需要说明的是，复阻抗 Z 是复数，但不是正弦量，所以 Z 上不带圆实点。复阻抗单位是欧姆(Ω)。

因为复阻抗 Z 是一个复数，所以可表示为

$$Z = R + \mathrm{j}X = |Z| \angle\varphi \tag{3-42}$$

在式(3-42)中，复阻抗的实部 R 称为电阻，复阻抗的虚部 X 称为电抗。$|Z|$ 为复阻抗的模，称为阻抗，φ 为复阻抗的辐角，也称阻抗角。它们之间的关系为

$$|Z| = \sqrt{R^2 + X^2}, \quad \varphi = \arctan\frac{X}{R}$$

或

$$R = |Z|\cos\varphi, \quad X = |Z|\sin\varphi$$

3.5.2 * 复导纳

无源二端网络的端口电流相量和端口电压相量的比值为该无源二端网络的复导纳，复导纳用不带圆实点的大写字母 Y 表示，即

$$Y = \frac{\dot{I}}{\dot{U}}$$

在国际单位制中，Y 的单位是西门子，简称西 ，用 S 表示。

同样复导纳 Y 也是复数，所以可表示为

$$Y = G + \mathrm{j}B = |Y| \angle\varphi' \tag{3-43}$$

在式(3-43)中，复导纳的实部 G 称为电导，复导纳的虚部 B 称为电纳。$|Y|$ 为复导纳的模，称为导纳，φ' 为复导纳的辐角，也称导纳角。它们之间的关系为

$$|Y| = \sqrt{G^2 + B^2}, \quad \varphi' = \arctan\frac{B}{G}$$

或

$$G = |Y|\cos\varphi', \quad B = |Y|\sin\varphi'$$

3.5.3 * 复阻抗与复导纳的等效变换

复阻抗 Z 和复导纳 Y 对应的相量模型分别如图 3-28 所示。

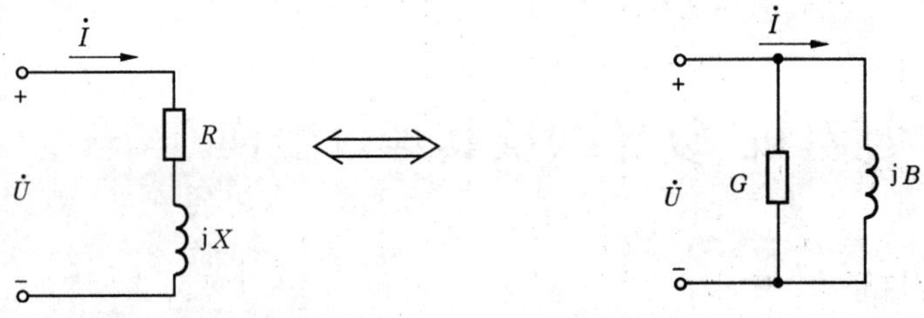

(a) R 和 jX 串联组成的复阻抗　　(b) G 和 jB 并联组成的复导纳

图 3-28　复阻抗和复导纳的等效变换

根据网络等效的条件可知，若图 3-28(a)、图 3-28(b)为等效网络，则满足：

$$Y = \frac{1}{Z} = \frac{1}{R + \mathrm{j}X} = \frac{R - \mathrm{j}X}{R^2 + X^2} = \frac{R}{R^2 + X^2} + \mathrm{j}\left(-\frac{X}{R^2 + X^2}\right) = G + \mathrm{j}B$$

所以有：

$$G=\frac{R}{R^2+X^2},\quad B=-\frac{X}{R^2+X^2} \tag{3-44}$$

式(3-44)为已知复阻抗($Z=R+\mathrm{j}X$)模型,求复导纳($Y=G+\mathrm{j}B$)模型的计算公式。

同样:
$$Z=\frac{1}{Y}=\frac{1}{G+\mathrm{j}B}=\frac{G-\mathrm{j}B}{G^2+B^2}=\frac{G}{G^2+B^2}+\mathrm{j}\left(-\frac{B}{G^2+B^2}\right)=R+\mathrm{j}X$$

所以有:

$$R=\frac{G}{G^2+B^2},\quad X=-\frac{G}{G^2+B^2} \tag{3-45}$$

式(3-45)为已知复导纳($Y=G+\mathrm{j}B$)模型,求复阻抗($Z=R+\mathrm{j}X$)模型的计算公式。

总而言之,满足式(3-44)或式(3-45),图3-28(a)和图3-28(b)为等效网络。是等效网络就可以互换,即等效变换。

【例3-15】 图3-28(a)所示电路中,已知电阻$R=6\ \Omega$,$X=8\ \Omega$,试求其等效复导纳。

解:由已知条件知:

$$Z=R+\mathrm{j}X=6+\mathrm{j}8\quad(\Omega)$$

所以

$$G=\frac{R}{R^2+X^2}=\frac{6}{10}=0.6(\mathrm{S})$$

$$B=\frac{-X}{R^2+X^2}=\frac{-8}{10}=-0.8(\mathrm{S})$$

因此

$$Y=G+\mathrm{j}B=0.6-\mathrm{j}0.8\quad(\mathrm{S})$$

需要注意的是,等效变换时,两个模型中的R和G以及X和B并不是倒数关系,而应该是式(3-44)或式(3- 45)的关系。

3.5.4 多阻抗串联

多阻抗的串并联的分析计算可参照电阻电路的计算公式和分析方法,下面以多阻抗的串联进行分析。如图3-29所示的多阻抗串联的电路,电流和电压的参考方向如图中所示。

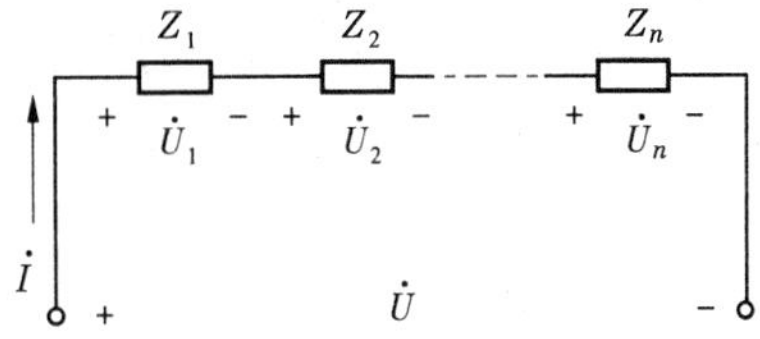

图3-29 多阻抗串联的电路图

在图3-29中,根据KVL可得:

$$\begin{aligned}\dot U&=\dot U_1+\dot U_2+\cdots+\dot U_n\\&=\dot IZ_1+\dot IZ_2+\cdots+\dot IZ_n=\dot I(Z_1+Z_2+\cdots+Z_n)=\dot IZ\end{aligned}$$

其中Z为串联电路的等效复阻抗,有:

$$Z=Z_1+Z_2+\cdots+Z_n \tag{3-46}$$

式(3-46)说明串联电路的等效复阻抗等于各串联复阻抗之和。

同理可以证明并联电路的复阻抗为

$$\frac{1}{Z}=\frac{1}{Z_1}+\frac{1}{Z_2}+\cdots+\frac{1}{Z_n}$$

并联电路还可以用复导纳来计算：

$$Y = Y_1 + Y_2 + \cdots + Y_n = G_1 + \mathrm{j}B_1 + G_2 + \mathrm{j}B_2 + \cdots + G_n + \mathrm{j}B_n$$

3.6 RLC 串联电路

3.6.1 电路模型

图 3-30(a)所示为 RLC 串联电路的时域模型，正方向选择如图所示。

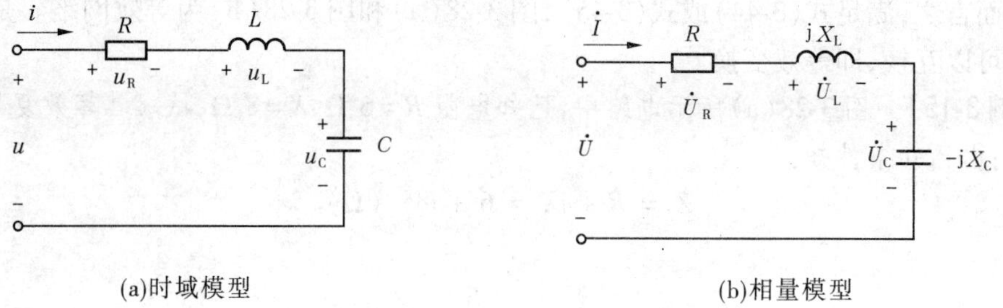

图 3-30　RLC 串联电路的电路模型

3.6.2 电压、电流关系

在图 3-30(a)所示的关联参考方向下，由 KVL 可得：

$$u = u_R + u_L + u_C \tag{3-47}$$

RLC 串联电路中，流过各元件的是同一个电流 i。若选择电流 i 作为变量，那么电路中各个元件上的电压分别为

$$u_R = Ri, \qquad u_L = L\frac{\mathrm{d}i}{\mathrm{d}t}, \qquad u_C = \frac{1}{C}\int i\mathrm{d}t$$

则式(3-47)可改写为

$$u = Ri + L\frac{\mathrm{d}i}{\mathrm{d}t} + \frac{1}{C}\int i\mathrm{d}t \tag{3-48}$$

式(3-48)为 RLC 串联电路的电压、电流的瞬时值关系。

若选择电容电压 u_C 作为变量，那么：

$$i = C\frac{\mathrm{d}u_C}{\mathrm{d}t}$$

所以有：

$$u_R = RC\frac{\mathrm{d}u_C}{\mathrm{d}t}, \qquad u_L = L\frac{\mathrm{d}i}{\mathrm{d}t} = LC\frac{\mathrm{d}^2u_C}{\mathrm{d}t^2}$$

则式(3-48)可改写为

$$u = RC\frac{\mathrm{d}u_C}{\mathrm{d}t} + LC\frac{\mathrm{d}^2u_C}{\mathrm{d}t^2} + u_C \tag{3-49}$$

式(3-49)为二阶常微分方程，因此求解过程相对烦琐，在此不再讨论。

下面介绍求解该电路的相对简便且行之有效的方法——相量法。

3.6.2.1　用复数运算

将式(3-47)用相量表示时，有：

$$\dot{U} = \dot{U}_R + \dot{U}_L + \dot{U}_C \tag{3-50}$$

式(3-50)对应的 RLC 串联电路的相量模型如图 3-30(b)所示。

设电路中的电流为：$i = I_m \sin(\omega t + \theta_i)$ (A)，所以：$\dot{I} = I\angle\theta_i$ (A)。于是在图 3-30(b)所示的关联参考方向下，有：

$$\dot{U}_R = \dot{I}R \quad (V), \qquad \dot{U}_L = \dot{I}(jX_L) \quad (V), \qquad \dot{U}_C = \dot{I}(-jX_C) \quad (V)$$

所以，式(3-50)可改写为

$$\dot{U} = \dot{I}R + \dot{I}(jX_L) + \dot{I}(-jX_C) = \dot{I}[R + j(X_L - X_C)] = \dot{I}Z \tag{3-51}$$

式(3-51)为 RLC 串联电路端口电压、电流的相量关系。式中 $Z = R + j(X_L - X_C)$，称为复阻抗，单位为欧姆(Ω)。

若 $Z = R + j(X_L - X_C) = |Z|\angle\varphi$，则有：

$$|Z| = \sqrt{R^2 + (X_L - X_C)^2}, \qquad \varphi = \arctan\frac{X_L - X_C}{R}$$

对式(3-48)而言，若 $\dot{U} = U\angle\theta_u$，$\dot{I} = I\angle\theta_i$，且 $Z = |Z|\angle\varphi$，则有：

$$U\angle\theta_u = I\angle\theta_i |Z| \angle\varphi \quad \Rightarrow \quad U\angle\theta_u = I|Z| \angle(\theta_i + \varphi) \tag{3-52}$$

由式(3-52)可得：

$$U = I|Z| \tag{3-53}$$

同时可得：$\theta_u = (\theta_i + \varphi)$，即

$$\varphi = \theta_u - \theta_i \tag{3-54}$$

式(3-53)为 RLC 串联电路端口电压、电流的有效值关系。

式(3-54)等式左边 φ 为阻抗角，由电路参数确定。等式右边 $(\theta_u - \theta_i)$ 为电压相量与电流相量的夹角。由此可见，端口电压相量与电流相量的夹角等于阻抗角，由电路参数来确定。

3.6.2.2　用相量图运算(多边形法则)

1. 画相量图

在 RLC 串联电路中，因为电路中各元件上流过相同的电流，所以为了便于比较各正弦量之间的关系，一般选择电流为参考相量。

设电路中的电流为(为了书写方便，假设电流的初相位为零，即选电流为参考相量)

$$i = I_m \sin\omega t \quad (A)$$

所以 $\dot{I} = I\angle 0°$ (A)，于是在图 3-31(b)所示的关联参考方向下，就有：

$$\dot{U}_R = \dot{I}R = IR\angle 0° = U_R\angle 0° \quad (V)$$

$$\dot{U}_L = \dot{I}(jX_L) = I\angle 0° X_L\angle 90° = IX_L\angle 90° = U_L\angle 90° \quad (V)$$

$$\dot{U}_C = \dot{I}(-jX_C) = I\angle 0° X_C\angle -90° = IX_C\angle -90° = U_C\angle -90° \quad (V)$$

由此可得相量图如图 3-31(a)所示。

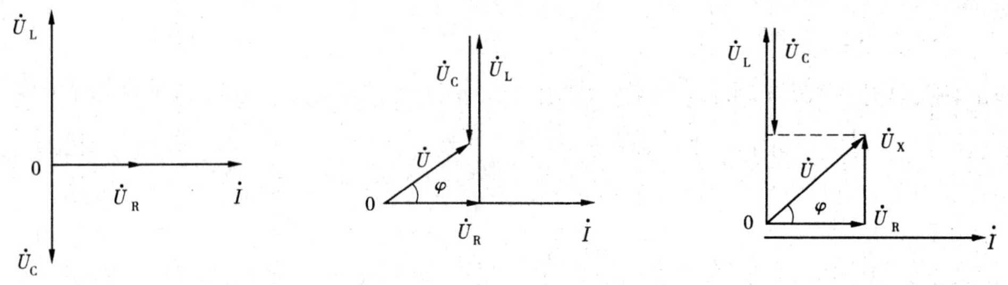

(a)相量图　　(b)多边形法则叠加　　(c)电压相量三角形

图 3-31　相量及相量叠加

2. 多边形法则

因为：$\dot{U}=\dot{U}_R+\dot{U}_L+\dot{U}_C$，由多边形法则可得端口电压 $\dot{U}$，如图 3-31(b)所示。

为了便于分析，现将图 3-31(b)中$\dot{U}_L+\dot{U}_C$ 部分用一个相量$\dot{U}_X$ 表示（替代），即$\dot{U}_X=\dot{U}_L+\dot{U}_C$，如图 3-31(c)所示。

图 3-31(c)所呈现的是一个由 $\dot{U}$、$\dot{U}_R$、$\dot{U}_X$ 组成的相量三角形。若撇开相量概念，那么这个直角三角形的三条边的长度分别为 U、U_R 和 $U_X=U_L-U_C$，如图 3-32 (a)所示电压三角形。于是，由几何知识便可得：

$$U=\sqrt{U_R^2+(U_L-U_C)^2} \tag{3-55}$$

若将电压三角形除以电流 I，便可获得一个与之相似的三角形，如图 3-32(b)所示。因为这个三角形的三条边分别由$\frac{U_R}{I}=R$（电阻）、$\frac{U_X}{I}=X$（电抗）、$\frac{U}{I}=|Z|$（阻抗）组成，所以称图 3-32(b)所示三角形为阻抗三角形。

(a)电压三角形　　(b)阻抗三角形

图 3-32　电压三角形和阻抗三角形

从电压三角形到阻抗三角形，两个相似三角形之间存在的关系为

$$U=I|Z| \tag{3-56}$$

式(3-56)即为电压、电流的有效值关系。同时有：

$$U_R=IR、U_X=IX、U_L=IX_L、U_C=IX_C、U_X=U_L-U_C$$

由图 3-32 (b)所示阻抗三角形可知：

$$|Z|=\sqrt{R^2+(X_L-X_C)^2}$$

$$\varphi=\arctan\frac{X}{R}=\arctan\frac{X_L-X_C}{R} \tag{3-57}$$

3.6.3　电路的性质

由电抗 $X = X_L - X_C = \omega L - \dfrac{1}{\omega C}$ 可知，电抗是一个与电路参数（L、C）以及电源频率（ω）有关的量。当电路参数、频率变化时，电抗 $\dot{X}$ 的取值不同，阻抗具有不同的性质。电路便呈现不同的性质。

（1）当 $X = \omega L - \dfrac{1}{\omega C} > 0$ 时，$\varphi > 0$，此时电路中电压超前电流一个锐角，称电路呈现感性，相量图如图 3-33（a）所示。

（2）当 $X = \omega L - \dfrac{1}{\omega C} < 0$ 时，$\varphi < 0$，此时电路中电压滞后电流一个锐角，称电路呈现容性，相量图如图 3-33（b）所示。

（3）当 $X = \omega L - \dfrac{1}{\omega C} = 0$ 时，$\varphi = 0$，此时电路中电压与电流同相位，称电路呈现纯电阻性，相量图如图 3-33（c）所示。

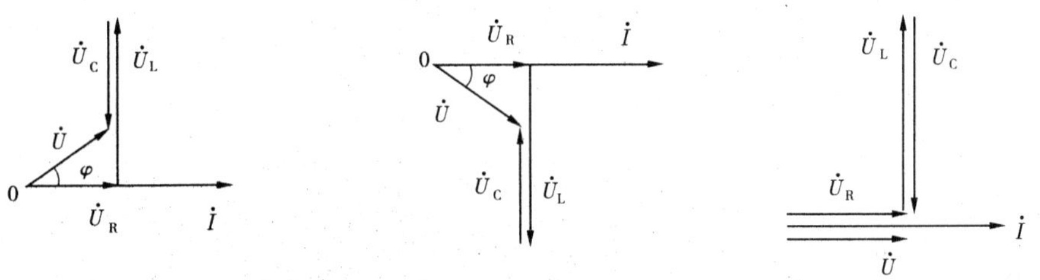

(a)感性　　(b)容性　　(c)纯电阻性

图 3-33　电路呈现的性质

3.6.4　功率损耗情况

3.6.4.1　瞬时功率

瞬时功率是可以叠加的，所以 RLC 串联电路的瞬时功率可表示为

$$p = p_R + p_L + p_C \tag{3-58}$$

式中：p_R 为电阻元件的瞬时功率；p_L 为电感元件的瞬时功率；p_C 为电容元件的瞬时功率；p 为整个电路的瞬时功率。

因为 RLC 串联电路中各元件具有相同的电流，所以式（3-58）可表示为

$$p = p_R + p_L + p_C = u_R i + u_L i + u_C i = (u_R + u_L + u_C)i = ui$$

如图 3-30（a）所示，端口电压与端口电流的正方向关联，假设：

$$i = I_m \sin\omega t \quad (A), \qquad u = U_m \sin(\omega t + \varphi) \quad (V)$$

则 RLC 串联电路的瞬时功率为

$$\begin{aligned} p = ui &= U_m \sin(\omega t + \varphi) I_m \sin\omega t \\ &= 2UI \sin(\omega t + \varphi) \sin\omega t \\ &= 2UI \frac{1}{2}[\cos(\omega t - \omega t - \varphi) - \cos(\omega t + \omega t + \varphi)] \end{aligned}$$

$$= UI[\cos\varphi - \cos(2\omega t + \varphi)] \tag{3-59}$$

从式(3-59)可以看出，瞬时功率由一个恒定分量 $UI\cos\varphi$ 和一个两倍电源频率的正弦量 $UI\cos(2\omega t+\varphi)$ 的叠加。

3.6.4.2 有功功率

有功功率也是可以叠加的，所以 RLC 串联电路的有功功率可表示为

$$P = P_R + P_L + P_C \tag{3-60}$$

式中：P_R 为电阻元件的有功功率；P_L 为电感元件的有功功率；P_C 为电容元件的有功功率；P 为整个电路的有功功率。

在 RLC 串联电路中，因为电感元件、电容元件不消耗有功功率，所以式(3-60)可表示为

$$P = P_R + P_L + P_C = P_R + 0 + 0 = P_R = I^2R = IU_R \tag{3-61}$$

式(3-61)表明，RLC 串联电路消耗的有功功率即为电阻元件消耗的有功功率。

由电压三角形可知，式(3-61)可表示为

$$P = IU_R = IU\cos\varphi \tag{3-62}$$

式中：P 为有功功率，W；U 为端口电压有效值；I 为端口电流有效值；φ 为端口电压相量与端口电流相量的夹角。

3.6.4.3 无功功率

无功功率也可以叠加，所以 RLC 串联电路的无功功率可表示为

$$Q = Q_R + Q_L + Q_C$$

式中：Q 为电路的无功功率；Q_R、Q_L、Q_C 分别为电阻、电感、电容元件的无功功率。

由前面分析可知，$Q_R=0$、$Q_L=I^2X_L$、$Q_C=-I^2X_C$，而 RLC 串联电路中电感元件和电容元件上有相同的电流，于是有：

$$Q = Q_L - Q_C = I^2(X_L - X_C) = I(U_L - U_C)$$

由电压相量三角形可得：

$$Q = I(U_L - U_C) = IU\sin\varphi \tag{3-63}$$

式中：U 为端口电压有效值；I 为端口电流有效值；φ 为端口电压相量与端口电流相量的夹角。

【例 3-16】 RLC 串联电路如图 3-30(a)所示。已知 $R=30\ \Omega$，$L=382$ mH，$C=39.8\ \mu$F，$u=220\sqrt{2}\sin(314t+60°)$ (V)。求复阻抗并确定电路的性质，电流 $\dot I$ 和各元件上的电压相量，画出相量图，并计算电路的有功功率和无功功率。

解： $Z=R+\mathrm{j}(X_L-X_C)=R+\mathrm{j}\left(\omega L-\dfrac{1}{\omega C}\right)=30+\mathrm{j}\left(314\times0.382-\dfrac{10^6}{314\times39.8}\right)$

$=30+\mathrm{j}(120-80)=30+\mathrm{j}40=50\angle53.1°(\Omega)$

因为 $\varphi=53.1°>0$，所以此电路为感性电路。

$$\dot I = \frac{\dot U}{R+\mathrm{j}(X_L-X_C)} = \frac{220\angle60°}{50\angle53.1°} = 4.4\angle6.9°(\mathrm{A})$$

$$\dot U_R = R\dot I = 30\times4.4\angle6.9° = 132\angle6.9°(\mathrm{V})$$

$\dot{U}_L = jX_L\dot{I} = 4.4\angle 6.9° \times 120\angle 90° = 528\angle 96.9°(V)$

$$\dot{U}_C = -jX_C\dot{I} = 4.4\angle 6.9° \times 80\angle -90° = 352\angle -83.1°(V)$$

画出的相量图如图 3-34 所示。

所以有功功率、无功功率和视在功率分别为

$$P = I^2R = 4.4^2 \times 30 = 580.8(W)$$

$$Q = (U_L - U_C)I = (528 - 352) \times 4.4 = 774.4(var)$$

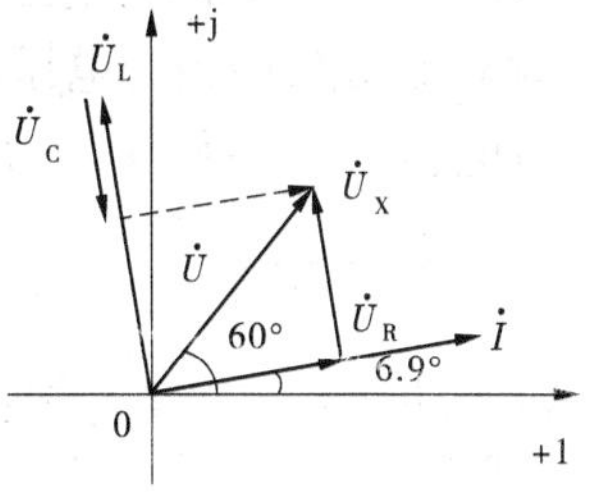

图 3-34 例 3-16 相量图

3.7 正弦交流电路的功率

前面已经讨论了单一参数的交流电路以及 RLC 串联电路功率的计算,下面讨论交流电路功率计算的一般式。所谓一般式,即对所有交流电路都适用。

3.7.1 瞬时功率

如图 3-35 为一单相正弦交流电路,其端口电压 u 和端口电流 i 的参考方向如图所示(关联),由功率的定义可知瞬时功率为

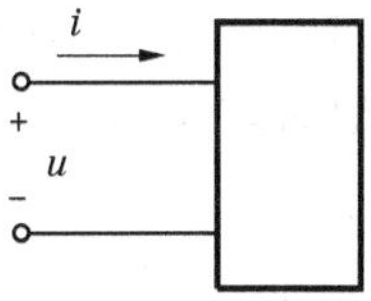

图 3-35 单相正弦交流电路

$$p = ui$$

设电流、电压分别为

$$i = \sqrt{2}I\sin(\omega t + \theta_i) \quad (A)$$

$$u = \sqrt{2}U\sin(\omega t + \theta_u) \quad (V)$$

则该二端网络的瞬时功率为

$$p = ui = \sqrt{2}I\sin(\omega t + \theta_i) \times \sqrt{2}U\sin(\omega t + \theta_u) = UI[\cos\varphi - \cos(2\omega t + \theta_i + \theta_u)]$$

其中,$\varphi = \theta_u - \theta_i$ 为端口电压与端口电流的相位差。

3.7.2 有功功率

由有功功率的定义可知:

$$P = \frac{1}{T}\int_0^T p\mathrm{d}t = \frac{1}{T}\int_0^T UI[\cos\varphi - \cos(2\omega t + \theta_i + \theta_u)]\mathrm{d}t = UI\cos\varphi$$

即

$$P = UI\cos\varphi \tag{3-64}$$

式中:U 为端口电压有效值;I 为端口电流有效值;φ 为端口电压相量与端口电流相量的夹角。

式(3-64)即为单相正弦交流电路有功功率计算的一般式。

也就是说,单相交流电路的有功功率等于端口电压有效值乘以端口电流有效值,再乘以端口电压相量与端口电流相量夹角的余弦。

对电阻元件 R:因为电压相量与电流相量的夹角 $\varphi=0$,所以 $P=UI=I^2R$;

对电感元件 L:因为电压相量与电流相量的夹角 $\varphi=90°$,所以 $P=0$;

对电容元件 C:同样因为电压相量与电流相量的夹角 $\varphi=-90°$,所以 $P=0$。

3.7.3 无功功率

由无功功率的定义可知:

$$Q = UI\sin\varphi \tag{3-65}$$

式中:U 为端口电压有效值;I 为端口电流有效值;φ 为端口电压相量与端口电流相量的夹角。

式(3-65)即为单相交流电路无功功率计算的一般式。

式(3-65)说明,单相交流电路的无功功率等于端口电压有效值乘以端口电流有效值,再乘以端口电压相量与端口电流相量夹角的正弦。

对电阻元件 R:因为电压相量与电流相量的夹角 $\varphi=0$,所以 $Q=0$;

对电感元件 L:因为电压相量与电流相量的夹角 $\varphi=90°$,所以 $Q=UI=I^2X_L$;

对电容元件 C:同样因为电压相量与电流相量的夹角 $\varphi=-90°$,所以 $Q=-UI=-I^2X_C$。

3.7.4 视在功率

工程实际中使用的各种电气设备的容量是由它们的额定电压与额定电流的乘积决定的,视在功率就是用来表示电气设备的容量而引入的。

视在功率用符号 S 表示,其定义式为

$$S = UI \tag{3-66}$$

式中:S 为电路的视在功率,VA;U 为电路端口电压有效值;I 为电路端口电流有效值。

式(3-66)即为单相交流电路视在功率计算的一般式。

需要指出的是,有功功率、无功功率、视在功率三个物理量具有相同的量纲——伏安。为了区别三者之间的物理意义,有功功率用瓦作单位,无功功率用乏作单位,视在功率用伏安作单位。

3.7.5 功率三角形

有功功率、无功功率、视在功率称三者之间存在的数量关系,可以用一个三角形来描述,如图 3-36 所示,该三角形称为功率三角形。

由功率三角形可得,有功功率、无功功率、视在功率三者之间的关系为

$$S=\sqrt{P^2+Q^2} \quad 或 \quad S^2=P^2+Q^2$$

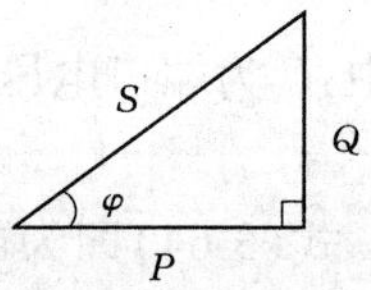

图 3-36 功率三角形

3.7.6 功率因数

实际应用中,为了描述电路性能的好坏,引入了参数功率因

数,用 λ 表示。功率因数越高,电路的性能越好,传递相同功率的情况下,传输线路上的损耗越小;反之,则越大。

功率因数的定义为

$$\lambda = \cos\varphi = \frac{P}{S}$$

【例3-17】 如图3-30(a)所示电路,已知 $R=30\ \Omega$,$L=127\ \text{mH}$,$C=40\ \mu\text{F}$,$u=220\sqrt{2}\times\sin(314t+20°)$ (V)。求电路的有功功率 P、无功功率 Q、视在功率 S 和功率因数 λ。

解:

$$\dot{U} = 220\angle 20°(\text{V})$$

$$X_{\text{L}} = \omega L = 314\times 127\times 10^{-3} = 40(\Omega)$$

$$X_{\text{C}} = \frac{1}{\omega C} = \frac{1}{314\times 40\times 10^{-6}} = 80(\Omega)$$

所以,电路的总阻抗为

$$|Z| = \sqrt{R^2+(X_{\text{L}}-X_{\text{C}})^2} = \sqrt{30^2+(40-80)^2} = 50(\Omega)$$

总电流的有效值为

$$I = \frac{U}{|Z|} = \frac{220}{50} = 4.4(\text{A})$$

$$\varphi_{\text{Z}} = \arctan\frac{X_{\text{L}}-X_{\text{C}}}{R} = \arctan\frac{40-80}{30} = -53°$$

根据已知的电压有效值($U=220$ V)、求出的阻抗角($\varphi_{\text{Z}}=-45°$)和电流有效值($I=4.4$ A),可求出电流的功率因数 λ、有功功率 P、无功功率 Q 和视在功率 S 分别为

$$\lambda = \cos\varphi_{\text{Z}} = 0.6$$

$$P = UI\cos\varphi_{\text{Z}} = 220\times 4.4\times 0.6 = 580.8(\text{W})$$

$$Q = UI\sin\varphi_{\text{Z}} = 220\times 4.4\times(-0.8) = -774.4(\text{var})$$

$$S = UI = 220\times 4.4 = 968(\text{VA})$$

由以上结果可以看出,P、Q、S 三者数量关系满足功率三角形。

同样可以根据功率三角形求得功率因数 λ:

$$\lambda = \frac{P}{S} = 0.6$$

3.8 功率因数的提高

3.8.1 提高功率因数的方法

在实际应用中,一般可以从两方面来考虑提高电路的功率因数。一方面是从负载本身入手提高功率因数,比如改进电动机的运行条件,合理选择电动机的容量,或采用同步电动机等;另一方面是采用人工补偿,也叫无功补偿,就是在广泛应用的感性电路中,人为地并联电容器,以达到提高功率因数的目的。

图3-37(a)给出了一个感性负载并联电容的电路模型,图3-37(b)给出的是未并联电容时的相量图,图3-37(c)给出的是并联电容后的相量图。下面给出理论分析。

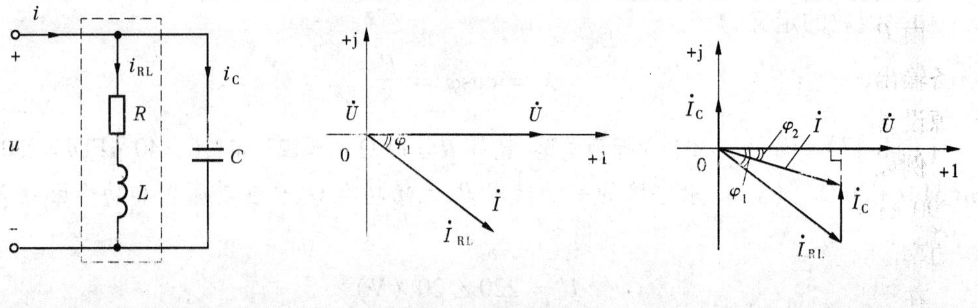

(a)感性负载并联电容的电路模型　(b)未并联电容时的相量图　(c)并联电容后的相量图

图3-37　感性负载并联电容的电路及电压、电流相量图

感性负载未并联电容时电路的端口电流$\dot{I}$等于负载电流$\dot{I}_{RL}$,且电流$\dot{I}_{RL}$滞后于端口电压$\dot{U}$一个锐角(φ_1),如图3-37(b)所示。

并联电容后,假设端口电压$\dot{U}$不变,则感性负载支路电流$\dot{I}_{RL}$也不变。电容支路电流$\dot{I}_C$超前于端口电压$\dot{U}$ 90°。此时由KCL可得:$\dot{I}=\dot{I}_{RL}+\dot{I}_C$。

若选择合适的电容C,即选择合适的$\dot{I}_C$,便可得相量图如图3-37(c)所示。由相量图可知此时$I<I_{RL}$、$\varphi_2<\varphi_1$,即并联电容后的端口电流比不并联电容时的端口电流在数值上(有效值)减小了,同时端口电流相量$\dot{I}$与端口电压相量$\dot{U}$之间的相位差变小。

由以上分析可以得出结论:

(1)并联电容(合适的C值)后端口电流有效值减小。

(2)因为$\varphi_2<\varphi_1$,即$\cos\varphi_2<\cos\varphi_1$,所以并联电容(合适的$C$值)后整个电路的功率因数提高了。

应该注意的是:

(1)由于端口电压不变,感性负载参数不变,所以电路传输的有功功率不变。因此,以上结论是指在传输相同有功功率的情况下,并联电容可以减小端口电流有效值。

(2)提高电路的功率因数,并不是提高感性负载本身的功率因数。因为感性负载在并联电容前后,由于端口电压没有变,其工作状态不受影响,所以感性负载本身的电流、有功功率和功率因数均不变。提高功率因数是指提高了整个电路的功率因数。

3.8.2　提高功率因数的意义

对实际电路来说,提高电路功率因数的意义有:

(1)降低线损,提高供、用电质量。

由以上理论分析可知,电路在传递相同有功功率的情况下,并联电容可以减小线路的电流。而实际电路的传输线上一定存在阻抗,那么电流减小便意味着有功损耗减小,电压降落(损失)减小,即线损(有功损耗和电压损失)减小。电压损失减小了,在电源端输出电压一定的情况下,负载端获得的电压提高了,负载的正常工作得到了保障,所以说供、用电的质量提高了。

(2)提高电源设备的利用率。

由 $P=UI\cos\varphi=S\cos\varphi$ 可知，电源设备容量一定的情况下，电路的功率因数越高，电源设备输出的有功功率越大，可以带动的负荷就越多，那么电源设备的利用率就越高；反之，电源设备的利用率就越低。

例如，一台容量 $S=100$ kVA 的变压器，若负载的功率因数 $\lambda=0.9$，则变压器可输出 $P=90$ kW 的有功功率；若负载的功率因数 $\lambda=0.5$，则变压器就只能输出 $P=50$ kW 的有功功率。因此，负载的功率因数低时，电源设备的容量就得不到充分的利用。

在实际应用中，交流电路中的负载多为电感性负载。常用的交流感应电动机、日光灯等，通常它们的功率因数都比较低。交流感应电动机在额定负载时，功率因数为 0.8 ~ 0.85，轻载时更低；日光灯额定工作时的功率因数为 0.45 ~ 0.6。因此，提高功率因数意义重大。

3.8.3 并联电容的计算

实际电容器的价格与电容器的电容值有关。一般来说，电容值越大，价格越高。所以，利用并联电容提高电路的功率因数还需要考虑电容器自身的成本；否则，得不偿失。

理论上，并联电容后电路可呈现三种情况，感性、容性和纯电阻性。因为，纯电阻性和容性所需的电容值较大，成本过高，所以实际应用时，并联电容后电路仍然呈现感性，相量图如图 3-37(c)所示。

用并联电容来提高功率因数，一般补偿到 0.9 ~ 0.92，而不是补偿到更高，因为补偿到功率因数接近于 1 时，所需电容量大，反而不经济了。

下面给出并联电容计算的理论推导。

如图 3-37(a)所示，并联电容前，有：

$$P=UI_{\mathrm{RL}}\cos\varphi_1,\qquad I_{\mathrm{RL}}=\frac{P}{U\cos\varphi_1}$$

并联电容后，有：

$$P=UI\cos\varphi_2,\qquad I=\frac{P}{U\cos\varphi_2}$$

由图 3-37(c)可得：

$$I_{\mathrm{C}}=I_{\mathrm{RL}}\sin\varphi_1-I\sin\varphi_2=\frac{P}{U\cos\varphi_1}\sin\varphi_1-\frac{P}{U\cos\varphi_2}\sin\varphi_2=\frac{P}{U}(\tan\varphi_1-\tan\varphi_2)$$

由电容元件的电压、电流关系可得：

$$I_{\mathrm{C}}=\frac{U}{X_{\mathrm{C}}}=\omega CU$$

由上可得：

$$\omega CU=\frac{P}{U}(\tan\varphi_1-\tan\varphi_2)$$

即

$$C = \frac{P}{\omega U^2}(\tan\varphi_1 - \tan\varphi_2) \tag{3-67}$$

式(3-67)即计算功率因数从 $\cos\varphi_1$ 提高到 $\cos\varphi_2$ 所需的电容值。

【例3-18】 一台额定功率为11 kW 的感应电动机,接在220 V、50 Hz 的电路中,电动机的额定电流为100 A。

(1)求电动机的功率因数。

(2)若要将功率因数提高到0.9,应在电动机两端并联一个多大的电容器?

(3)计算并联电容器后的电流值。

(4)若再将功率因数提高到1,应再在电动机两端并联一个多大的电容器?

解:

(1)电动机的功率因数为

$$\cos\varphi_1 = \frac{P}{UI_L} = \frac{11\times10^3}{220\times100} = 0.5$$

则电动机的功率因数角为:$\varphi_1 = \arccos 0.5 = 60°$。

(2)若将功率因数提高到0.9,即 $\cos\varphi_2 = 0.9$,则:$\varphi_2 = \arccos 0.9 = 25.8°$

此时所需并联的电容值为

$$C = \frac{P}{2\pi f U^2}(\tan\varphi_1 - \tan\varphi_2)$$
$$= \frac{11\times10^3}{2\times3.14\times50\times220^2}(\tan60° - \tan25.8°) \approx 900(\mu\text{F})$$

(3)并联电容后,电路的端口电流为

$$I = \frac{P}{U\cos\varphi_2} = \frac{11\times10^3}{220\times0.9} = 55.6(\text{A})$$

(4)若将电路的功率因数提高到1,即 $\cos\varphi_2 = 1$,则 $\varphi_2 = \arccos 1 = 0°$,此时所需并联的电容值为

$$C = \frac{P}{2\pi f U^2}(\tan\varphi_1 - \tan\varphi_2)$$
$$= \frac{11\times10^3}{2\times3.14\times50\times220^2}(\tan60° - \tan0°) \approx 1\,252(\mu\text{F})$$

此时的端口电流为

$$I = \frac{P}{U\cos\varphi_2} = \frac{11\times10^3}{220\times1} = 50(\text{A})$$

计算结果表明,在功率因数接近1时,再继续提高所需要增加的电容值相对较大,则电容器自身成本提高较大,而收到的效果并不显著,电流只略微减小。所以,实际应用中功率因数不会提高到1。

3.9 RLC 串联谐振

谐振现象是正弦交流电路中的一种特殊现象。由于谐振时电路呈现的某些特点,谐

振现象在无线电和电工技术中得到广泛的应用,但在电力系统中却严禁发生,所以对谐振现象的研究,有着重要的实际意义。

产生谐振现象的电路包括三种,即由电阻、电感、电容组成的串联谐振电路和并联谐振电路以及耦合谐振电路。本节只介绍由电阻、电感、电容组成的串联谐振。

3.9.1 产生串联谐振的条件

如图3-38所示RLC串联电路,电路的复阻抗为

$$Z = R + \mathrm{j}\left(\omega L - \frac{1}{\omega C}\right) = R + \mathrm{j}(X_L - X_C) = R + \mathrm{j}X = |Z| \angle\varphi$$

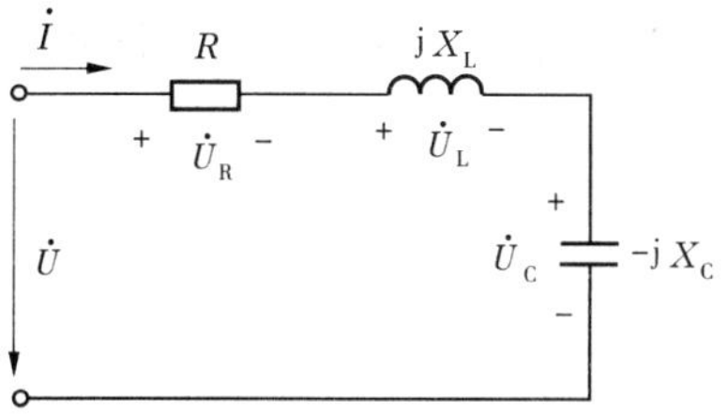

图3-38 RLC串联电路

前面已经分析,当电抗 $X = X_L - X_C = 0$ 时,电路呈现纯电阻性,即电路发生谐振。因此,RLC串联电路产生谐振的条件为 $X_L - X_C = 0$,即

$$\omega L - \frac{1}{\omega C} = 0$$

于是有:

$$\omega = \frac{1}{\sqrt{LC}} \tag{3-68}$$

式中:ω 为电源的角频率;L 为电感元件的电感;C 为电容元件的电容。

因此,$\frac{1}{\sqrt{LC}}$称为由电路参数决定的电路固有振荡角频率。

式(3-68)说明,RLC串联电路产生谐振的条件是电源的角频率等于电路的固有振荡角频率。

因此,若需要电路发生谐振,便可以通过改变 ω 或 L、C 的值,让式(3-68)成立,即满足谐振条件;若要避免谐振发生,也可以通过改变 ω 或 L、C 的值,让式(3-68)不成立,即谐振条件不满足。

电路发生谐振时的角频率,称为谐振角频率,用 ω_0 表示:

$$\omega_0 = \frac{1}{\sqrt{LC}} \tag{3-69}$$

电路发生谐振时的频率,称为谐振频率,用 f_0 表示。由式(3-69)可得谐振频率:

$$f_0 = \frac{1}{2\pi\sqrt{LC}} \tag{3-70}$$

3.9.2　串联谐振的特点

RLC 串联电路谐振时的特点大致归纳如下：

(1)谐振时，因为 $X_L - X_C = 0$，所以阻抗值 $|Z| = R$ 最小，在端口电压值一定的情况下，端口电流 $I = \dfrac{U}{R}$ 最大，电路的端口电压与端口电流同相位。

(2)谐振时，因为 $X_L - X_C = 0$，即 $X_L = X_C$，所以 $U_L = U_C$；又因为电感电压与电容电压相位相反，所以由 KVL 可知，电路的端口电压等于电阻电压，即

$$\dot{U} = \dot{U}_R + \dot{U}_L + \dot{U}_C = \dot{U}_R \tag{3-71}$$

式(3-71)也可描述为电感电压与电容电压大小相等、方向相反完全抵消，端口电压全部降落在电阻上，相量图如图 3-39 所示。

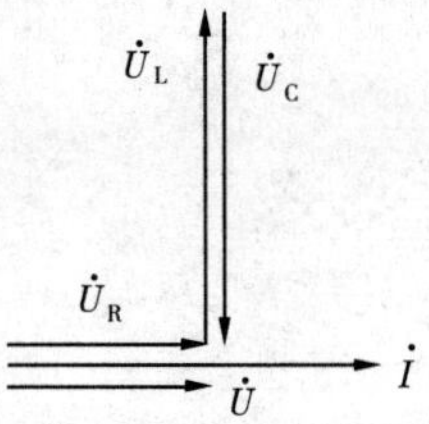

图 3-39　RLC 串联电路谐振时的相量图

(3)谐振时，电感和电容上获得高出端口电压几十倍甚至几百倍的高电压。因此，RLC 串联谐振也称为电压谐振。

为了描述这一特点，特引入一个参数叫品质因数，用符号 Q 表示。品质因数的定义为

$$Q = \frac{\omega_0 L}{R}$$

对于实际电路中的线圈来说，线圈的感抗远远大于线圈的直流电阻，即 $\omega_0 L \gg R$。所以，品质因数远远大于 1，即 $Q \gg 1$。品质因数的取值高达几十甚至几百。

由品质因数的定义式可得：

$$Q = \frac{\omega_0 L}{R} = \frac{\omega_0 LI}{RI} = \frac{U_{L0}}{U_R} = \frac{U_{C0}}{U_R} = \frac{U_{L0}}{U} = \frac{U_{C0}}{U} \gg 1$$

3.9.3*　串联谐振的谐振曲线

为了研究 RLC 串联电路的谐振性能，需要考虑电路中的电压、电流、阻抗等各量随频率变化的关系，这些关系称为频率特性，表明这些关系的图形称为谐振曲线。

3.9.3.1　阻抗的频率特性曲线

如图 3-40 所示为感抗、容抗、电抗、电阻以及阻抗的频率特性曲线。其中，感抗 $X_L(\omega) = \omega L$，容抗 $X_C(\omega) = \dfrac{1}{\omega C}$，电抗 $X(\omega) = X_L(\omega) - X_C(\omega) = \omega L - \dfrac{1}{\omega C}$，电阻不随之变化。以上曲线如图中虚线所示；阻抗 $|Z|(\omega) = \sqrt{R^2 + X^2}$，如图中实线所示。

由电抗的频率特性曲线 $X(\omega)$ 可知，当角频率 ω 在 $(0 \sim \omega_0)$ 取值时，电抗在 $(-\infty \sim 0)$ 取值，即 $X(\omega) < 0$，电路呈现容性；当角频率 $\omega = \omega_0$ 时，$X(\omega_0) = 0$，电路呈现纯电阻性；当角频率 $\omega > \omega_0$ 时，电抗在 $(0 \sim \infty)$ 取值，即 $X(\omega) > 0$，电路呈现感性。了解这一特性，对分析计算电路十分重要。

3.9.3.2　电流的频率特性曲线

若电路的端口电压不变，而电源频率改变，电流的频率特性为

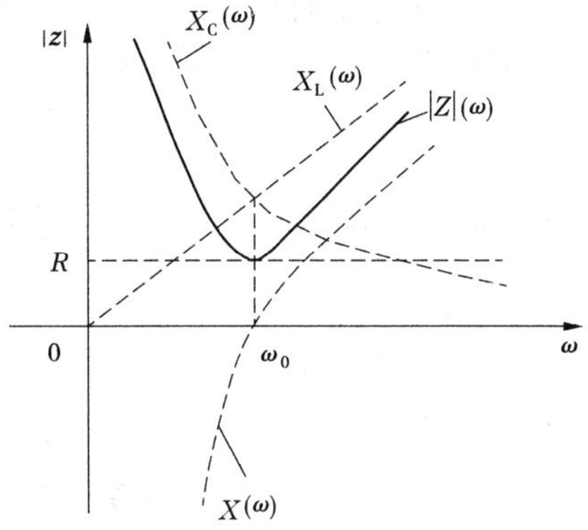

图 3-40 阻抗的频率特性曲线

$$I(\omega)=\frac{U}{|Z|(\omega)}=\frac{U}{\sqrt{R^2+(\omega L-\frac{1}{\omega C})^2}}=U|Y|(\omega)$$

由此可见，电流的频率特性曲线与导纳的频率特性曲线相似。因为 $|Y(\omega)|=\frac{1}{|Z|(\omega)}$，所以导纳的频率特性曲线可由阻抗的频率特性获得。电流及导纳的频率特性曲线如图 3-41 所示。

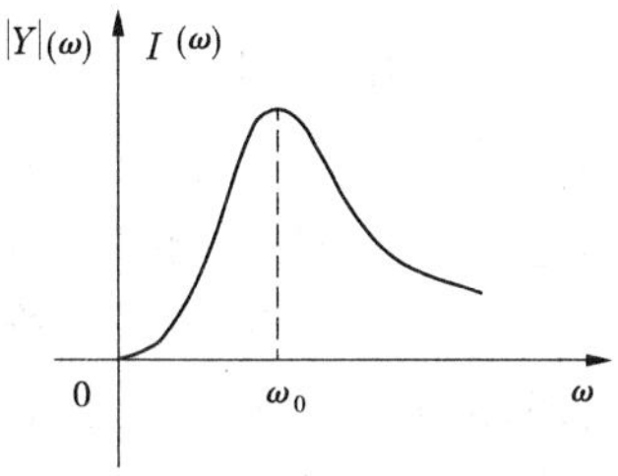

图 3-41 电流及导纳的频率特性曲线

电流的频率特性曲线 $I(\omega)$ 随频率变化的大致趋势是：当 $\omega=0$（直流）时，电容相当于开路，电路中的电流 $I(0)=0$；当 ω 从 0 到 ω_0 逐渐增加时，阻抗逐渐减小，电流 $I(\omega)$ 逐渐增大；当 $\omega=\omega_0$（谐振）时，由于阻抗 $|Z|(\omega_0)=R$ 最小，电流 $I(\omega)$ 达到最大值，即 $I(\omega_0)=\frac{U}{R}$；当 ω 从 ω_0 到∞逐渐增加时，阻抗逐渐增大，电流 $I(\omega)$ 逐渐减小，最后趋向于零。

由电流的频率特性曲线可以看出，当电源频率接近谐振频率时，电路中的电流有较大的幅值，当 $\omega=\omega_0$（谐振）时，电流出现峰值。而当电源频率偏离谐振频率时，电路中电流的幅值逐渐减小，表明电路逐渐增强对电流的抑制能力。所以，串联谐振电路具有选择最接近谐振频率附近的电流的性能，这种性能通常被称为“选择性”。选择性的好坏与电流的频率特性曲线在谐振频率附近的尖锐程度有关，即电流的频率特性曲线越尖锐，电路的选择性越好；否则，选择性越差。

3.9.3.3 通用曲线

通用曲线是在电流的频率特性曲线的基础上通过所谓的“归一化”处理获得的，即将原来的横坐标 ω 改为 $\omega/\omega_0=\eta$，而将原来的纵坐标 $I(\omega)$ 改为 $I(\omega)/I(\omega_0)=I(\eta)/I_0$。

$\eta=\omega/\omega_0$ 表明角频率 ω 偏离谐振角频率的程度，其取值越大（大于 1）或越小（小于 1），表明 ω 越是偏离谐振角频率；其取值越接近 1，表明 ω 越接近谐振角频率；$\eta=1$ 时，电路发生谐振。

$I(\omega)/I(\omega_0)=I(\eta)/I_0$ 的比值称为相对抑制比，其中 $I_0=U/R$。相对抑制比在谐振频率附近的大小反映了电流下降的陡度，表明电路在 ω 偏离谐振频率时，对非谐振电流的抑制能力。

因为 $I(\omega)=\dfrac{U}{|Z|(\omega)}$，$|Z|(\omega)=\sqrt{R^2+X^2}=R\sqrt{1+\left(\dfrac{X}{R}\right)^2}$，$I_0=\dfrac{U}{R}$，$\eta=\omega/\omega_0$，$Q=\dfrac{\omega_0 L}{R}=\dfrac{1}{\omega_0 CR}$，因此可得：

$$\frac{I(\eta)}{I_0}=\frac{I(\omega)}{I(\omega_0)}=\frac{1}{\sqrt{1+Q^2\left(\eta-\dfrac{1}{\eta}\right)^2}} \tag{3-72}$$

式(3-72)表明，相对抑制比的大小是由谐振电路的品质因数 Q 值的大小来决定的。如图 3-42 给出了三个不同 Q 值的描述式(3-72)关系的曲线。

因为 Q 值相同的 RLC 串联谐振电路只有一条曲线与之对应，所以这种曲线称为串联谐振电路的通用曲线。

由图 3-42 所示的一组曲线可以清楚地看出，Q 值越大($Q=100$)，曲线越尖锐，这表明，谐振电路对非谐振频率的电流的抑制能力就越强，谐振电路的选择性就越好；Q 值越小($Q=1$)，曲线越平缓，表明谐振电路对非谐振频率的电流的抑制能力就越差，谐振电路的选择性就越差。

因此，品质因数 Q 值是反映谐振电路性质的一个重要指标。

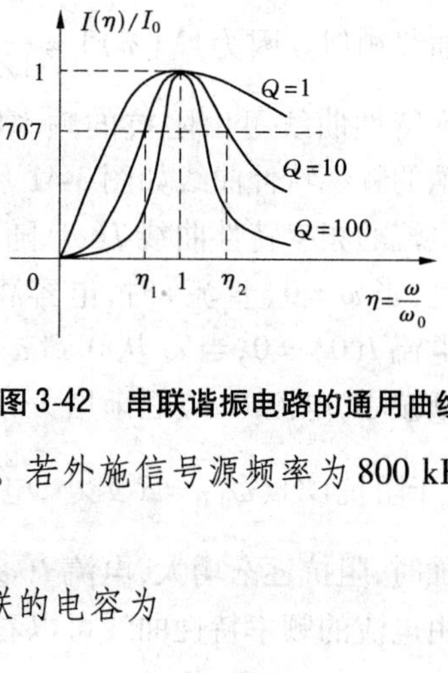

图 3-42　串联谐振电路的通用曲线

【例 3-19】　在 RLC 串联电路中，已知 $R=10\ \Omega$，$L=500\ \mu\text{H}$，C 为可变电容，变化范围为 12～290 pF。若外施信号源频率为 800 kHz，则电容应为何值才能使电路发生谐振？

解： 由谐振条件 $\omega=\dfrac{1}{\sqrt{LC}}$ 可得，电路谐振时所需并联的电容为

$$C=\frac{1}{\omega^2 L}=\frac{1}{(2\pi f)^2 L}=\frac{1}{(2\times\pi\times 800\times 10^3)^2\times 500\times 10^{-6}}=79.2(\text{pF})$$

【例 3-20】　RLC 串联电路接在电压 $U=100$ V 的交流电源上。当电源的频率为 $f_1=50$ Hz 和 $f_3=100$ Hz 时，电路中的电流 I 都是 10 A；而当电源频率为 f_2 时，电路中的电流最大，为 20 A。试分别求出 R、L、C 及 f_2。

解： RLC 串联电路电流最大时，电路处于谐振状态，即谐振电流 $I_0=20$ A，所以 RLC 串联电路的电阻为

$$R=\frac{U}{I_0}=\frac{100}{20}=5(\Omega)$$

当 $f_1=50$ Hz 和 $f_3=100$ Hz 时，$I=10$ A，由 $U=I|Z|$ 可得如下方程组：

$$\left.\begin{aligned}\frac{100}{10} &= \sqrt{5^2 + \left(314L - \frac{1}{314C}\right)^2}\\ \frac{100}{10} &= \sqrt{5^2 + \left(628L - \frac{1}{628C}\right)^2}\end{aligned}\right\}$$

化简可得:

$$\left.\begin{aligned}75 &= \left(314L - \frac{1}{314C}\right)^2\\ 75 &= \left(628L - \frac{1}{628C}\right)^2\end{aligned}\right\}$$

由阻抗频率特性曲线可以判定,$f_1 = 50$ Hz 电路呈现容性,即电抗 $X < 0$;$f_3 = 100$ Hz 时电路呈现感性,即电抗 $X > 0$。所以,以上方程组可继续化简为

$$\left.\begin{aligned}314L - \frac{1}{314C} &= -\sqrt{75}\\ 628L - \frac{1}{628C} &= \sqrt{75}\end{aligned}\right\}$$

求解此方程组可得:

$$\left.\begin{aligned}L &= 27.58\ \text{mH}\\ C &= 183.87\ \mu\text{F}\end{aligned}\right\}$$

所以:

$$f_2 = f_0 = \frac{1}{2\pi\sqrt{LC}} = \frac{1}{2\pi\sqrt{27.58\times10^{-3}\times183.87\times10^{-6}}} = 70.7(\text{Hz})$$

3.10* 正弦交流电路的一般分析方法

正弦交流电路的分析计算方法与直流电路的分析计算方法一样,或者说在直流电路中应用的等效变换、网络方程法、网络定理等,在交流电路中同样适用。但是,其表示形式却不同,如表3-1所示。

表3-1 电路参数在两种电路中的表示形式

电路参数	直流电路中的表示	交流电路中的表示
阻抗	R	Z
电压	U	$\dot{U}$
电流	I	$\dot{I}$
欧姆定律	$U = IR$	$\dot{U} = \dot{I}Z$
KCL	$\sum I = 0$	$\sum \dot{I} = 0$
KVL	$\sum U = 0$	$\sum \dot{U} = 0$

下面通过例题进行简单介绍。

【例 3-21】 如图 3-43 电路中，$\dot U_1 = 230\angle 0°$ V，$\dot U_2 = 227\angle 0°$ V，$Z_1 = Z_2 = 0.1 + j0.5$ (Ω)，$Z_3 = 5 + j5$ (Ω)。试用支路电流法求电流 $\dot I_3$。

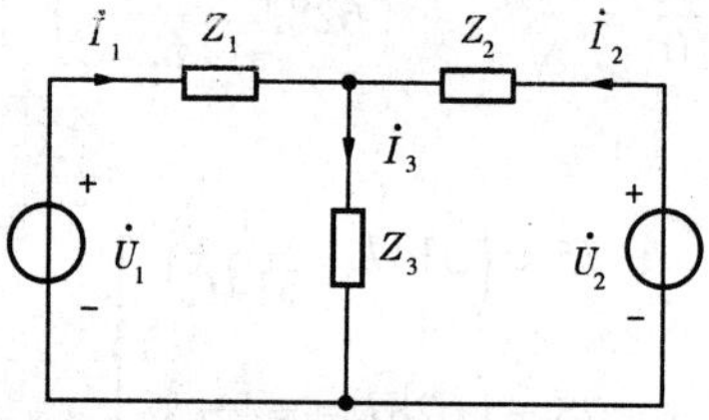

图 3-43　例 3-21 图

解:应用基尔霍夫定律列出相量表示方程：

$$\left.\begin{aligned} \dot I_1 + \dot I_2 - \dot I_3 &= 0 \\ Z_1\dot I_1 + Z_3\dot I_3 &= \dot U_1 \\ Z_2\dot I_2 + Z_3\dot I_3 &= \dot U_2 \end{aligned}\right\}$$

代入已知数据，可得：

$$\left.\begin{aligned} &\dot I_1 + \dot I_2 - \dot I_3 = 0 \\ &(0.1 + j0.5)\dot I_1 + (5 + j0.5)\dot I_3 = 230\angle 0° \\ &(0.1 + j0.5)\dot I_1 + (5 + j0.5)\dot I_3 = 227\angle 0° \end{aligned}\right\}$$

解之得：$\dot I_3 = 31.3\angle 46.1°$ A

【例 3-22】 如图 3-44 所示电路，已知：$\dot I_S = 4\angle 90°$ A，$Z_1 = Z_3 = -j30$ Ω，$Z_2 = 30$ Ω，$Z_4 = 45$ Ω。试用戴维南定理求 $\dot I$。

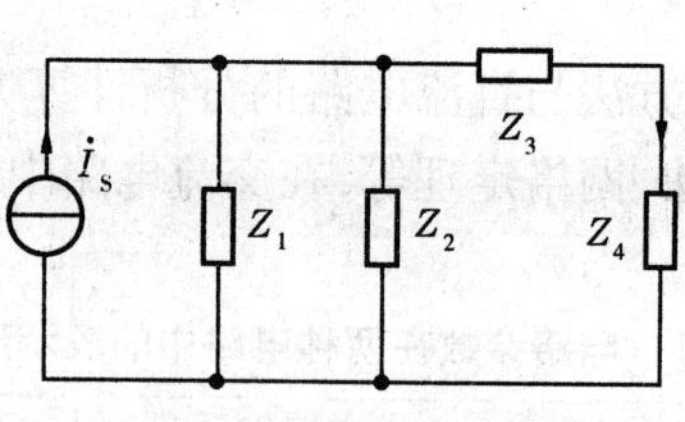

图 3-44　例 3-22 图

解:1. 求等效戴维南电路

将如图 3-44 所示电路中的待求支路断开如图 3-45(a)所示。下面对端口 1—1′求电阻电路。

(1)求开路电压 $\dot U_{oc}$。

如图 3-45(a)所示电路，开路电压为

$$\dot U_{oc} = \frac{Z_1 Z_2}{Z_1 + Z_2}\dot I_S = \frac{-j30\times 30}{-j30 + 30}\times 4\angle 90° = 84.85\angle 45° (\text{V})$$

(2)求入端阻抗 Z_i。

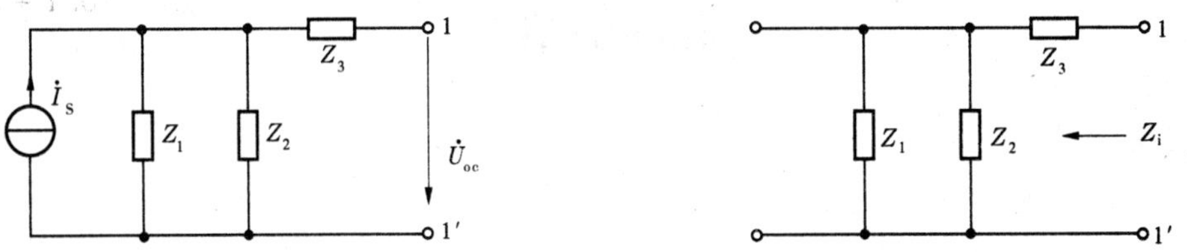

(a)求开路电压的电路　　(b)求入端阻抗的电路

图 3-45　求开路电压和入端阻抗的电路

将如图 3-45(a)电路中的电流源断开可得入端阻抗的电路如图 3-45(b)所示，则入端阻抗为

$$Z_i = Z_3 + \frac{Z_1 Z_2}{Z_1 + Z_2} = 15 - j45(\Omega)$$

则等效戴维南定理如图 3-46(a)所示。

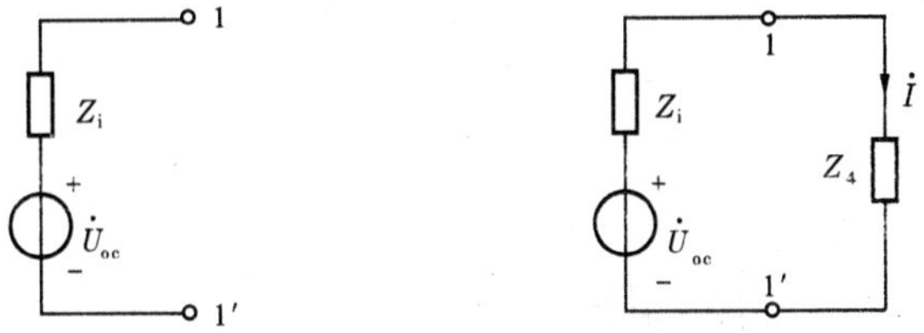

(a)戴维南等效电路　　(b)原电路的等效电路

图 3-46　等效电路

2. 求电流 $\dot{I}$

将待求支路接入如图 3-46(a)所示电路的端口 1—1′处，如图 3-46(b)所示，则有：

$$\dot{I} = \frac{\dot{U}_{oc}}{Z_i + Z_4} = 1.13\angle 82°(A)$$

【例 3-23】　用等效变换的方法求图 3-44 所示电路中的电流。

解：(1)求 Z_1 和 Z_2 并联后的等效复阻抗 Z_{12}。

由已知可得：

$$Z_{12} = \frac{Z_1 Z_2}{Z_1 + Z_2} = \frac{-j30 \times 30}{-j30 + 30} = 15\sqrt{2}\angle -45°(\Omega)$$

(2)用并联分流的方法求待求电流。

原电路经以上等效变换后为 Z_{12} 与 Z_3 和 Z_4 串联后的支路并联，由分流原理可得：

$$\dot{I} = \frac{Z_{12}}{Z_{12} + (Z_3 + Z_4)}\dot{I}_S = \frac{15\sqrt{2}\angle -45°}{15\sqrt{2}\angle -45° + (-j30 + 45)} \times 4\angle 90° = 1.13\angle 82°(A)$$

本章小结

1. 正弦量的三要素

(1)最大值:如 U_m、I_m 等,$U_m=\sqrt{2}U$,$I_m=\sqrt{2}I$。

(2)角频率 ω:$\omega=2\pi f$,$\omega=\frac{2\pi}{T}$。

(3)初相 θ:$|\theta|\leqslant\pi$。

2. 正弦量的表示法

(1)解析式:如 $i=I_m\sin(\omega t+\theta)$。

(2)波形图。

(3)相量表示法:如 $\dot{U}$、$\dot{I}$ 等。

以上三种表示法可互相转化。

3. 超前、滞后

(1)$0<\theta_1-\theta_2<\pi$:第一个正弦量超前于第二个正弦量。

(2)$-\pi<\theta_1-\theta_2<0$:第一个正弦量滞后于第二个正弦量。

(3)$\theta_1-\theta_2=0$:这两个正弦量同相。

(4)$\theta_1-\theta_2=\pi$:这两个正弦量反相。

(5)$\theta_1-\theta_2=\frac{\pi}{2}$:这两个正弦量正交。

4. R、L、C 元件上电压与电流的相量关系

R:$\dot{U}_R=\dot{I}_R$,电阻元件上电压与电流同相。

L:$\dot{U}_L=jX_L\dot{I}_L$,电感元件上电压超前于电流90°。

C:$\dot{U}_C=-jX_C\dot{I}_C$,电容元件上电压滞后于电流90°。

5. 复阻抗与复导纳的关系

$$Y=\frac{1}{Z}=\frac{1}{R+jX}=\frac{R-jX}{R^2+X^2}=G+jB$$

$$|Y|=\frac{1}{|Z|},\qquad \varphi_Z=-\varphi_Y$$

6. RLC 串联电路

RLC 串联电路的复阻抗为:$Z=R+j(X_L-X_C)$,其中:

$$X_L-X_C=\omega L-\frac{1}{\omega C}$$

当 $\omega L>\frac{1}{\omega C}$时,电路呈现感性,RLC 电路等效为 RL 串联电路。

当 $\omega L<\frac{1}{\omega C}$时,电路呈现容性,RLC 电路等效为 RC 串联电路。

7. RLC 并联电路

RLC 并联电路的电压与电流关系为

$$\dot{I}=\dot{U}\left[\frac{1}{R}+\mathrm{j}\left(\frac{1}{X_C}-\frac{1}{X_L}\right)\right]$$

8. 正弦电流电路的功率

(1)有功功率:$P=UI\cos\varphi$。

(2)无功功率:$Q=UI\sin\varphi$。

(3)视在功率:$S=UI$。

9. 提高功率因数能提高电源设备容量的利用率,减少线路的功率损耗。提高功率因数的方法就是在通常广泛应用的电感性电路中,人为地并联电容性负载,利用电容性负载的超前电流来补偿滞后的电感性电流。

10. 对于一般的正弦电流电路,作相量图时,先选定某一相量作为参考相量。对并联的电路,一般以电压为参考相量;对串联电路,一般以电流为参考相量。规定参考相量的初相位为零。

对于复杂的正弦电流电路,同计算复杂直流电路一样,支路电流法、节点电压法、叠加定理、戴维南定理等方法也适用于计算复杂交流电路。所不同的是电压和电流用相量表示,电阻、电感和电容及组成的电路用阻抗或导纳来表示,采用相量法计算。

11. 串联谐振是用 L、R 和 C 串联。串联谐振的负载电路对电源呈现低阻抗,要求由电压源供电。因此,经整流和滤波的直流电源末端,必须并接大的滤波电容器。

习题三

3-1　已知一正弦电压的振幅为 310 V,频率为 50 Hz,初相为 $-\pi/6$,试写出其解析式。

3-2　已知 $u_A=220\sqrt{2}\sin 314t$ (V),$u_B=220\sqrt{2}\sin(314t-120°)$ (V)。求最大值、有效值、初相位、角频率、频率、周期及两者之间的相位差。

3-3　试求下列各正弦量的周期、频率、初相。

(1)$i_1=3\sin 314t$ (A);

(2)$i_2=8\sin(314t+17°)$ (A)。

3-4　已知 $i=20\sin\left(314t+\frac{2}{3}\pi\right)$ (A),当纵坐标向左移$\frac{\pi}{6}$或者向右移$\frac{\pi}{6}$时,初相各为多少?

3-5　两个频率相同的正弦交流电流,它们的有效值是 $I_1=8$ A,$I_2=6$ A,求在下面各种情况下(i_1+i_2)的有效值。

(1)i_1与 i_2 同相;

(2)i_1与 i_2 反相;

(3)i_1超前 i_2 90°角度;

(4)i_1滞后 i_2 60°角度。

3-6　如图 3-47 所示电压 u 和电流 i 的波形,问 u 和 i 的初相各为多少?相位差为多少?若将计时起点向右移 $\pi/3$,则 u 和 i 的初相有何改变?相位差有何改变?u 和 i 哪一个超前？

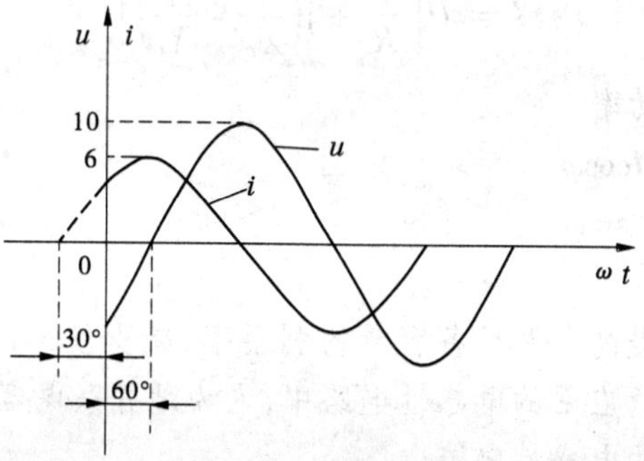

图 3-47　习题 3-6 图

3-7　将下列复数写成极坐标形式。

(1) $3+j4$；　(2) $-3+j4$；　(3) $-10-j10$；

(4) $-j10$；　(5) $6+j8$；　(6) $j10$。

3-8　将下列复数写成代数形式。

(1) $10\angle 60°$；　(2) $8\angle 90°$；　(3) $10\angle -90°$；　(4) $10\angle 0°$。

3-9　写出下列正弦电压的相量。

(1) $u=10\sqrt{2}\sin\omega t$　(V)；　(2) $u=10\sqrt{2}\sin\left(\omega t+\frac{\pi}{2}\right)$　(V)；

(3) $u=10\sqrt{2}\sin\left(\omega t-\frac{\pi}{2}\right)$　(V)；　(4) $u=10\sqrt{2}\sin\left(\omega t-\frac{3}{4}\pi\right)$　(V)。

3-10　写出下列相量对应的正弦量($f=50$ Hz)。

(1) $\dot{U}_1=220\angle 30°$ V；　(2) $\dot{I}_1=10\angle 45°$ A；

(3) $\dot{U}_2=-110j$ V；　(4) $\dot{I}_2=6+j8$ A。

3-11　已知：$i=14.1\sin(314t+30°)$　(A)，$u=220\sqrt{2}\sin(314t-60°)$ (V)。写出它们的相量形式，并画出相量图。

3-12　额定电压为 220 V 的灯泡通常接在 220 V 交流电源上，若把它接在 220 V 的直流电源上行吗？

3-13　已知：$i_1=6\sqrt{2}\sin(\omega t+30°)$ (A)，$i_2=8\sqrt{2}\sin(\omega t-60°)$ (A)，求 $i=i_1+i_2$。

3-14　已知 $u_1=220\sqrt{2}\sin314t$ (V)，$u_2=220\sqrt{2}\sin(314t-120°)$ (V)，试用相量法求电压 u_1+u_2 和 u_1-u_2。

3-15　把 $L=51$ mH 的线圈(直流电阻忽略不计)接在电压为 220 V、频率为 50 Hz 的交流电路中：

要求：①求出电流 i 的有效值；②求出 X_L。

3-16　把 $C=140$ μF 的电容器接在 $u=10\sqrt{2}\sin314t$ (V)的交流电路中，试计算：

(1) X_C。

(2) 电路中的电流 i。

(3)画出电压、电流相量图。

3-17　有一直流电阻 $R=4\ \Omega$,电感 $L=25.5\ \text{mH}$ 的线圈,分别求出以下两种情况下线圈的电流 I。

(1)接到频率 $f=50\ \text{Hz}$、电压交流电源上。

(2)接到电压 $U=115\ \text{V}$ 的直流电源上。

3-18　有一线圈,接在电压为 48 V 的直流电源上,测得电流为 8 A。然后将这个线圈改接到电压为 120 V、50 Hz 的交流电源上,测得的电流为 12 A。试问线圈的电阻及电感各为多少?

3-19　如图 3-48 所示,$U_1=40\ \text{V}$,$U_2=30\ \text{V}$,$i=10\sin 314t\ (\text{A})$,则 u 为多少?写出其瞬时值表达式。

3-20　如图 3-49 所示电路,电流表 A_1、A_2 的读数均为 12 A,求电流表 A 的读数。

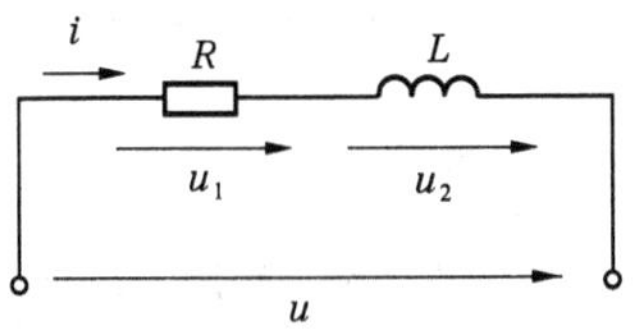

图 3-48　习题 3-19 图

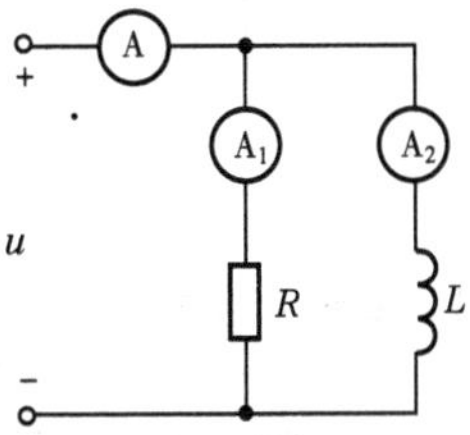

图 3-49　习题 3-20 图

3-21　如图 3-50 所示正弦交流电路,已知:$R=X_L=X_C$,电流表 A 的读数为 3 A,问电流表 A_1、A_2 和 A_3 的读数各为多少?

3-22　用下列各式表示 RC 串联电路中的电压、电流,哪些是对的,哪些是错的?

(1) $i=\dfrac{u}{|Z|}$;　(2) $I=\dfrac{U}{R+X_C}$;　(3) $\dot{I}=\dfrac{\dot{U}}{R-\text{j}\omega C}$;

(4) $I=\dfrac{U}{|Z|}$;　(5) $U=U_R+U_C$;　(6) $\dot{U}=\dot{U}_R+\dot{U}_C$;

(7) $\dot{I}=-\text{j}\dfrac{\dot{U}}{\omega C}$;　(8) $\dot{I}=\text{j}\dfrac{\dot{U}}{\omega C}$。

3-23　如图 3-51 所示正弦交流电路中,已知 $U=100\ \text{V}$,$U_R=60\ \text{V}$,试用相量图求电压 U_L。

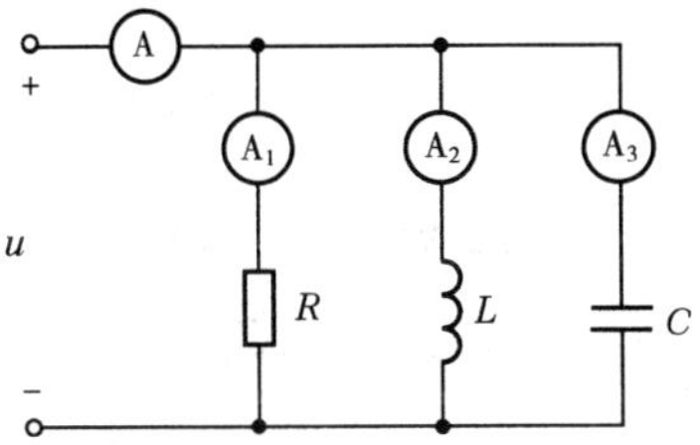

图 3-50　习题 3-21 图

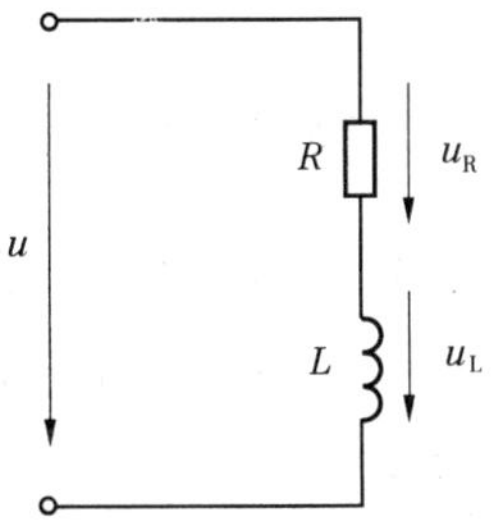

图 3-51　习题 3-23 图

3-24　如图3-52所示，有一RC串联电路，接于50 Hz的正弦电源上，$R=100\ \Omega$，$C=\frac{10^4}{314}\ \mu F$，电压相量$\dot{U}=200\angle 0°\ V$，求复阻抗$Z$、电流$\dot{I}$、电压$\dot{U}_C$，并画出电压、电流的相量图。

3-25　如图3-53所示电路，已知交流电源的角频率$\omega=2\ rad/s$，$R=4\ \Omega$，$L=1\ H$，$C=0.25\ \mu F$，试问ab端口之间的复阻抗Z_{ab}是多大？

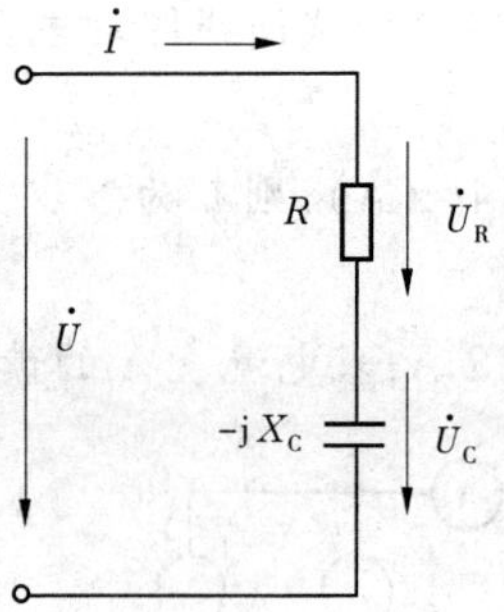

图3-52　习题3-24图

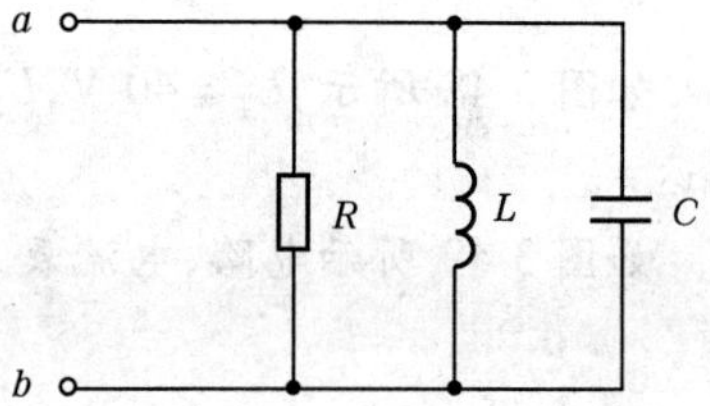

图3-53　习题3-25图

3-26　如图3-54所示电路，已知$\omega=2\ rad/s$，求电路的复阻抗Z_{ab}。

3-27　有一RL串联的电路，接于50 Hz、100 V的正弦电源上，测得电流$I=2\ A$，功率$P=100\ W$，试求电路参数R和L。

3-28　如图3-55所示电路中，已知$u=100\sin(314t+30°)\ (V)$，$i=22.36\sin(314t+19.7°)\ (A)$，$i_2=10\sin(314t+83.13°)\ (A)$，试求：$i_1$、$Z_1$、$Z_2$，并说明$Z_1$、$Z_2$的性质，绘出相量图。

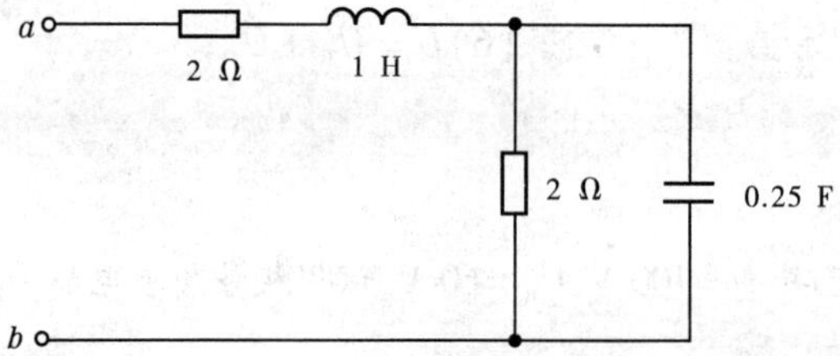

图3-54　习题3-26图

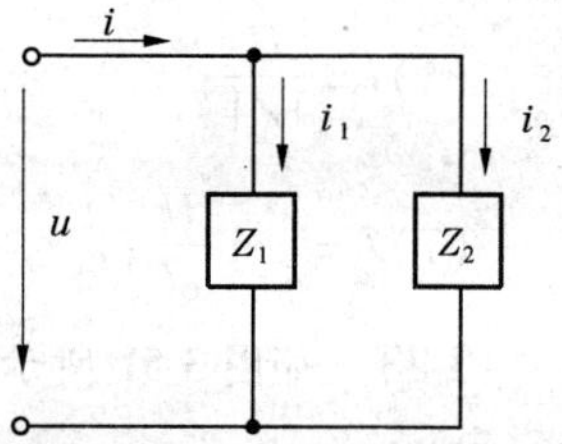

图3-55　习题3-28图

3-29　如图3-56所示电路中，已知电源电压$U=12\ V$，$\omega=2\ 000\ rad/s$，求电流I、I_1。

3-30　如图3-57所示正弦交流电路，已知$\dot{U}=220\angle 0°\ V$，$Z_1=4+j4\ \Omega$，$Z_2=3-j4\ \Omega$，求$\dot{I}$、$\dot{U}_1$、$\dot{U}_2$，并画出相量图。

3-31　有一RLC串联的交流电路，已知电路电流$I=1\ A$，电路参数$R=X_L=X_C=10\ \Omega$，试求端口电压U、电阻电压U_R、电感电压U_L、电容电压U_C和电路阻抗$|Z|$。

3-32　感性负载参数为$R=10\ \Omega$，$L=55\ mH$，接在220 V、50 Hz电源上，试求：

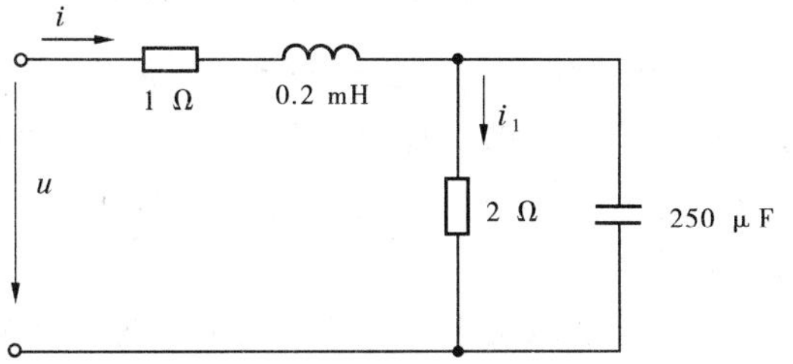

图 3-56　习题 3-29 图

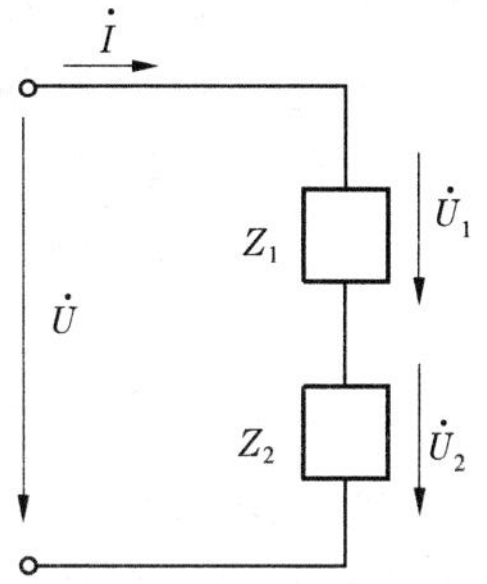

图 3-57　习题 3-30 图

(1) 负载电流 I，负载功率 P 及功率因数 $\cos\varphi$；

(2) 若将电路功率因数 $\cos\varphi$ 提高到 0.95，应并联多大电容？此时端口电流为多少？感性负载的电流和功率有无变化？

3-33　如图 3-58 所示电路中，已知 $R_1=40\ \Omega$，$X_L=30\ \Omega$，$R_2=60\ \Omega$，$X_C=60\ \Omega$，接至 220 V 的电源上。试求各支路电流及总的有功功率、无功功率和功率因数。

3-34　如图 3-59 所示电路，已知 $R=R_1=R_2=10\ \Omega$，$L=31.8$ mH，$C=318\ \mu$F，$f=50$ Hz，$U=10$ V，试求并联支路两端的电压 U_{ab} 及电路的 P、Q、S 及功率因数 $\cos\varphi$。

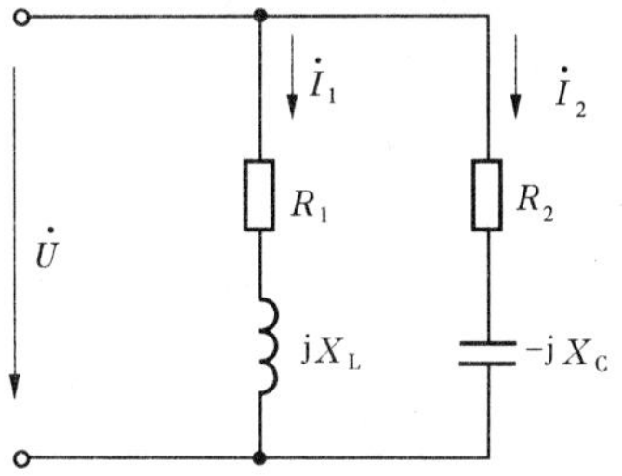

图 3-58　习题 3-33 图

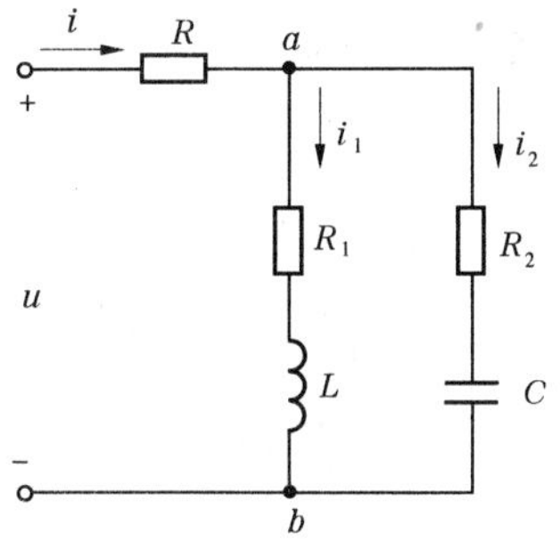

图 3-59　习题 3-34 图

3-35　如图 3-60 所示电路中，$u_S=10\sin314t$ (V)，$R_1=20\ \Omega$，$R_2=10\ \Omega$，$L=637$ mH，$C=637\ \mu$F，求电流 i_1，i_2 和电压 u_C。

3-36　RLC 串联电路接在电压 $U=220$ V，频率 $f=50$ Hz 电源上，已知：$R=30\ \Omega$，$L=445$ mH，$C=32\ \mu$F。试求：

(1) 电路中的电流大小 I；

(2) 端口电压与端口电流的相位差 φ；

(3) 各元件上的电压。

3-37　某收音机 $L=0.3$ mH，$R=10\ \Omega$，为收到中央电台 560 kHz 信号，求：

(1) 调谐电容 C 值；

(2) 如输入电压为 1.5 μV，求谐振电流和此时的电容电压。

3-38　一接收器的电路参数为：$U=10$ V，$\omega=5\times10^3$ rad/s，调 C 使电路中的电流最大，$I_{max}=200$ mA，测得电容电压为 600 V，求 R、L、C 及 Q。

3-39　一个负载的工频电压为220 V，功率为10 kW，功率因数为0.6，欲将功率因数提高到0.9，试求需并联多大的电容器。

3-40　今有一个40 W的日光灯，使用时灯管与镇流器（可近似把镇流器看作纯电感）串联在电压为220 V，频率为50 Hz的电源上。已知灯管工作时属于纯电阻负载，灯管两端的电压等于110 V，试求镇流器上的感抗和电感。这时电路的功率因数等于多少？若将功率因数提高到0.8，问应并联多大的电容器？

3-41　串联谐振电路如图3-61所示，已知电压表V_1、V_2的读数分别为150 V和120 V，试问电压表V的读数为多少？

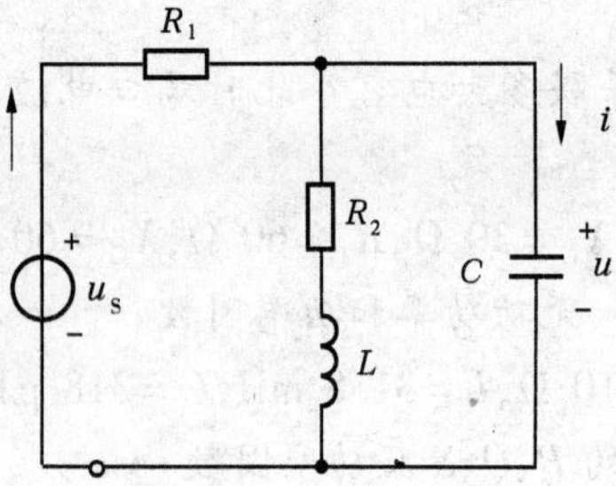

图3-60　习题3-35图

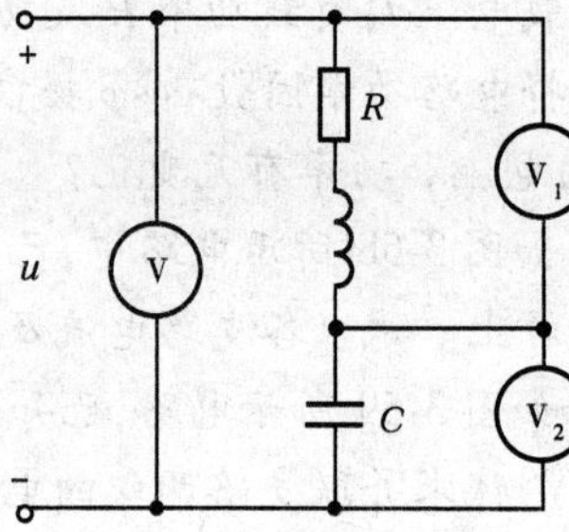

图3-61　习题3-41图

第4章 三相正弦交流电路的分析

【内容提要】

本章将在第3章单相正弦交流电路的基础上，分析对称三相电源、三相负载的连接及其特点，三相交流电路的分析计算除与一般的交流电路分析相似外，还有其自身的特点。本章将重点讨论对称三相电路的分析计算、不对称星形电路的分析计算、中性线在电路中的作用以及三相电路功率的分析。

【学习要求】

- 理解三相电源对称的概念以及对称三相电源的特点；
- 理解三相电源的连接方式以及供电制的概念；
- 理解相电压、线电压以及两种连接方式下相电压与线电压的关系；
- 理解三相负载及其对称的概念；
- 理解对称三相电路的概念及对称三相电路的特点，并能进行简单的计算；
- 理解不对称三相电路的概念，理解不对称星接电路中性线的作用；
- 了解三相交流电路功率的计算。

4.1 三相电源及其连接

三相交流电是由三个频率相同、电势振幅相等、相位互差120°角的交流电路组成的电力系统。前面介绍的单相电路可以理解为三相电路中的一相。三相交流电路比单相交流电路具有更多优越性，首先在用电方面，三相电动机比单相电动机结构简单，价格便宜，性能好；其次在送电方面，采用三相制，在相同条件下比单相输电可以节约输电线的金属用量。因此，三相交流电得到了广泛的应用。目前，我国生产、配送的都是三相交流电。

4.1.1 三相交流电的产生及表示

实际应用中的三相电源都是由三相交流发电机产生的。如图4-1所示为旋转磁极式三相交流发电机的原理示意图。三相绕组分别称为U相绕组、V相绕组和W相绕组，对应绕组的首端分别标以U_1、V_1、W_1，末端标以U_2、V_2、W_2。三相绕组中产生的电源分别称为U相电源(u_U)、V相电源(u_V)、W相电源(u_W)，电源的正方向规定为首端指向末端，如图4-2所示。

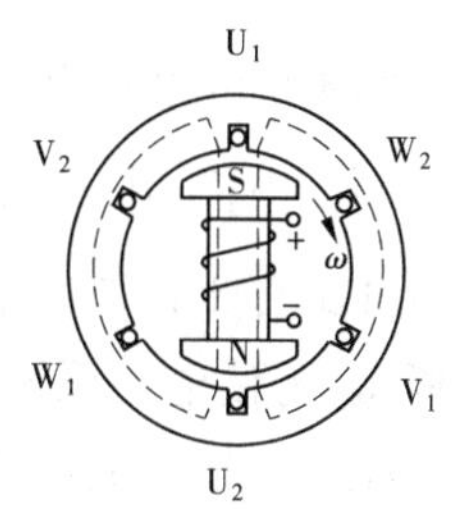

图4-1 三相交流发电机的原理示意图

在电工理论分析中，实际的三相电源通常用三个理想电压源来模拟，如图4-3所示。而这三个理想电压源的电压解析式为

$$\left.\begin{aligned} u_U &= \sqrt{2}U\sin\omega t \quad (V) \\ u_V &= \sqrt{2}U\sin(\omega t - 120°) \quad (V) \\ u_W &= \sqrt{2}U\sin(\omega t + 120°) \quad (V) \end{aligned}\right\} \tag{4-1}$$

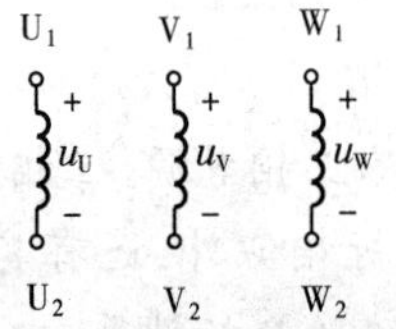

图 4-2　三相绕组示意图

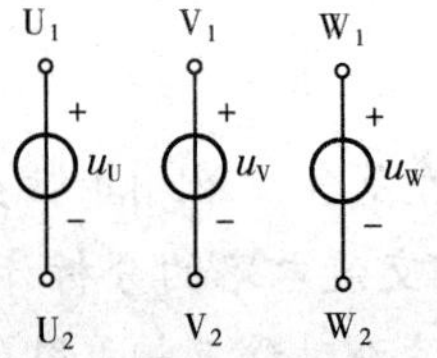

图 4-3　三相电源的电压源模型

式(4-1) 为一组大小相等、频率相同、相位互差 120°的三相正弦交流电源，通常称为对称三相电源。对应的相量形式为

$$\left.\begin{aligned} \dot{U}_U &= U\angle 0° \quad (V) \\ \dot{U}_V &= U\angle -120° \quad (V) \\ \dot{U}_W &= U\angle 120 \quad (V) \end{aligned}\right\} \tag{4-2}$$

式(4-1)与式(4-2)对应的波形图和相量图如图 4-4 和图 4-5 所示。

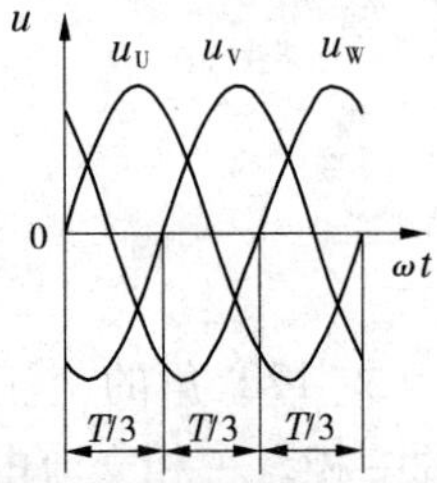

图 4-4　三相电源的波形图

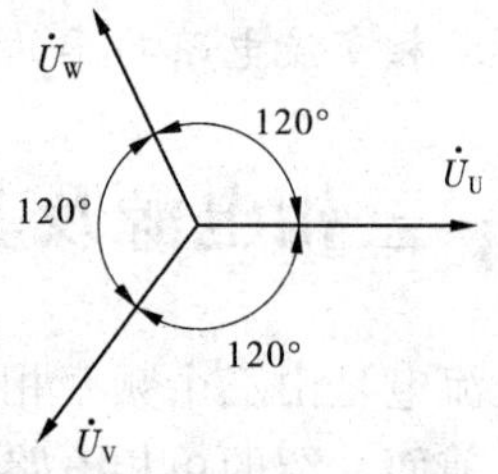

图 4-5　三相电源的相量图

因为三相电源对称，所以它们的瞬时值或相量之和均为零，即

$$u_U + u_V + u_W = 0 \quad 或 \quad \dot{U}_U + \dot{U}_V + \dot{U}_W = 0$$

由图 4-5 可以看出，$\dot{U}_U$ 超前 $\dot{U}_V$120°，$\dot{U}_V$ 超前 $\dot{U}_W$120°，$\dot{U}_W$ 超前 $\dot{U}_U$120°，此时相位的顺序(简称相序)用 U→V→W 表示，称为正序。若 $\dot{U}_U$ 超前 $\dot{U}_W$120°，$\dot{U}_W$ 超前 $\dot{U}_V$120°，$\dot{U}_V$ 超前 $\dot{U}_U$120°，此时相序用 U→W→V 表示，称为负序。在实际应用中，相序是一个十分重要的概念，为使电力系统能够安全可靠地运行，通常将三相电源分别用黄、绿、红三种颜色进行标注。U 相—黄色，V 相—绿色，W 相—红色。

需要指出的是，今后凡未作特殊说明的三相电源，一律默认为对称、正序三相电源。

4.1.2　三相电源的连接

在实际应用中，三相电源并不是每相电源单独对负载供电，而是通过一定的方式连接以后，形成一种供电系统(或称供电制)再对负载供电。

三相电源的连接方式分星形连接（Y 接）和三角形连接（△接）两种。形成的供电制分为三相三线制和三相四线制两种。下面逐一进行讨论。

4.1.2.1 三相电源的星形连接

1. 连接方式及供电制

所谓星形连接，就是将三相电源的末端 U_2、V_2、W_2 连接在一起，首端 U_1、V_1、W_1 对负载供电。这种连接方法可以形成两种供电方式，即三相三线制、三相四线制，如图 4-6 所示。图中三个末端连接在一起的这个点称为电源中性点，用字母 N 表示。从中性点引出的一根线叫作中性线（俗称零线、地线）。从首端 U_1、V_1、W_1 引出的三根线叫作端线或相线（俗称火线）。

电源中性点是否引出中性线要视负载情况而定。若引出中性线，则该供电系统称为三相四线制系统，如图 4-6(a)所示。若没有引出中性线，则这种供电方式称为三相三线制，如图 4-6(b)所示。

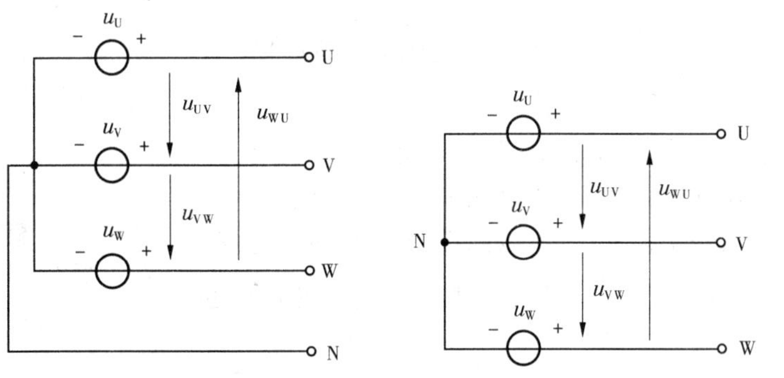

(a)三相四线制　　(b)三相三线制

图 4-6 三相电源的星形连接

2. 相电压、线电压及其关系

所谓相电压，是指每相电源的电压，或者说端（相）线与中性点之间的电压。图 4-6 所示电路中，u_U、u_V、u_W 即为相电压。

所谓线电压，是指任意两根相线之间的电压。图 4-6 所示电路中，u_{UV}、u_{VW}、u_{WU} 即为线电压。

在图 4-6 中，由 KVL 可得：

$$\left.\begin{aligned} u_{UV} &= u_U - u_V \\ u_{VW} &= u_V - u_W \\ u_{WU} &= u_W - u_U \end{aligned}\right\}$$

对应的相量形式为

$$\left.\begin{aligned} \dot{U}_{UV} &= \dot{U}_U - \dot{U}_V \\ \dot{U}_{VW} &= \dot{U}_V - \dot{U}_W \\ \dot{U}_{WU} &= \dot{U}_W - \dot{U}_U \end{aligned}\right\} \tag{4-3}$$

假设三相电源对称，其相电压的相量形式如式(4-2)所示，对应的相量图如图 4-5 所

示。那么,对式(4-3)由复数运算可得:

$$\dot{U}_{UV} = \dot{U}_U - \dot{U}_V = \dot{U}_U - \dot{U}_U\angle -120^\circ$$
$$= \dot{U}_U\left[1 - \left(-\frac{1}{2} - j\frac{\sqrt{3}}{2}\right)\right] = \dot{U}_U\left(\frac{3}{2} + j\frac{\sqrt{3}}{2}\right) \tag{4-4}$$
$$= \sqrt{3}\dot{U}_U\angle 30^\circ$$

同理可得:

$$\dot{U}_{VW} = \sqrt{3}\dot{U}_V\angle 30^\circ \tag{4-5}$$
$$\dot{U}_{WU} = \sqrt{3}\dot{U}_W\angle 30^\circ \tag{4-6}$$

式(4-4)说明,线电压 $\dot{U}_{UV}$ 等于相电压 $\dot{U}_U$ 的 $\sqrt{3}$ 倍,且 $\dot{U}_{UV}$ 超前 $\dot{U}_U$ 30°。

式(4-5)说明,线电压 $\dot{U}_{VW}$ 等于相电压 $\dot{U}_V$ 的 $\sqrt{3}$ 倍,且 $\dot{U}_{VW}$ 超前 $\dot{U}_V$ 30°。

式(4-6)说明,线电压 $\dot{U}_{WU}$ 等于相电压 $\dot{U}_W$ 的 $\sqrt{3}$ 倍,且 $\dot{U}_{WU}$ 超前 $\dot{U}_W$ 30°。

利用相量图运算结果相同,如图 4-7 所示。

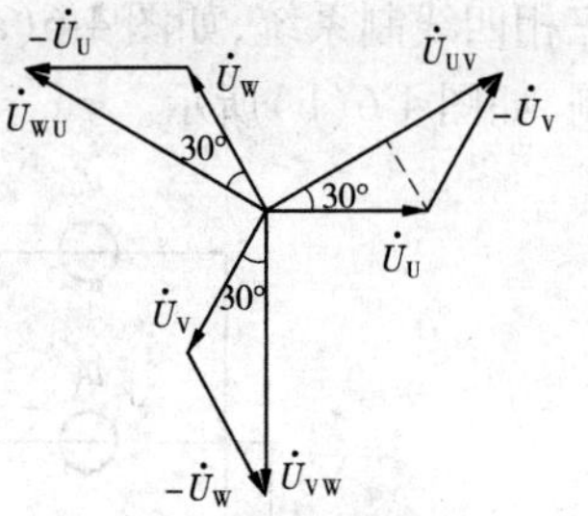

图 4-7　三相电源相电压、线电压的相量图

因为三相电源对称,所以相电压 $U_U = U_V = U_W = U_p$,线电压 $U_{UV} = U_{VW} = U_{WU} = U_l$,所以以上分析可总结为,对称三相电源作 Y 接时,线电压是相电压的 $\sqrt{3}$ 倍,线电压超前对应相电压 30°,于是有:

$$U_l = \sqrt{3}U_p \tag{4-7}$$

由以上分析可以得出:对称三相电源作 Y 接时,线电压也是一组对称量,而且是与相电压同频率、同相序。

因为线电压、相电压都是对称的,而且线电压是相电压的 $\sqrt{3}$ 倍,所以对于对称 Y 接电源来说,只要知道其中的一个电压,其余电压均可以根据对称及 $\sqrt{3}$ 倍的关系直接写出。

【例 4-1】　星形连接的对称三相电源,已知线电压 $\dot{U}_{UV} = 380\angle 0^\circ$ V。试求出其他各线电压和相电压的相量表达式。

解:因为线电压 $\dot{U}_{UV} = 380\angle 0^\circ$ V,根据对称关系,其余两个线电压可直接写出,它们分别是:$\dot{U}_{VW} = 380\angle -120^\circ$ V,$\dot{U}_{WU} = 380\angle 120^\circ$ V。

又因为线电压的大小是相电压的 $\sqrt{3}$ 倍,且线电压的相位比相应的相电压相位超前 30°,所以可由式(4-4)或式(4-5)、式(4-6)求出一个相电压,再由对称关系写出其余相电压,于是有:

$$\dot{U}_U = \frac{1}{\sqrt{3}}\dot{U}_{UV}\angle -30^\circ = \frac{380\angle 0^\circ}{\sqrt{3}}\angle -30^\circ = 220\angle -30^\circ(\text{V})$$

同理得:$\dot{U}_V = 220\angle -150^\circ$ V,$\dot{U}_W = 220\angle 90^\circ$ V。

【例 4-2】　对称 Y 接三相电源,已知 $\dot{U}_V = 220\angle -150^\circ$ V,求线电压 $\dot{U}_{VU}$。

解：因为待求线电压 $\dot{U}_{VU}=-\dot{U}_{UV}$，因此先要求出 $\dot{U}_{UV}$。

由已知可得：$\dot{U}_U=220\angle-30°$ V，因此：

$$\dot{U}_{UV}=\sqrt{3}\dot{U}_U\angle30°=\sqrt{3}\times220\angle-30°\angle30°=380\angle0°(\text{V})$$

所以：$$\dot{U}_{VU}=-\dot{U}_{UV}=-380\angle0°=380\angle-180°\ \text{V}$$

需要指出的是，线电压的正方向是可以任意选择的。

由以上分析可知，线电压 $\dot{U}_{UV}$、$\dot{U}_{VW}$、$\dot{U}_{WU}$ 是一组与相电压同频率、同相序的对称正弦量，而且每个线电压在相位上均超前对应相电压 30°。正是因为如此选择了线电压的正方向，才使得线电压与相电压的关系简单、清晰，记忆方便。若选择的正方向并非如此，则这样的整体关系便不复存在。

4.1.2.2　三相电源的三角形连接

1. 连接方式及供电制

所谓三角形连接，就是将一相电源的首端与另一相电源的末端依次连接的接法。画成图形可以是一个三角形，所以称为三角形连接，如图 4-8 所示。从三个连接点处分别引出一根线，称为端线（相线），所以这种接法形成的供电制只能是三相三线制。

2. 相电压、线电压及其关系

图 4-8 所示电路中，u_U、u_V、u_W 为每相电源的电压，称为相电压，u_{UV}、u_{VW}、u_{WU} 为相线与相线之间的电压，称为线电压，正方向如图所示。由 KVL 可得：

$$u_{UV}=u_U,\quad u_{VW}=u_V,\quad u_{WU}=u_W$$

对应的相量形式为

$$\dot{U}_{UV}=\dot{U}_U,\dot{U}_{VW}=\dot{U}_V,\dot{U}_{WU}=\dot{U}_W$$

若相电压 $\dot{U}_U=U\angle0°(\text{V})$，$\dot{U}_V=U\angle-120°(\text{V})$，$\dot{U}_W=U\angle120°(\text{V})$ 对称，则线电压 $\dot{U}_{UV}=\dot{U}_U=U\angle0°(\text{V})$，$\dot{U}_{VW}=\dot{U}_V=U\angle-120°(\text{V})$，$\dot{U}_{WU}=\dot{U}_W=U\angle120°(\text{V})$ 也对称。相量图如图 4-9 所示。

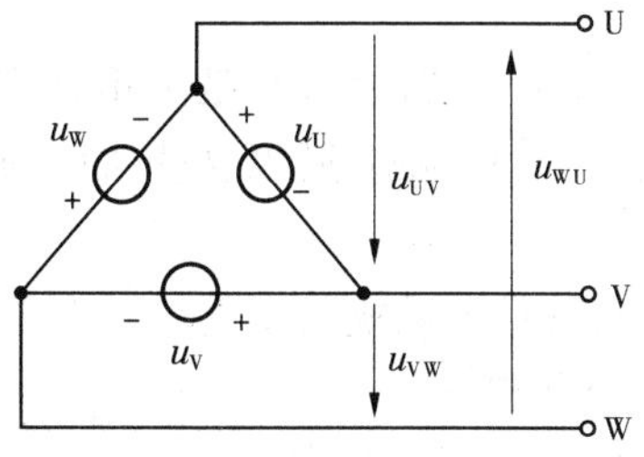

图 4-8　三相电源的三角形连接

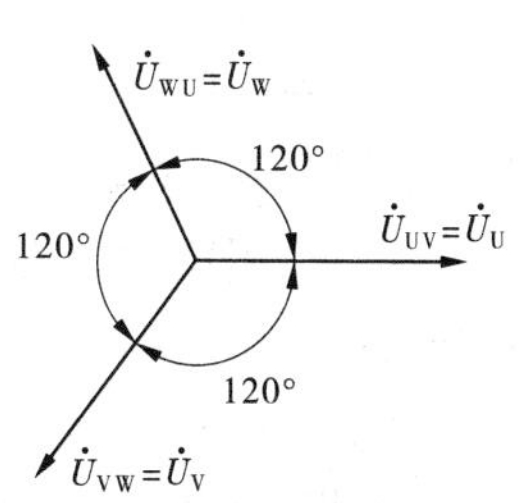

图 4-9　三相电源的三角形连接的相量图

同样因为三相电源对称，相电压 $U_U=U_V=U_W=U_p$，线电压 $U_{UV}=U_{VW}=U_{WU}=U_l$，所以对称三相电源作△接时，线电压等于相电压，即

$$U_l=U_p$$

同样，因为电源对称，所以线电压、相电压的代数和为零，即

$$\dot{U}_U+\dot{U}_V+\dot{U}_W=0$$

$$\dot{U}_{UV} + \dot{U}_{VW} + \dot{U}_{WU} = 0$$

需要指出的是,三相电源对称是理想的状态,或者说是针对三相理想电压源而言。

实际的三相发电机产生的三相电源,确切地说应该是不对称的。所以,其代数和不等于零。因此,若三相电源作三角形连接,如图 4-8 所示,其内部(三角形)会有环流存在。这个环流会在发电机内部产生能量损耗,严重时会致使发电机损坏。因此,实际电源应该尽量避免作三角形连接。另外,三相电源作三角形连接时,若有一相电源的首末端接错(反接),电源回路中会形成两倍相电压,则在三角形连接的三相电源中将产生很大的环流,为了避免这种情况发生,采用△接时,需首先接成开口三角,并测量其开口电压,确认连接无误后,方可投入运行。

【例 4-3】 已知对称三相交流电源每相电压 $U_p = 220$ V,试分别求出电源作星形连接和三角形连接时的线电压 U_l、相电压 U_p。

解:1. 当对称三相电源作星形连接时,线电压的有效值是相电压有效值的$\sqrt{3}$倍,即 $U_l = \sqrt{3}U_p$,所以:相电压 $U_p = 220$ V,线电压 $U_l = \sqrt{3} \times 220 = 380$(V)。

2. 当对称三相电源作三角形连接时,线电压等于相电压,所以:$U_l = U_p = 220$ V。

从例 4-3 可以看出:同一个电源作不同的连接时,会形成不同的供电制,线电压也会不同。即作 Y 接时,$U_l = 380$ V,作△接时,$U_l = 220$ V。

另外,若负载需要 380 V 线电压时,该电源应作 Y 接,若负载需要 220 V 线电压时,该电源应作△接。

4.2 三相负载及其连接

4.2.1 三相负载及对称、不对称的概念

电力系统中实际应用的负载,虽然种类繁多,但大致可分为两大类:一类称为单相负载,一类称为三相负载。

日常生活中常用的像日光灯、电风扇、电冰箱、洗衣机、电视机等都是单相负载。这些负载取用的是单相电源,而单相电源可以看作三相电源中的一相,所以这些所谓的单相负载同样可以认为是三相负载中的一相。

实际应用中的三相电动机通常称为三相负载。而三相电动机其实就是三个单相绕组(可以看作单相负载)通过一定的方式连接后构成的负载组合。

综上所述,所谓三相负载,其实就是三个(或三组)单相负载通过一定的方式连接后构成的负载组合。图 4-10 为三相负载示意图。图中虚框示意的是三组单相负载连接形成的三相负载。另一组示意的为三相电动机,可以看作一组独立的三相负载。

在电路分析中,三相负载有对称和不对称之分。所谓对称三相负载,指的是三相负载中每相负载的复阻抗相等,即

$$Z_U = Z_V = Z_W = Z = |Z| \angle\varphi \quad (\Omega) \tag{4-8}$$

或

$$Z_{UV} = Z_{VW} = Z_{WU} = Z = |Z| \angle\varphi \quad (\Omega) \tag{4-9}$$

式(4-8)中 Z_U、Z_V、Z_W 分别称为负载 Y 接时 U 相、V 相和 W 相的复阻抗。式(4-9)中 Z_{UV}、Z_{VW}、Z_{WU} 分别称为负载△接时 UV 相、VW 相和 WU 相的复阻抗。

若三相负载的复阻抗不等,即 $Z_U \neq Z_V \neq Z_W$(或 $Z_{UV} \neq Z_{VW} \neq Z_{WU}$),则称三相负载不对称。

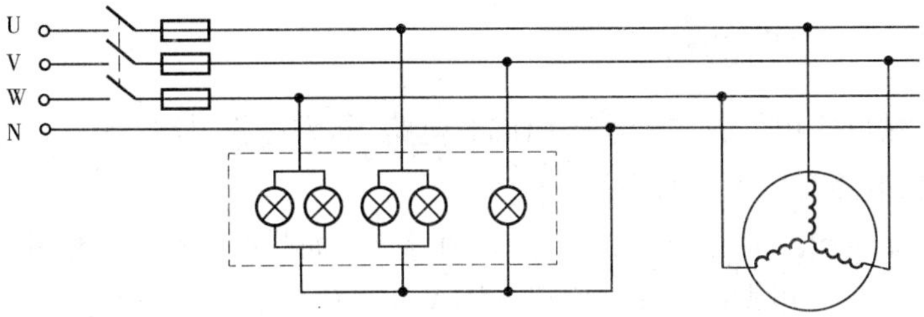

图 4-10　三相负载示意图

三相负载的连接方式与三相电源一样,也有星形连接和三角形连接两种。下面逐一介绍。

4.2.2　三相负载的星形连接

与三相电源的星形连接方式类似,将三相负载连接成星形的接法即称星形连接,如图 4-11所示。图中的 N′点,称为负载中性点。

根据三相负载是否对称的情况不同,与电源的连接方式会不同。若负载对称,中性线可有可无,一般系统为三相三线制,如图 4-11(a)所示。若负载不对称,则必须有中性线,系统为三相四线制,如图 4-11(b)所示。具体原因将在对称、不对称星形连接的电路中分析。

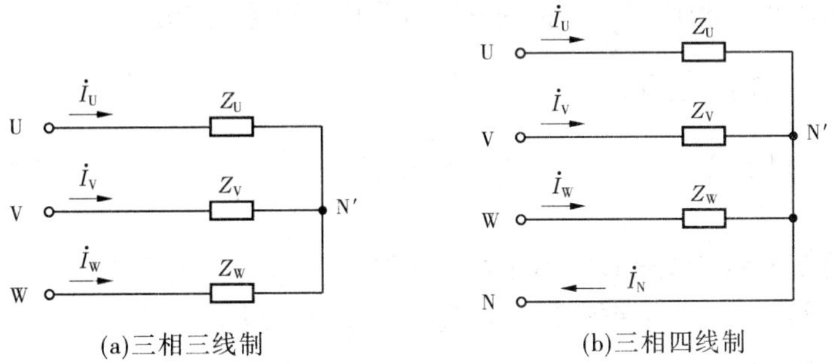

图 4-11　三相负载的星形连接

4.2.3　三相负载的三角形连接

与三相电源的三角形连接类似,将三相负载连接成三角形,并将三角形的三个连接点分别引出一根线与电源进行连接的接法,称为三相负载的三角形连接,如图 4-12所示。

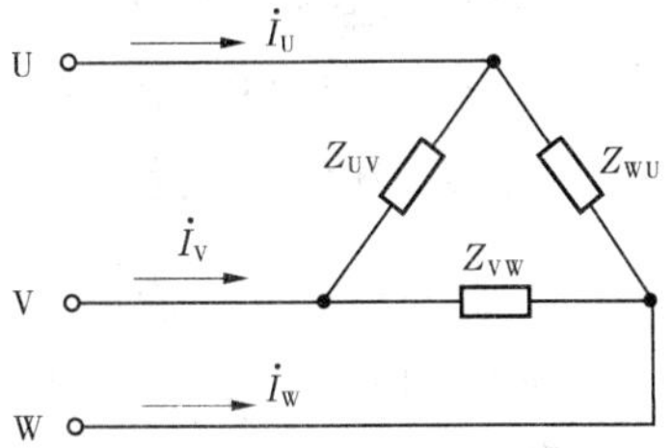

图 4-12　三相负载的三角形连接

4.3 对称三相电路的分析计算

4.3.1 对称三相电路的概念

将三相电源与三相负载进行连接而成的电路,称为三相电路。由于电源、负载连接方式的不同,三相电路有以下五种情况:

(1) Y_0—Y_0 连接。电源作 Y 接、负载也作 Y 接,而且有中线(三相四线制)。

(2) Y—Y 连接。电源作 Y 接、负载也作 Y 接,无中线(三相三线制)。

(3) Y—△连接。电源作 Y 接、负载作△接(三相三线制)。

(4) △—Y 连接。电源作△接、负载作 Y 接(三相三线制)。

(5) △—△连接。电源作△接、负载也作△接(三相三线制)。

需要指出的是,对于实际的三相电路而言,三相电源与三相负载是否可以连接,与它们的连接方式无关,而与电源、负载是否能安全工作有关。

负载能否正常工作,取决于电源提供的电压是否满足负载的需要。也就是说,若负载需要的电压与电源提供的电压相符,则负载便可以正常工作。若电源电压高于负载所需电压,则负载不能正常工作,甚至损坏;若电源电压低于负载所需电压,则负载不能正常出力,甚至损坏。

电源能否正常工作,取决于负载取用的功率是否大于电源所能提供的功率。若负载取用的功率大于电源所能提供的功率,则电源不能正常工作,甚至损坏。

三相电源对称、三相负载也对称的三相电路称为对称三相电路。

4.3.2 对称三相电路的分析

对于对称三相电路的分析,由于特点明显,分析、计算也很简单,下面通过两个典型电路进行分析。

4.3.2.1 对称三相负载星形连接有中线的电路(Y_0—Y_0 电路)

如图 4-13 为 Y_0—Y_0 连接的理想电路模型。即三相电源对称,三相负载也对称,且不考虑端线阻抗及中性线阻抗。

图中,$\dot{I}_U$、$\dot{I}_V$、$\dot{I}_W$ 为线电流,$\dot{I}_N$ 为中性线电流。$\dot{I}'_U$、$\dot{I}'_V$、$\dot{I}'_W$ 分别为三相负载的相电流,$\dot{U}'_U$、$\dot{U}'_V$、$\dot{U}'_W$ 分别为三相负载上的相电压。

因为端线、中性线均没有阻抗,所以负载相电压等于电源相电压,即

$$\dot{U}'_U = \dot{U}_U \qquad \dot{U}'_V = \dot{U}_V \qquad \dot{U}'_W = \dot{U}_W$$

令对称三相电源 $\dot{U}_U = U\angle 0°$ (V),则 $\dot{U}_V = U\angle -120°$ (V),$\dot{U}_W = U\angle 120°$ (V);令三相负载 $Z_U = Z_V = Z_W = Z = |Z|\angle\varphi$ (Ω)。则由图 4-13 可得:

$$\dot{I}_U = \dot{I}'_U = \frac{\dot{U}'_U}{Z_U} = \frac{\dot{U}_U}{Z} = \frac{U\angle 0°}{|Z|\angle\varphi} = \frac{U}{|Z|}\angle -\varphi \quad (A)$$

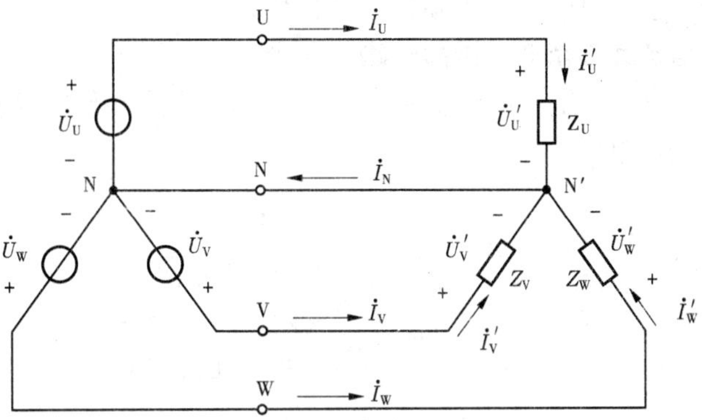

图 4-13 Y_0—Y_0 电路

$$\dot{I}_V = \dot{I}'_V = \frac{\dot{U}'_V}{Z_V} = \frac{\dot{U}_V}{Z} = \frac{U\angle -120^\circ}{|Z|\angle\varphi} = \frac{U}{|Z|}\angle -\varphi\angle -120^\circ \quad (A)$$

$$\dot{I}_W = \dot{I}'_W = \frac{\dot{U}'_W}{Z_W} = \frac{\dot{U}_W}{Z} = \frac{U\angle 120^\circ}{|Z|\angle\varphi} = \frac{U}{|Z|}\angle -\varphi\angle 120^\circ \quad (A)$$

由以上分析可知，线电流 $\dot{I}_U$、$\dot{I}_V$、$\dot{I}_W$ 也是一组对称量，而且与电源电压同频率、同相序。同时，线电流 $I_U = I_V = I_W = I_l$ 与相电流 $I'_U = I'_V = I'_W = I_p$ 相等，即

$$I_l = I_p$$

因为对称，则中性线电流：

$$\dot{I}_N = \dot{I}_U + \dot{I}_V + \dot{I}_W = 0 \tag{4-10}$$

式(4-10)说明，中性线上没有电流流过。也就是说，对称 Y 接三相电路的中性线可有可无。所以，实际的对称 Y 接三相电路中便没有中性线。但是，在对称电路模型进行分析计算时，则根据需要而定。也就是说，现在对称三相 Y 接负载无中性线，如果分析需要，可以将中性线加上。

【例 4-4】 在图 4-13 所示的电路中，已知电源的线电压 $\dot{U}_{UV} = 380\angle 30^\circ$ V，每相负载复阻抗相等，即 $Z_U = Z_V = Z_W = 20\angle 45^\circ\ \Omega$。试求出各相负载电流的相量表达式。

解：因为电源线电压 $\dot{U}_{UV} = 380\angle 30^\circ$ V，则 U 相电源相电压的相量为

$$\dot{U}_U = \frac{\dot{U}_{UV}}{\sqrt{3}}\angle -30^\circ = \frac{380\angle 30^\circ}{\sqrt{3}}\angle -30^\circ = 220\angle 0^\circ (V)$$

因为不考虑端线及中性线的阻抗，那么 U 相负载上的相电压即为 U 相电源相电压，所以 U 相负载电流的相量为

$$\dot{I}_U = \frac{\dot{U}_U}{Z_U} = \frac{220\angle 0^\circ}{20\angle 45^\circ} = 11\angle -45^\circ (A)$$

因为对称，所以有：

$$\dot{I}_V = 11\angle -165^\circ \text{ A}$$

$$\dot{I}_W = 11\angle 75^\circ \text{ A}$$

以上计算过程告诉我们，因为相电流对称，所以计算时，只需计算出其中一相，其余两

相便可以根据对称关系直接写出，无须逐一进行计算。

4.3.2.2 对称三相负载三角形连接的电路

如图 4-14 所示为负载作三角形连接的对称三相电路的理想电路模型，即电源、负载都对称，且不考虑端线阻抗。

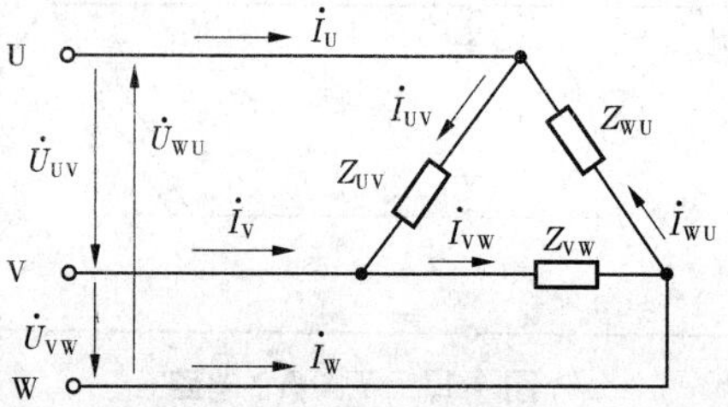

图 4-14 负载作三角形连接的对称三相电路

图中，$\dot{I}_U$、$\dot{I}_V$、$\dot{I}_W$ 为线电流，$\dot{I}_{UV}$、$\dot{I}_{VW}$、$\dot{I}_{WU}$ 为相电流。因为不考虑端线阻抗，所以三相负载的相电压即为三相电源的线电压。

令电源线电压 $\dot{U}_{UV}=U_1\angle 0°$（V），则 $\dot{U}_{VW}=U_1\angle -120°$（V），$\dot{U}_{WU}=U_1\angle 120°$（V）；每相负载复阻抗 $Z_{UV}=Z_{VW}=Z_{WU}=Z=|Z|\angle\varphi$（Ω）。

在图 4-14 所示正方向下，由欧姆定律可得，每相相电流为

$$\dot{I}_{UV}=\frac{\dot{U}_{UV}}{Z_{UV}}=\frac{U_1\angle 0°}{Z}=\frac{U_1\angle 0°}{|Z|\angle\varphi}=\frac{U_1}{|Z|}\angle(-\varphi)\quad(\text{A})$$

$$\dot{I}_{VW}=\frac{\dot{U}_{VW}}{Z_{VW}}=\frac{U_1\angle -120°}{Z}=\frac{U_1\angle -120°}{|Z|\angle\varphi}=\frac{U_1}{|Z|}\angle(-\varphi)\angle -120°\quad(\text{A})$$

$$\dot{I}_{WU}=\frac{\dot{U}_{WU}}{Z_{WU}}=\frac{U_1\angle 120°}{Z}=\frac{U_1\angle 120°}{|Z|\angle\varphi}=\frac{U_1}{|Z|}\angle(-\varphi)\angle 120°\quad(\text{A})$$

由以上式子分析可知，相电流 $\dot{I}_{UV}$、$\dot{I}_{VW}$、$\dot{I}_{WU}$ 为一组对称量。

由 KCL 可得线电流为

$$\dot{I}_U=\dot{I}_{UV}-\dot{I}_{WU}=\frac{U_1}{|Z|}\angle(-\varphi)-\frac{U_1}{|Z|}\angle(-\varphi)\angle 120°=\frac{U_1}{|Z|}\angle(-\varphi)(1-\angle 120°)$$

$$=\frac{U_1}{|Z|}\angle(-\varphi)\left[1-\left(-\frac{1}{2}+\mathrm{j}\frac{\sqrt{3}}{2}\right)\right]=\frac{U_1}{|Z|}\angle(-\varphi)\sqrt{3}\left(\frac{\sqrt{3}}{2}-\mathrm{j}\frac{1}{2}\right)$$

$$=\sqrt{3}\,\dot{I}_{UV}\angle -30°\quad(\text{A})$$

同理可得：

$$\dot{I}_V=\dot{I}_{VW}-\dot{I}_{UV}=\sqrt{3}\dot{I}_{VW}\angle -30°\quad(\text{A})$$

$$\dot{I}_W=\dot{I}_{WU}-\dot{I}_{VW}=\sqrt{3}\dot{I}_{WU}\angle -30°\quad(\text{A})$$

由以上式子分析可知，负载作三角形连接的对称三相电路中，端线电流等于负载相电流的 $\sqrt{3}$ 倍，端线电流滞后对应的负载相电流 30°。线电流、相电流都是与电源同频率、同相序的对称正弦量。

用相量图分析结果同上，如图 4-15 所示。

因为线电流 $I_U = I_V = I_W = I_l$，相电流 $I_{UV} = I_{VW} = I_{WU} = I_p$，所以有：

$$I_l = \sqrt{3} I_p$$

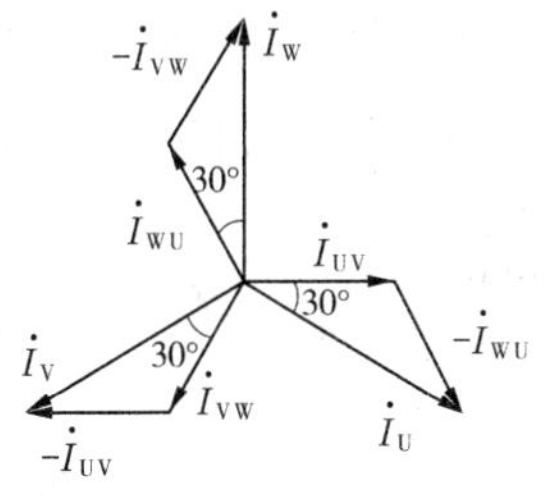

图 4-15　负载作三角形连接时线电流与相电流的相量图

【例 4-5】　在图 4-14 所示电路中，已知电源的线电压 $\dot{U}_{UV} = 380\angle 30°$ V，每相负载复阻抗相等，即 $Z_{UV} = Z_{VW} = Z_{WU} = 20\angle 45°\Omega$，试求图示电路中的相电流及线电流。

解：因为负载为三角形连接，且线电压 $\dot{U}_{UV} = 380\angle 30°$ V，所以相电流为

$$\dot{I}_{UV} = \frac{\dot{U}_{UV}}{Z_{UV}} = \frac{380\angle 30°}{20\angle 45°} = 19\angle -15°(\mathrm{A})$$

根据对称关系，于是有：

$$\dot{I}_{VW} = 19\angle -135° \ \mathrm{A}$$

$$\dot{I}_{WU} = 19\angle 105° \ \mathrm{A}$$

因为线电流为相电流的$\sqrt{3}$倍，且滞后对应相电流 30°，所以：

$$\dot{I}_U = \sqrt{3}\dot{I}_{UV}\angle -30° = \sqrt{3} \times 19\angle -15°\angle -30° = 19\sqrt{3}\angle -45°(\mathrm{A})$$

同样由对称关系可得：

$$\dot{I}_V = 19\sqrt{3}\angle -165° \ \mathrm{A}$$

$$\dot{I}_W = 19\sqrt{3}\angle 75° \ \mathrm{A}$$

以上计算说明，负载作三角形连接的对称三相电路中，线电流、相电流为同频率、同相序对称量，且 $I_l = \sqrt{3} I_p$，所以两组（六个）量中只需计算其中一个，其余便可以根据对称及$\sqrt{3}$的关系直接写出，无须逐一计算。

4.3.3　对称三相电路的特点及单相图

4.3.3.1　对称三相电路的特点

根据上一节对称三相电路的分析计算，对称三相电路的特点大致可归纳为如下两条：

（1）对称三相电路中，负载上作星形连接时，线电压是相电压的$\sqrt{3}$倍，线电压超前对应相电压 30°，线电流等于相电流。负载作三角形连接时，线电压等于相电压，线电流是相电流的$\sqrt{3}$倍，线电流滞后对应相电流 30°。各线电压、相电压、线电流、相电流均与电源电压为同频率、同相序、对称正弦量。因此，计算时只需计算出其中的一个，其余的量均可以根据对称关系或者$\sqrt{3}$倍的关系直接写出，无须逐一进行计算。

（2）每相计算彼此独立，与其他两相无关。因此，三相电路的分析、计算可借助于单相图来进行。

4.3.3.2 *　单相图及其应用

所谓单相图，就是根据对称三相电路的特点，在原电路图的基础上，画出的其中一相（比如 U 相）电路的等效电路图。

例如图 4-13 所示电路,其对应的单相图如图 4-16(a)所示。利用图 4-16(a)便可计算出线电流 $\dot{I}_{\mathrm{U}}$,再根据对称关系,直接写出其他两个线电流即可。

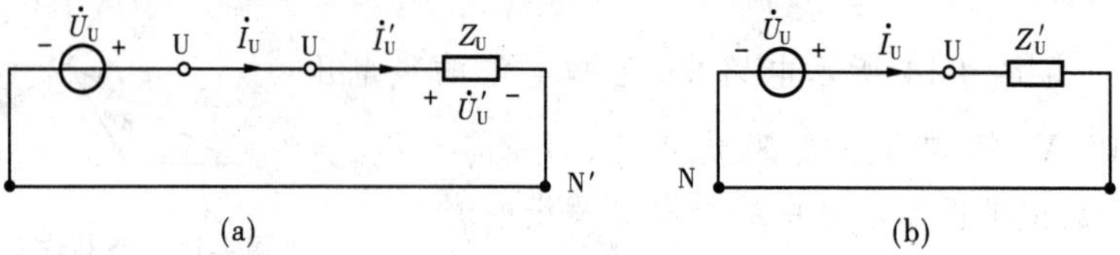

图 4-16　单相图

图 4-16(b)为图 4-14 所示电路对应的单相图。因为原电路为三角形连接的负载,所以首先要将其等效成星形连接的负载。因为对称,图 4-16(b)中 $Z'_{\mathrm{U}}=\frac{1}{3}Z_{\mathrm{U}}$。其次电源也要用等效星形连接的电源相电压表示,图 4-16(b)中,$\dot{U}_{U}=\frac{1}{\sqrt{3}}\dot{U}_{\mathrm{UV}}\angle-30°$ (V)。该单相图计算所得的电流为原电路中的线电流。下面,用图 4-16(b)重新计算例 4-5。

由已知可得:

$$\dot{U}_{\mathrm{U}}=\frac{1}{\sqrt{3}}\dot{U}_{\mathrm{UV}}\angle-30°=\frac{1}{\sqrt{3}}\times380\angle30°\angle-30°=\frac{380}{\sqrt{3}}\angle0°=220\angle0°(\mathrm{V})$$

$$Z'_{\mathrm{U}}=\frac{1}{3}Z=\frac{1}{3}\times20\angle45°=\frac{20}{3}\angle45°(\Omega)$$

所以线电流:$\dot{I}_{\mathrm{U}}=\frac{\dot{U}_{\mathrm{U}}}{Z'_{\mathrm{U}}}=\frac{\frac{380}{\sqrt{3}}\angle0°}{\frac{20}{3}\angle45°}=19\sqrt{3}\angle-45°(\mathrm{A})$

由对称关系可得:$\dot{I}_{\mathrm{V}}=19\sqrt{3}\angle-165°$ A,$\dot{I}_{\mathrm{W}}=19\sqrt{3}\angle75°$ A

然后在原电路中计算相电流。因为:

$$\dot{I}_{\mathrm{UV}}=\frac{1}{\sqrt{3}}\dot{I}_{\mathrm{U}}\angle30°=\frac{19\sqrt{3}\angle-45°}{\sqrt{3}}\angle30°=19\angle-15°(\mathrm{A})$$

由对称关系可得:$\dot{I}_{\mathrm{VW}}=19\angle-135°$ A,$\dot{I}_{\mathrm{WU}}=19\angle105°$ A。

由此可见,利用单相图计算对称三相电路是可行的,尤其是一组电源、多组负载,且考虑端线阻抗的时候更显优势。这里不再赘述。

4.4　不对称三相电路的分析计算

4.4.1　不对称三相电路的概念

所谓不对称三相电路,一般来说,应该包含如下三种情况:第一种情况是电源对称、负载不对称的三相电路;第二种情况是电源不对称、负载对称的三相电路;第三种情况是电源、负载都不对称的三相电路。因为,实际应用中的三相电源虽然并非完全对称,但是通常我们都认为它是对称的,并用理想电压源模型来模拟。所以,这里所谓的不对称三相电路指的是电源对称而负载不对称的情况。

4.4.2 不对称三相电路的分析计算

关于不对称三相电路的分析计算，将通过如下三个典型电路进行介绍。

4.4.2.1 电源对称，负载不对称，星形连接有中性线

(1)图4-17所示电路中，三相电源对称，三相负载不对称，不考虑端线及中性线阻抗。

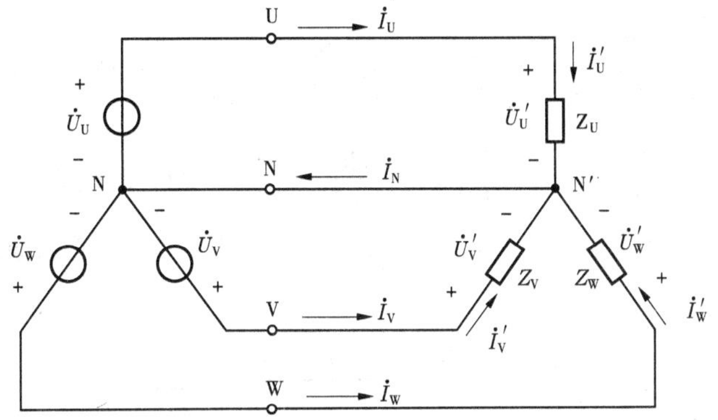

图4-17 负载不对称的三相四线制电路

因为三相电源对称，所以令 $\dot{U}_U = U_p\angle 0°$ (V)，则：

$$\dot{U}_V = U_p\angle -120° \text{ (V)}, \dot{U}_W = U_p\angle 120° \text{ (V)}$$

令 $Z_U = |Z_U|\angle\varphi_U(\Omega)$，$Z_V = |Z_V|\angle\varphi_V(\Omega)$，$Z_W = |Z_W|\angle\varphi_W(\Omega)$，这里：

$$|Z_U| \neq |Z_V| \neq |Z_W|, \quad \varphi_U \neq \varphi_V \neq \varphi_W$$

因为不考虑端线及中性线阻抗，所以相电压等于电源相电压，即

$$\dot{U}'_U = \dot{U}_U = U_p\angle 0° \quad \text{(V)}$$

$$\dot{U}'_V = \dot{U}_V = U_p\angle -120° \quad \text{(V)}$$

$$\dot{U}'_W = \dot{U}_W = U_p\angle 120° \quad \text{(V)}$$

由此可见，负载相电压对称。

由欧姆定律可得，线电流分别为

$$\dot{I}_U = \dot{I}'_U = \frac{\dot{U}'_U}{Z_U} = \frac{\dot{U}_U}{Z_U} = \frac{U_p\angle 0°}{|Z_U|\ \angle\varphi_U} = \frac{U_p}{|Z_U|}\angle -\varphi_U \quad \text{(A)}$$

$$\dot{I}_V = \dot{I}'_V = \frac{\dot{U}'_V}{Z_V} = \frac{\dot{U}_V}{Z_V} = \frac{U_p\angle -120°}{|Z_V|\ \angle\varphi_V} = \frac{U_p}{|Z_V|}\angle -\varphi_V\angle -120° \quad \text{(A)}$$

$$\dot{I}_W = \dot{I}'_W = \frac{\dot{U}'_W}{Z_W} = \frac{\dot{U}_W}{Z_W} = \frac{U_p\angle 120°}{|Z_W|\ \angle\varphi_W} = \frac{U_p}{|Z_W|}\angle -\varphi_W\angle 120° \quad \text{(A)}$$

显然，线电流不再对称，不能用对称关系直接写出，所以计算时必须逐一计算。

因为线电流不对称，所以中性线电流 $\dot{I}_N = \dot{I}_U + \dot{I}_V + \dot{I}_W \neq 0$，即中性线上有电流流过，此时，中性线不再可有可无，而是必须有。

【例4-6】 在图4-17中，已知电源的电压 $U_l = 380$ V，电路中每相负载的阻抗分别为

$Z_U=10\ \Omega, Z_V=-j10\ \Omega, Z_W=j10\ \Omega$,计算各相电流。

解:已知 $U_l=380$ V,所以 $U_p=220$ V,设:$\dot{U}'_U=\dot{U}_U=U_p\angle 0°=220\angle 0°$ V,则:$\dot{U}'_V=220\angle -120°$ V,$\dot{U}'_W=220\angle 120°$ V

所以:

$$\dot{I}_U=\dot{I}'_U=\frac{\dot{U}'_U}{Z_U}=\frac{220\angle 0°}{10}=22\angle 0°(A)$$

$$\dot{I}_V=\dot{I}'_V=\frac{\dot{U}'_V}{Z_V}=\frac{220\angle -120°}{-j10}=\frac{220\angle -120°}{10\angle -90°}=22\angle -30°(A)$$

$$\dot{I}_W=\dot{I}'_W=\frac{\dot{U}'_W}{Z_W}=\frac{220\angle 120°}{j10}=\frac{220\angle 120°}{10\angle 90°}=22\angle 30°(A)$$

(2)图 4-18 所示电路中,三相电源对称,三相负载不对称,不考虑端线阻抗,中性线上有阻抗。

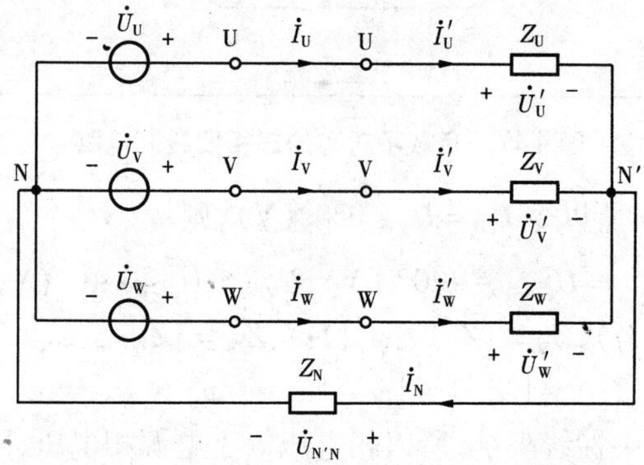

图 4-18　不对称 Y 接电路,中性线有阻抗

图 4-18 所示电路中,$\dot{U}_U$、$\dot{U}_V$、$\dot{U}_W$ 为对称三相电源的相电压,Z_U、Z_V、Z_W 为不对称三相负载,$\dot{I}_U$、$\dot{I}_V$、$\dot{I}_W$ 为线电流,$\dot{I}_N$ 为中性线电流。$\dot{I}'_U$、$\dot{I}'_V$、$\dot{I}'_W$ 分别为三相负载的相电流,$\dot{U}'_U$、$\dot{U}'_V$、$\dot{U}'_W$ 分别为三相负载上的相电压。$\dot{U}_{N'N}$ 为中性线复阻抗 Z_N 上的电压,也就是负载中性点 N′与电源中性点 N 之间的电压,所以称为中点电压。正方向如图所示。

由 KVL 可得:

$$\left.\begin{aligned}-\dot{U}_U+\dot{U}'_U+\dot{U}_{N'N}=0\\-\dot{U}_V+\dot{U}'_V+\dot{U}_{N'N}=0\\-\dot{U}_W+\dot{U}'_W+\dot{U}_{N'N}=0\end{aligned}\right\}$$

即

$$\left.\begin{aligned}\dot{U}'_U=\dot{U}_U-\dot{U}_{N'N}\\\dot{U}'_V=\dot{U}_V-\dot{U}_{N'N}\\\dot{U}'_W=\dot{U}_W-\dot{U}_{N'N}\end{aligned}\right\}\qquad(4\text{-}11)$$

由式(4-11)可知,只需求得中点电压 $\dot{U}_{N'N}$,便可以求得每相负载相电压、相电流、线电流。这种通过求解中点电压而求解电路的方法,称为中点电压法。

对于图 4-18 所示电路来说,中点电压可以通过弥尔曼定律求解,即

$$\dot{U}_{N'N}\left(\frac{1}{Z_U}+\frac{1}{Z_V}+\frac{1}{Z_W}+\frac{1}{Z_N}\right)=\frac{\dot{U}_U}{Z_U}+\frac{\dot{U}_V}{Z_V}+\frac{\dot{U}_W}{Z_W}$$

则

$$\dot{U}_{N'N}=\frac{\dfrac{\dot{U}_U}{Z_U}+\dfrac{\dot{U}_V}{Z_V}+\dfrac{\dot{U}_W}{Z_W}}{\dfrac{1}{Z_U}+\dfrac{1}{Z_V}+\dfrac{1}{Z_W}+\dfrac{1}{Z_N}} \tag{4-12}$$

由式(4-12)可知,$\dot{U}_{N'N}\neq 0$,代入式(4-11)可得每相负载相电压。此时的负载相电压不对称。相量图如图 4-19 所示。

由图 4-19 可知,由于 $\dot{U}_{N'N}\neq 0$,负载中性点与电源中性点不重合。这种现象称为中性点位移现象,或称为中性点漂移现象。而中性点漂移引起的后果,就是负载相电压不对称。

在实际应用中,如果负载相电压不对称,则三相负载不能正常工作。这种不对称情况越轻,对负载正常工作的影响就越小。反之,不对称情况越严重,对负载正常工作的影响就越大,甚至会导致负载损坏。

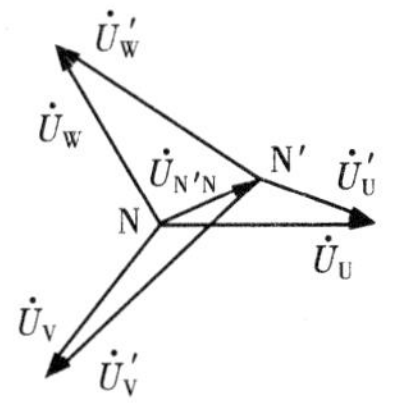

图 4-19 中性点位移

4.4.2.2 电源对称,负载不对称,负载作三角形连接

如图 4-20 所示电路中,三相电源对称,三相负载不对称,不考虑端线阻抗。

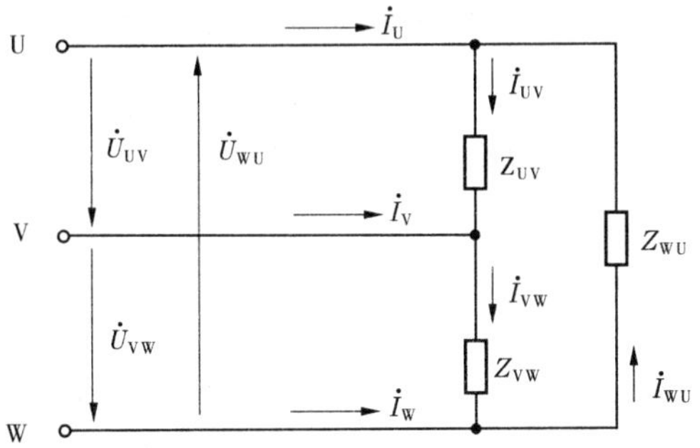

图 4-20 不对称三相负载作三角形连接

图 4-20 中,$\dot{U}_{UV}$、$\dot{U}_{VW}$、$\dot{U}_{WU}$ 为一组对称线电压(无须考虑电源作何连接),$\dot{I}_U$、$\dot{I}_V$、$\dot{I}_W$ 为线电流,$\dot{I}_{UV}$、$\dot{I}_{VW}$、$\dot{I}_{WU}$ 为负载相电流,Z_{UV}、Z_{VW}、Z_{WU} 为不对称三相负载。

令 $\dot{U}_{UV}=U_l\angle 0°$ (V),则:$\dot{U}_{VW}=U_l\angle -120°$ (V),$\dot{U}_{WU}=U_l\angle 120°$ (V),不对称三相负载 $Z_{UV}=|Z_{UV}|\angle\varphi_{UV}$ (Ω),$Z_{VW}=|Z_{VW}|\angle\varphi_{VW}$ (Ω),$Z_{WU}=|Z_{WU}|\angle\varphi_{WU}$ (Ω)。

由于不考虑端线阻抗,则负载相电压等于电源线电压,所以由欧姆定律可得:

$$\left.\begin{aligned}\dot{I}_{UV}&=\frac{\dot{U}_{UV}}{Z_{UV}}=\frac{U_1\angle 0^\circ}{|Z_{UV}|\angle\varphi_{UV}}=\frac{U_1}{|Z_{UV}|}\angle-\varphi_{UV}\quad(A)\\ \dot{I}_{VW}&=\frac{\dot{U}_{VW}}{Z_{VW}}=\frac{U_1\angle-120^\circ}{|Z_{VW}|\angle\varphi_{VW}}=\frac{U_1}{|Z_{VW}|}\angle(-120^\circ-\varphi_{UV})\quad(A)\\ \dot{I}_{WU}&=\frac{\dot{U}_{WU}}{Z_{WU}}=\frac{U_1\angle 120^\circ}{|Z_{WU}|\angle\varphi_{WU}}=\frac{U_1}{|Z_{WU}|}\angle(120^\circ-\varphi_{UV})\quad(A)\end{aligned}\right\}\tag{4-13}$$

由此可见,负载相电流不对称,所以进行相电流计算时需利用式(4-13)逐一求解。

在图4-20中,利用KCL可得:

$$\left.\begin{aligned}\dot{I}_U&=\dot{I}_{UV}-\dot{I}_{WU}\\ \dot{I}_V&=\dot{I}_{VW}-\dot{I}_{UV}\\ \dot{I}_W&=\dot{I}_{WU}-\dot{I}_{VW}\end{aligned}\right\}\tag{4-14}$$

由于相电流不对称,则线电流也不对称。线电流与相电流之间不存在$\sqrt{3}$倍和30°的关系。那么,利用相电流计算线电流时,需利用式(4-14)逐一计算。

下面,通过例题介绍。

【例4-7】 在图4-20中,已知电源的电压$U_1=380$ V,电路中每相负载的阻抗分别为$Z_{UV}=10\ \Omega$,$Z_{VW}=-j10\ \Omega$,$Z_{WU}=j10\ \Omega$,计算各相电流。

解: 负载相电压等于电源线电压,设$\dot{U}_{UV}=380\angle 0^\circ$ V,所以:$\dot{U}_{VW}=380\angle-120^\circ$ V;$\dot{U}_{WU}=380\angle 120^\circ$ V。

根据式(4-13),可得:

$$\dot{I}_{UV}=\frac{\dot{U}_{UV}}{Z_{UV}}=\frac{U_1\angle 0^\circ}{Z_{UV}}=\frac{380\angle 0^\circ}{10}=38\angle 0^\circ(A)$$

$$\dot{I}_{VW}=\frac{\dot{U}_{VW}}{Z_{VW}}=\frac{380\angle-120^\circ}{-j10}=\frac{380\angle-120^\circ}{10\angle-90^\circ}=38\angle-30^\circ(A)$$

$$\dot{I}_{WU}=\frac{\dot{U}_{WU}}{Z_{WU}}=\frac{380\angle 120^\circ}{j10}=\frac{380\angle 120^\circ}{10\angle 90^\circ}=38\angle 30^\circ(A)$$

总之,不对称三相电路的分析计算时,由于不考虑端线阻抗,所以负载相电压是对称的。但是,由于每相负载不对称,所以相电流便不对称,线电流也不对称。计算时需逐相进行计算。

4.4.3 不对称星接负载中性线的作用

对于实际的三相电路来说,无论端线还是中性线都是有阻抗的,因此端线和中性线上都会有压降。所以,当负载不对称而且采用星形连接时,负载相电压就不对称(如前所述中性点位移)。而相电压不对称会影响实际负载的正常工作,甚至会损坏负载。所以,对于实际运行的不对称Y接负载来说,中性点位移现象是必须解决的一个问题。下面通过例题分析,寻找解决途径。

【例4-8】 在图4-18中，对称三相电源星形连接，不考虑端线阻抗。已知，$\dot{U}_U = 220\angle 0°$ V，$Z_U = 3 + j2\ \Omega$，$Z_V = 4 + j4\ \Omega$，$Z_W = 2 + j\ \Omega$。试分析①$Z_N = 0$；②$Z_N = 3 + j4$；③$Z_N = \infty$（无中性线）三种情况下负载相电压的情况。

解：(1) 当 $Z_N = 0$，即中性线没有阻抗时，负载相电压等于电源相电压，即

$$\dot{U}'_U = \dot{U}_U = 220\angle 0°\ \text{V}$$

$$\dot{U}'_V = \dot{U}_V = 220\angle -120°\ \text{V}$$

$$\dot{U}'_W = \dot{U}_W = 220\angle 120°\ \text{V}$$

结论：负载相电压对称。

(2) 当 $Z_N = 3 + j4\ \Omega$ 时，中性点位移电压：

$$\dot{U}_{N'N} = \frac{\dfrac{\dot{U}_U}{Z_U} + \dfrac{\dot{U}_V}{Z_V} + \dfrac{\dot{U}_W}{Z_W}}{\dfrac{1}{Z_U} + \dfrac{1}{Z_V} + \dfrac{1}{Z_W} + \dfrac{1}{Z_N}} = 50.6\angle 119°\ \text{V}$$

此时负载相电压：

$$\dot{U}'_U = \dot{U}_U - \dot{U}_{N'N} = 220\angle 0° - 50.6\angle 119° = 248\angle -10.3°(\text{V})$$

$$\dot{U}'_V = \dot{U}_V - \dot{U}_{N'N} = 220\angle -120° - 50.6\angle 119° = 250\angle -70°(\text{V})$$

$$\dot{U}'_W = \dot{U}_W - \dot{U}_{N'N} = 220\angle 120° - 50.6\angle 119° = 198\angle 133°(\text{V})$$

结论：负载相电压不对称。

(3) 当 $Z_N = \infty$ 时，即中性线开路，此时中性点位移电压：

$$\dot{U}_{N'N} = \frac{\dfrac{\dot{U}_U}{Z_U} + \dfrac{\dot{U}_V}{Z_V} + \dfrac{\dot{U}_W}{Z_W}}{\dfrac{1}{Z_U} + \dfrac{1}{Z_V} + \dfrac{1}{Z_W}} = 61.3\angle 115°\ \text{V}$$

此时负载相电压为

$$\dot{U}'_U = \dot{U}_U - \dot{U}_{N'N} = 220\angle 0° - 61.3\angle 115° = 253\angle -13°(\text{V})$$

$$\dot{U}'_V = \dot{U}_V - \dot{U}_{N'N} = 220\angle -120° - 61.3\angle 115° = 260\angle -109°(\text{V})$$

$$\dot{U}'_W = \dot{U}_W - \dot{U}_{N'N} = 220\angle 120° - 61.3\angle 115° = 159\angle 122°(\text{V})$$

结论：负载相电压不对称情况更严重。

以上分析了相同的不对称Y接负载在不同情况下负载相电压的情况。比较(1)、(2)、(3)三种情况下的负载相电压可知，中性线阻抗越小，负载相电压不对称情况越轻；中性线阻抗越大，负载相电压不对称情况越严重；比较(1)、(3)两种情况下的负载相电压可知，有中性线（且 $Z_N = 0$）时，负载相电压对称，无中性线（$Z_N = \infty$）时，负载相电压严重不对称。

由此可见，中性线的作用就是约束不对称Y接负载的相电压对称（或接近对称）。而对中性线的技术要求是：中性线上不能安装熔断器和开关，而且中性线还必须具备足够的机械强度。

此外，三相负载的不对称情况越轻，负载相电压的不对称情况也越轻；三相负载的不对称情况越严重，负载相电压的不对称情况也越严重。这里不再举例说明。

综上所述，为了确保实际运行的不对称 Y 接负载的正常工作，中性线是必不可少的。而且，中性线的阻抗越小越好。同时，实际运行的三相 Y 接负载应设法使之对称，或者尽量接近对称，如图 4-21 所示。

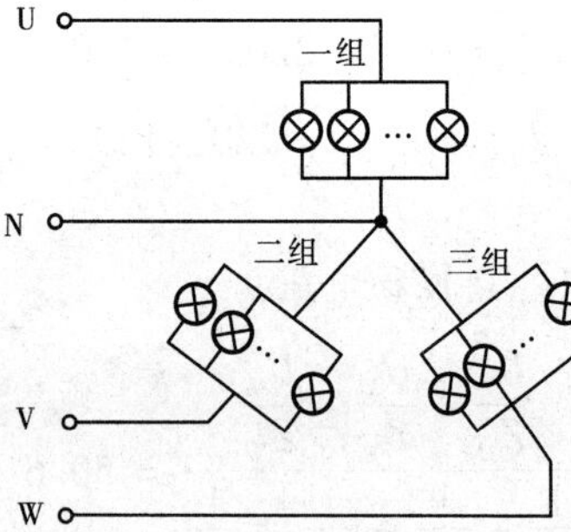

图 4-21　实际三相 Y 接负载示意

以上所述的是中性点位移给负载正常工作造成的危害。下面将要介绍的是中性点位移在工程实际中的应用。

【例 4-9】 图 4-22(a)所示的电路是用来测定三相电源相序的电路，称为相序指示器。任意指定电源的一相为 U 相，把电容 C 接到 U 相上，两只白炽灯接到另外两相上。设 $R=\dfrac{1}{\omega C}$，试说明如何根据两只灯的亮度来确定 V、W 相。

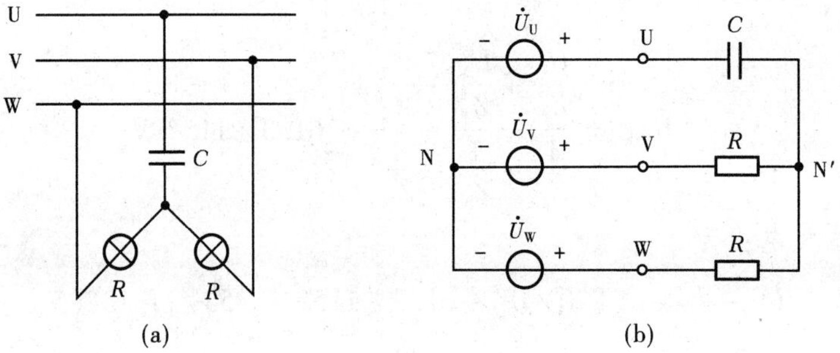

图 4-22　例 4-9 图

解：这是一个不对称的星形连接的三相电路。为了方便分析，将图 4-22(a)所示电路转化为图 4-22(b)所示电路。设 $\dot{U}_U=U\angle 0°$，则中点电压为

$$\dot{U}_{NN'}=\frac{\dot{U}_U j\omega C+\dot{U}_V G+\dot{U}_W G}{j\omega C+2G}$$

式中，$G=\dfrac{1}{R}=\omega C$，代入得：

$$\begin{aligned}\dot{U}_{NN'}&=\frac{j+1\angle-120°+1\angle 120°}{2+j}U\\&=\frac{-1+j}{2+j}U=0.632U\angle 108.4°\quad (V)\end{aligned}$$

V、W 两相负载的相电压分别为

$$\dot{U}_{VN'} = \dot{U}_{VN} - \dot{U}_{NN'} = U\angle -120° - 0.632U\angle 108.4° = 1.49U\angle -101° \quad (V)$$

$$\dot{U}_{WN'} = \dot{U}_{WN} - \dot{U}_{NN'} = U\angle 120° - 0.632U\angle 108.4° = 0.4U\angle 138.4° \quad (V)$$

显然，从上述两个式子可以看出 $\dot{U}_{VN'} > \dot{U}_{WN'}$，从而可以知道，比较亮的灯接在 V 相上，比较暗的灯接在 W 相上。

4.5　三相电路的功率

前面介绍了三相电路中电压、电流的分析计算，下面介绍三相电路中功率的分析计算。

在三相电路中，瞬时功率、有功功率、无功功率都是可以叠加的，但视在功率一般不能叠加。所谓叠加，对瞬时功率而言，指的是三相电路的瞬时功率等于每相瞬时功率之和；对于有功功率而言，指的是三相电路的有功功率等于每相有功功率之和；对于无功功率而言，指的是三相电路的无功功率等于每相无功功率之和。视在功率只有在三相电路对称时才可以叠加。下面分别介绍是以“相”为单位进行的叠加。

4.5.1　瞬时功率

假设三相电路中各相电压、相电流分别为：u_U、i_U，u_V、i_V 及 u_W、i_W。

则三相电路的瞬时功率为

$$p = p_U + p_V + p_W = u_U i_U + u_V i_V + u_W i_W$$

若三相电路对称，则相电压 u_U、u_V、u_W 对称，相电流 i_U、i_V、i_W 也对称。

现以三相电路星形连接，且负载为感性为例，假设：

$$u_U = \sqrt{2}U_p\sin\omega t \quad (V), \qquad i_U = \sqrt{2}I_p\sin(\omega t - \varphi) \quad (A)$$

则有：

$$u_V = \sqrt{2}U_p\sin(\omega t - 120°) \quad (V), \qquad i_V = \sqrt{2}I_p\sin(\omega t - \varphi - 120°) \quad (A)$$

$$u_W = \sqrt{2}U_p\sin(\omega t + 120°) \quad (V), \qquad i_W = \sqrt{2}I_p\sin(\omega t - \varphi + 120°) \quad (A)$$

则三相瞬时功率为

$$p = p_U + p_V + p_W = u_U i_U + u_V i_V + u_W i_W = 3U_p I_p\cos\varphi \tag{4-15}$$

式(4-15)说明，对称三相电路的瞬时功率为一常数。这个结论对三相负载作三角形连接也同样适用。

4.5.2　有功功率

三相电路的有功功率等于各相有功功率之和，即

$$P = P_U + P_V + P_W \tag{4-16}$$

以星形连接的负载为例，根据单相电路有功功率的计算公式，式(4-16)可改写为

$$P = U_U I_U\cos\varphi_U + U_V I_V\cos\varphi_V + U_W I_W\cos\varphi_W \tag{4-17}$$

若三相电路对称，即 $U_U = U_V = U_W = U_p$，$I_U = I_V = I_W = I_p$，$\varphi_U = \varphi_V = \varphi_W = \varphi$，则式(4-17)

即为

$$P = 3U_pI_p\cos\varphi \tag{4-18}$$

因为三相负载星形连接时，$U_l = \sqrt{3}U_p, I_l = I_p$。三相负载三角形连接时，$U_l = U_p, I_l = \sqrt{3}I_p$，所以无论连接方式如何，总有 $3U_pI_p = \sqrt{3}U_lI_l$，故式(4-18)可以改写成：

$$P = \sqrt{3}U_lI_l\cos\varphi \quad (\mathrm{W}) \tag{4-19}$$

式(4-19)中，U_l、I_l 分别为对称三相电路的线电压和线电流，φ 为相电压与相电流的夹角，也就是阻抗角。有功功率的单位是瓦(W)，工程上常用千瓦(kW)。

若三相电路对称，一般用式(4-19)计算有功功率，若三相电路不对称，则必须用式(4-17)逐相计算后叠加。

4.5.3　无功功率

同样，三相电路的无功功率也等于各相无功功率之和，即

$$Q = Q_U + Q_V + Q_W = U_UI_U\sin\varphi_U + U_VI_V\sin\varphi_V + U_WI_W\sin\varphi_W \tag{4-20}$$

若三相电路对称，与有功功率类似，式(4-20)可改写为

$$Q = \sqrt{3}U_lI_l\sin\varphi \quad (\mathrm{var}) \tag{4-21}$$

同样，若三相电路对称，式(4-20)、式(4-21)均可计算，通常用式(4-21)计算无功功率。若不对称，则需用式(4-20)计算无功功率。无功功率的单位是乏(var)，工程上常用千乏(kvar)。

4.5.4　视在功率

视在功率一般不能叠加。与单相电路一样，三相电路的视在功率也可表示为

$$S = \sqrt{P^2 + Q^2} \tag{4-22}$$

若三相电路对称，式(4-22)可改写为

$$S = \sqrt{(\sqrt{3}U_lI_l\cos\varphi)^2 + (\sqrt{3}U_lI_l\sin\varphi)^2} = \sqrt{3}U_lI_l \quad (\mathrm{VA}) \tag{4-23}$$

同样，视在功率的计算也有两条途径。若三相电路对称，式(4-22)、式(4-23)均可计算，一般情况下用式(4-23)计算。若三相电路不对称，则需用式(4-22)来计算。视在功率的单位是伏安(VA)，工程上常用千伏安(kVA)。

【例 4-10】 有一对称三相负载，每相负载阻抗 $Z = 80 + \mathrm{j}60\ \Omega$，电源线电压 $U_l = 380$ V，求当三相负载分别连接成三角形和星形电路时电路的平均功率、无功功率和视在功率。

解：当负载为星形连接时，则有：

$$U_p = \frac{U_l}{\sqrt{3}} = \frac{380}{\sqrt{3}} = 220(\mathrm{V})$$

$$I_p = I_l = \frac{U_p}{|Z|} = \frac{220}{\sqrt{80^2 + 60^2}} = 2.2(\mathrm{A})$$

由阻抗三角形可得：

$$\cos\varphi_Z = \frac{80}{\sqrt{80^2+60^2}} = 0.8,\qquad \sin\varphi_Z = 0.6$$

所以：

$$P = \sqrt{3}U_lI_l\cos\varphi_Z = \sqrt{3}\times380\times2.2\times0.8 = 1.16(\text{kW})$$

$$Q = \sqrt{3}U_lI_l\sin\varphi_Z = \sqrt{3}\times380\times2.2\times0.6 = 0.87(\text{kvar})$$

$$S = \sqrt{P^2+Q^2} = \sqrt{1.16^2+0.87^2} = 1.45(\text{kVA})$$

当负载为三角形连接时：

$$U_p = U_l = 380\text{ V}$$

$$I_l = \sqrt{3}I_p = \sqrt{3}\times\frac{380}{\sqrt{80^2+60^2}} = 6.6(\text{A})$$

$$P = \sqrt{3}U_lI_l\cos\varphi_Z = \sqrt{3}\times380\times6.6\times0.8 = 3.48(\text{kW})$$

$$Q = 3U_lI_l\sin\varphi_Z = \sqrt{3}\times380\times6.6\times0.6 = 2.61(\text{kvar})$$

$$S = \sqrt{P^2+Q^2} = \sqrt{3.48^2+2.61^2} = 4.35(\text{kVA})$$

本章小结

1. 三相电源

振幅相等、频率相同、相位彼此互差 120°的三个正弦电压源构成一组对称三相电源。任意时刻对称三相正弦量的三个瞬时值之和恒为零，它们的相量之和为零。

三相电源有星形(Y)连接和三角形(△)连接。

星形(Y)连接：线电压的有效值为相电压的$\sqrt{3}$倍，相位超前于相应的相电压 30°。四线制可以提供线电压和相电压两组不同的对称三相电压，而三线制只能提供线电压。

三角形(△)连接：线电压就是相应的相电压。

2. 三相负载

有星形(Y)连接和三角形(△)连接。在星形(Y)连接中：

(1)四线制：中性线阻抗一般小于负载阻抗，中性点电压接近于零。不计线路阻抗时，各相负载的电压等于各相电源的电压。

不论负载对称与否，负载端的电压总是对称的。

如果负载对称，则负载相电流(线电流)也对称，中性点电流为零，可以省去中性线而成为三线制电路。负载不对称时，必须保证中性线可靠连接。

(2)三线制：负载对称时，中性点电压为零，与四线制负载对称时的情况相同。

负载不对称时，将导致中性点位移，使负载端电压不对称，有烧毁负载的危险。

在三角形(△)连接中：

负载的相电压等于电源的线电压，总是对称的。

如果负载对称，则各相电流、线电流也分别对称，且线电流有效值为相电流的$\sqrt{3}$倍，相位超前于相应的相电流 30°。

3. 三相电路的计算

对称三相电路采用单相法计算，步骤如下：

(1)用等效星形连接的对称三相电源的线电压代替原电路的线电压，将电路中三角形连接的负载用等效星形连接的负载代替。

(2)假设中性线将电源中性点与负载中性点连接起来，使电路形成等效的三相四线制电路。

(3)取出一相电路，单独求解。

(4)由对称性求出其余两相的电流与电压。

(5)求出原来三角形连接负载的各相电流。

不对称三相电路计算，步骤如下：

(1)利用节点电压法计算负载中性点和电源中性点的电压 $\dot{U}_{N'N}$。

(2)根据相量图计算各负载端的电压 $\dot{U}_{U'}$、$\dot{U}_{V'}$、$\dot{U}_{W'}$。

(3)计算负载端的相电流。

4. 三相电路的功率

无论负载连接成星形还是三角形，若三相电路对称，则有：

有功功率：$$P=\sqrt{3}U_l I_l\cos\varphi \quad (\mathrm{W})$$

无功功率：$$Q=\sqrt{3}U_l I_l\sin\varphi \quad (\mathrm{var})$$

视在功率：$$S=\sqrt{P^2+Q^2} \quad (\mathrm{VA})$$

功率因数：$$\lambda=\cos\varphi=\frac{P}{S}$$

三相电路的瞬时功率为恒定值，且等于三相电路的有功功率。

习题四

4-1 一台三相交流电动机，定子绕组星形连接于 $U_l=380$ V 的对称三相电源上，其线电流 $I_l=2.2$ A，$\cos\varphi=0.8$，试求每相绕组的阻抗 Z。

4-2 已知星形连接的对称三相负载，每相阻抗为 $40\angle 25°$ Ω，对称三相电源的线电压为 380 V。求：负载相电流，并绘出电压、电流的相量图。

4-3 每相的电阻 $R=380$ Ω，连成三角形，接于线电压为 380 V 的电源上，试求其相电流和线电流的大小。

4-4 在三相正序电源中，若 U 相电压 u_U 初相角为 45°，求线电压 u_{UV} 的初相角。

4-5 已知对称三相交流电路，每相负载的电阻 $R=8$ Ω，感抗为 $X_L=6$ Ω。

(1)设电源电压为 $U_L=380$ V，求负载星形连接时的相电流、相电压和线电流，并画相量图；

(2)设电源电压为 $U_L=220$ V，求负载三角形连接时的相电流、相电压和线电流，并画相量图；

(3)设电源电压为 $U_L=380$ V，求负载三角形连接时的相电流、相电压和线电流，并画相量图。

4-6 为什么电灯开关一定要接在相线(火线)上?

4-7 三相不对称负载做三角形连接时,若其一相短路,对其他两相工作情况有影响吗?

4-8 如图4-23所示的三相四线制交流电路中,电源线电压 $U_1=380$ V,接入对称星形连接的白炽灯负载,其电阻值 $R=11\ \Omega$。试求三根相线及中性线上的电流 $\dot{I}_U$、$\dot{I}_V$、$\dot{I}_W$、$\dot{I}_N$。若再将W相的白炽灯用电感 $X_L=22\ \Omega$ 代替,则三根相线及中性线上的电流又为多少?设 $\dot{U}_{UV}=380\angle 0°$ V

4-9 已知三角形负载电路的线电压 $U_1=220$ V,负载阻抗为 $20\angle 36°\ \Omega$,求每相负载的视在功率和平均功率。

4-10 对称三相电路中(见图4-24),已知每相负载的阻抗为 $10\angle 30°\ \Omega$。若电源线电压 $U_1=380$ V,求负载星形连接时的相电压、相电流和线电流,并作出相量图。若电源线电压 $U_1=220$ V,求负载三角形连接时的相电压、相电流和线电流,并作出相量图。

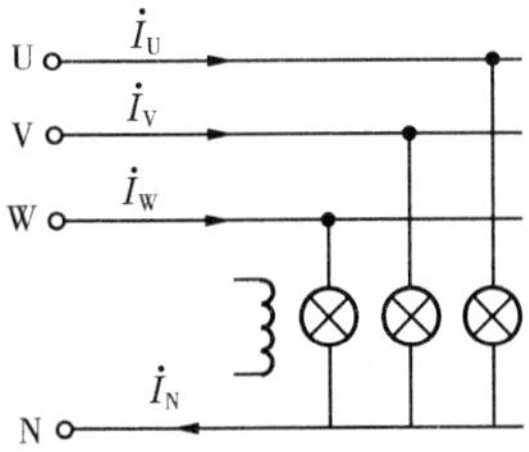

图4-23 习题4-8图

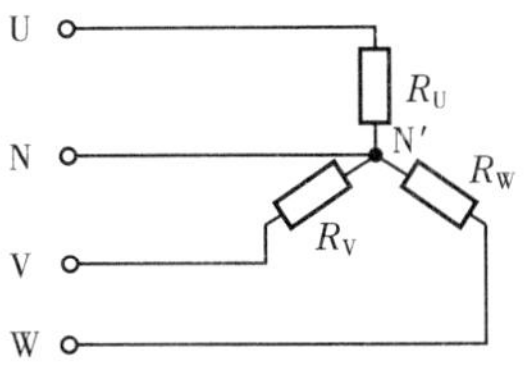

图4-24 习题4-10图

4-11 照明电路能否采用三相三线制供电方式?

4-12 三相对称负载三角形连接,其线电流为 $I_1=5.5$ A,有功功率为 $P=7\ 760$ W,功率因数 $\cos\varphi=0.8$,求电源的线电压 U_1、电路的无功功率 Q 和每相阻抗 Z。

4-13 对称三相电源中,线电压 $U_1=380$ V,对称三相感性负载作三角形连接,若测得线电流 $I_1=17.3$ A,三相功率 $P=9.12$ kW,求每相负载的电阻和感抗。

4-14 如图4-25所示电路中,对称负载连成三角形,已知电源电压 $U_1=220$ V,安培计读数 $I_1=17.3$ A,三相功率 $P=4.5$ kW,试求每相负载的电阻和感抗。

4-15 如图4-25所示电路,对称负载连成三角形,已知电源电压 $U_1=220$ V,安培计读数 $I_1=17.3$ A,三相功率 $P=4.5$ kW,试求U线断开时,各线电流、相电流和三相总功率。

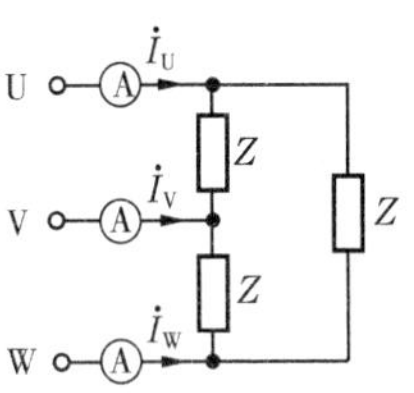

图4-25 习题4-14图

4-16 如图4-25所示电路,对称负载连成三角形,已知电源电压 $U_1=220$ V,安培计读数 $I_1=17.3$ A,三相功率 $P=4.5$ kW,试求UV相负载断开时,各线电流、相电流和三相总功率。

4-17 已知三相对称负载三角形连接,其线电流 $I_1=5\sqrt{3}$ A,总功率 $P=2\ 633$ W,$\cos\varphi=0.8$,求线电压 U_1、电路的无功功率 Q 和每相阻抗 Z。

4-18 如图4-26所示的电路中,已知电源线电压 $U_1=220$ V,各电流表的读数均为3.8 A。试求:①当V线断开时,图中各电流表的读数;②当VW相负载断开时,图中各电流表的读数。

4-19　如图 4-27 所示电路，电源对称、负载 Y 接无中性线。若一楼断开，二、三楼接通，但两层楼灯的数量不等（设二楼灯的数量为三层的 1/4），结果如何？

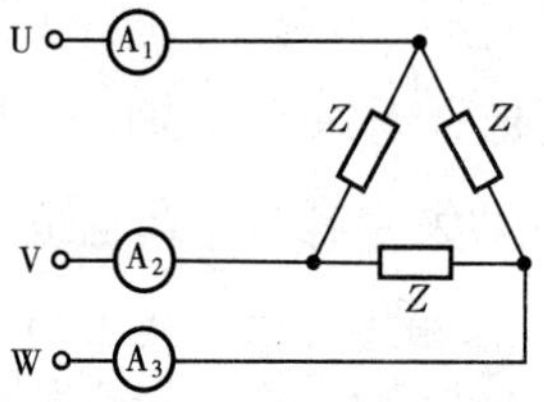

图 4-26　习题 4-18 图

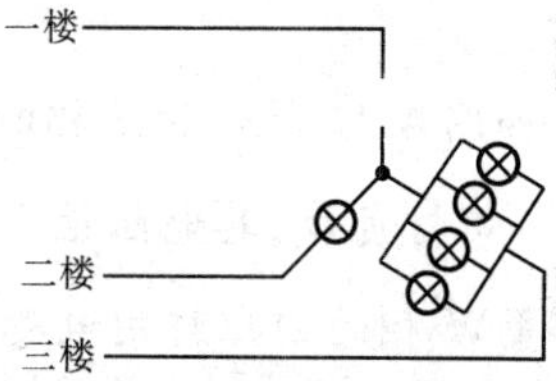

图 4-27　习题 4-19 图

4-20　如图 4-17 所示电路中，已知电源相电压为 220 V，负载 $Z_U = 10\ \Omega$，$Z_V = j10\ \Omega$，$Z_W = -j10\ \Omega$，求线电流及中性线电流。

第 5 章　一阶线性电路过渡过程的分析

【内容提要】

本章介绍 RC 和 RL 一阶线性电路的过渡过程。内容包括恒定激励下一阶电路的零输入响应、零状态响应、全响应以及全响应的分解和分析计算一阶电路的三要素法。

【学习要求】

- 了解过渡过程的概念；
- 理解换路及换路定律；
- 理解初始值的概念，掌握初始值的计算方法；
- 理解零输入响应、零状态响应、全响应等的概念和物理意义，并能正确计算；
- 理解时间常数和新的稳态值的概念，掌握分析电路的三要素法。

5.1　换路定律与初始值的确定

5.1.1　过渡过程概述

前面我们分析的都是电路的稳定状态。电路的稳定状态是指电路中的电流和电压在给定的条件下已达到某一稳定值（对交流来说是指它的幅值和频率达到稳定）的状态，稳定状态简称稳态。

所谓过渡过程，是指物体（或电路）从一种稳定状态过渡到另一种稳定状态的中间过程。例如，电动机的启动和停机以及电容器的充电和放电就会经历这样一个过程。

电动机的启动是指电动机由静止状态到匀速转动的过程。静止（转速为零）是一种稳定状态，匀速转动（转速为某一恒定值）则是另一种稳定状态，电动机从静止到匀速转动需要经历一个加速的过程；而电动机的停机过程是指电动机由匀速转动到静止的过程，电动机需要经历一个减速的过程；这里所谓的加速过程、减速过程就是过渡过程。

电容器的充电和放电是指电容器的端电压由某一最初值充、放到另一个特定值的过程。端电压为最初值时，电容器处于一种稳定状态，端电压为特定值时，电容器处于另一种稳定状态，而这中间电容器需要经历一个充和放的过渡过程。

过渡过程的产生是由内因和外因同时作用而产生的。对电路而言，这里所说的内因是指电路中必须含有储能元件（或称动态元件，即电容、电感），外因是指电路的结构或参数发生变化。二者缺一不可。

过渡过程是一种自然现象，它的存在有利有弊。例如，电子电路中通常利用电容的充放电来产生各种波形，这是它有利的一面；另外，由于过渡过程发生时，可能产生过电压或过电流，对电路的稳定运行产生较大影响，甚至导致设备损坏。因此，对过渡过程的分析研究,具有十分重要的意义。

通常过渡过程经历的时间并不长,所以过渡过程又称为暂态过程,而对过渡过程的分析则称为暂态分析。

过渡过程的分析计算方法有经典法和运算法两种。这里只介绍经典法,即通过求解微分方程的方法求解电路。

由数学知识可知,用经典法来求解描述过渡过程的微分方程时,必须根据电路的初始条件(以下称初始值)来确定解的待定常数。而初始条件是由电路的换路定律确定的。为此,首先介绍电路的换路定律。

5.1.2　换路定律

因为电路结构或电路参数发生改变,从而引起过渡过程的所有动作统称为换路。以下只介绍电路结构发生变化(通过开关的通、断来完成)的换路。

为了叙述的方便,习惯上认定换路是在 $t=0$ 时刻进行的,并把换路前的瞬间(电路处于稳态)记为 $t=0_-$,把换路后(过渡过程开始)的瞬间记为 $t=0_+$。因此,电压、电流在 $t=0_+$ 时的取值,称为电压、电流的初始值。

可以证明,对于线性电容元件来说,如果在换路瞬间,流过电容元件的电流 $i_C(t)$ 为有限值,则有:

$$u_C(0_+) = u_C(0_-) \tag{5-1}$$

同样,对于线性电感元件来说,如果在换路瞬间,加在电感元件两端的电压 $u_L(t)$ 为有限值,则有:

$$i_L(0_+) = i_L(0_-) \tag{5-2}$$

式(5-1)、式(5-2)称为换路定律。即电感元件中电流和电容元件两端的电压在换路瞬间不能跃变。

需要指出的是,在换路瞬间,除电感电流、电容电压不能跃变外,其余电压、电流均可以跃变。

5.1.3　初始值的确定

过渡过程开始瞬间电压、电流的值称为电压、电流的初始值。其中除独立电源的初始值外,电容电压 u_C 和电感电流 i_L 的初始值,即 $u_C(0_+)$ 和 $i_L(0_+)$ 称为主初始值,其余称为相关初始值。

确定初始值的步骤一般为:

(1)利用换路定律求主初始值。

需要注意的是,求 $u_C(0_+)$、$i_L(0_+)$ 其实就是求 $u_C(0_-)$、$i_L(0_-)$,所以要用 $t=0_-$ 时(开关 S 动作前)的电路,按稳态计算;若电路在直流激励作用下,则电容元件代之以开路,而电感元件代之以短路。

(2)画 $t=0_+$ 瞬间的等值电路。

电路为 S 动作后电路。因为 $t=0_+$ 瞬间,电容电压、电感电流不变,所以电容元件可用电压值为 $u_C(0_+)$ 的理想电压源代替,电感元件可用电流值为 $i_L(0_+)$ 的理想电流源代替。

(3)求其他相关初始值。

用 $t=0_+$ 时的等值电路,按稳态电路计算其他各电压和电流的初始值。

下面举例说明。

【例5-1】 图5-1(a)所示电路中,已知:$I_S=10\text{ mA}$,$R_1=R_3=2\text{ k}\Omega$,$R_2=1\text{ k}\Omega$,S动作前电路已处于稳定状态。试确定换路(S闭合)后各电流和电压的初始值。

解:(1)求主初始值。

图5-1(a)所示电路中,电源为恒定激励。所以在 $t=0_-$ 时,按直流稳态分析,即电容元件开路,电感元件短路。所以,求主初始值的电路如图5-1(b)所示。

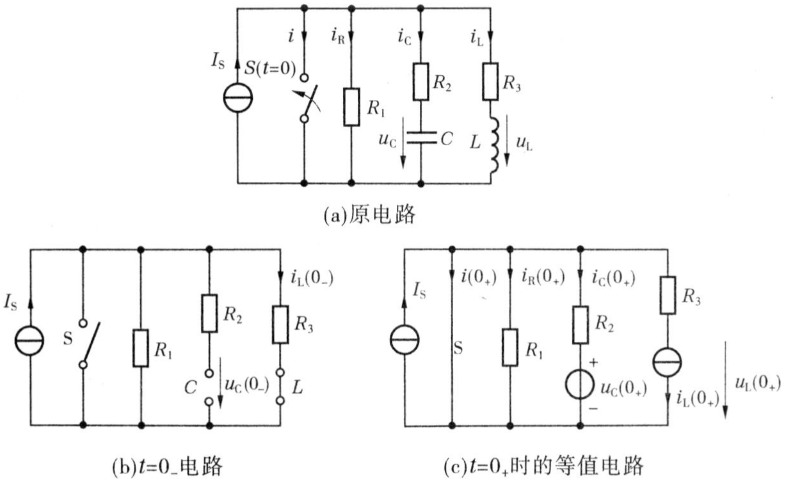

图5-1 例5-1电路图

由图5-1(b)所示电路及换路定律可知:

$$i_L(0_+)=i_L(0_-)=\frac{R_1}{R_1+R_3}I_S=\frac{2}{2+2}\times 10=5(\text{mA})$$

$$u_C(0_+)=u_C(0_-)=i_L(0_-)R_3=5\times 2=10(\text{V})$$

(2)作 $t=0_+$ 时的等值电路。

由图5-1(a)所示电路可知,$t=0_+$ 时开关S已闭合,电容元件用电压值为 $u_C(0_+)=10\text{ V}$ 的理想电压源代替,电感元件用电流值为 $i_L(0_+)=5\text{ mA}$ 的理想电流源代替,如图5-1(c)所示。

(3)求其他相关初始值。

如图5-1(c)所示电路,有:

R_1 支路:$i_R(0_+)=0$

R_2 所在支路:$i_C(0_+)=-\dfrac{u_C(0_+)}{R_2}=-\dfrac{10}{1}=-10(\text{mA})$

R_3 所在支路:$u_L(0_+)=-i_L(0_+)R_3=-5\times 2=-10(\text{V})$

开关S所在支路:

$$i_S(0_+)=I_S-i_R(0_+)-i_C(0_+)-i_L(0_+)=10-0-(-10)-5=15(\text{mA})$$

【例 5-2】 图 5-2(a)所示电路中，$U_S=12\ \text{V}$，$R_1=R_3=2\ \Omega$，$R_2=4\ \Omega$，开关 S 闭合前电路已处于稳定状态(电感元件和电容元件均没有储能)。试确定如图所示各电流和电压的初始值。

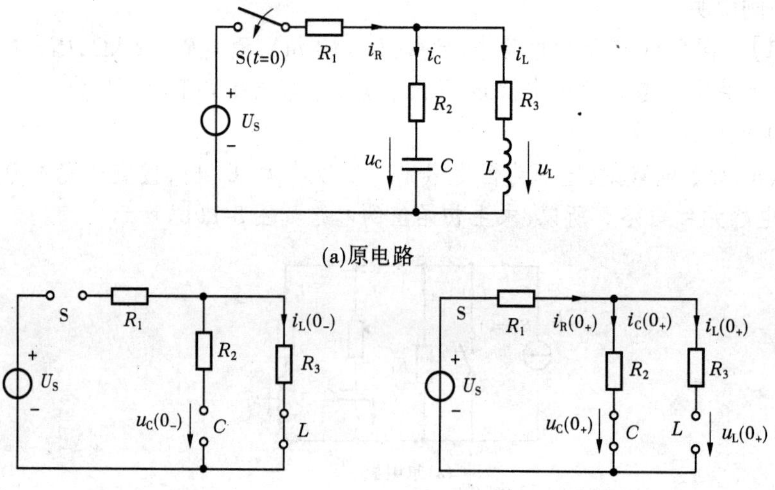

(b)$t=0_-$电路　　(c)$t=0_+$时的等值电路

图 5-2　例 5-2 电路图

解：(1)求主初始值。

求主初始值的电路如图 5-2(b)所示 $t=0_-$ 的电路，由于电路处于稳态，则有：

$$u_C(0_+)=u_C(0_-)=0 \qquad i_L(0_+)=i_L(0_-)=0$$

(2)画 $t=0_+$ 时的等值电路。

由图 5-2(a)所示电路可知，$t=0_+$ 时开关 S 已闭合，电容元件用电压值为 $u_C(0_+)=0$ 的电压源(短路)代替，电感元件用电流值为 $i_L(0_+)=0$ 的电流源(开路)代替，如图 5-2(c)所示。

(3)求其他相关初始值。

在图 5-2(c)所示的电路中，由于电容元件短路、电感元件开路，于是有：

$$i_R(0_+)=i_C(0_+)=\frac{U_S}{R_1+R_2}=\frac{12}{2+4}=2(\text{A})$$

$$u_L(0_+)=i_C(0_+)R_2=2\times 4=8(\text{V})$$

5.2　一阶电路的零输入响应

若电路中只含一个动态元件(电感或电容)，那么表征电路性状的电路方程为一阶微分方程。于是，我们将只含一个动态元件的电路称为一阶动态电路，简称一阶电路。

一阶电路中有一个储能元件(电感或电容)，如果在换路瞬间储能元件已经储存了能量，那么即使电路中无电源激励存在，换路后的电路中仍然会有电压、电流。这是因为储能元件储存的能量要通过电阻释放出来。也就是说，过渡过程发生时电路中没有电源激励，电路中的电压、电流响应由储能(动态)元件的初始储能引起。所以，称该电压、电流响应为零输入响应。

直流、交流电源激励下的动态电路都会出现过渡过程，本章只讨论直流电源激励即恒定激励下的过渡过程。

5.2.1　RC 电路的零输入响应

如图 5-3(a)所示电路，开关 S 动作前(闭合于“1”位置)电路已处于稳定状态。$t=0$ 时，将开关 S 从“1”位置打到(闭合于)“2”位置，即电路发生换路。下面讨论开关动作后过渡过程的电压、电流响应。

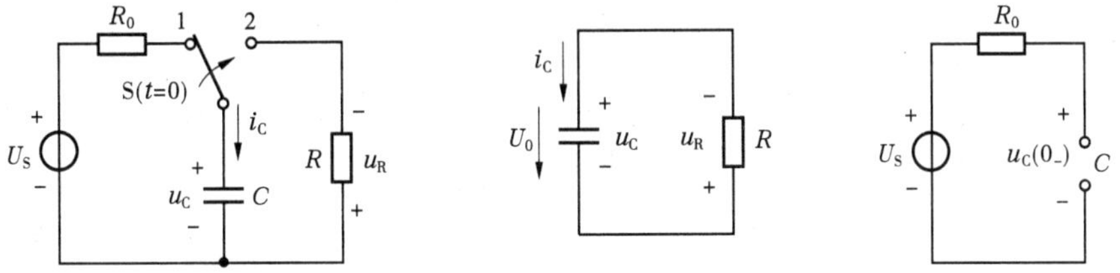

(a)原电路　(b)$t\geqslant 0_+$电路　(c)$t=0_-$电路

图 5-3　RC 电路的零输入响应

由已知可得，开关动作后(闭合于“2”位置)，产生过渡过程的电路如图 5-3(b)所示。电压、电流正方向如图所示，由 KVL 可得：

$$u_R + u_C = 0 \tag{5-3}$$

由于 $i_C = C\dfrac{\mathrm{d}u_C}{\mathrm{d}t}$，$u_R = Ri_C$，则式(5-3)可改写为

$$RC\frac{\mathrm{d}u_C}{\mathrm{d}t} + u_C = 0 \tag{5-4}$$

式(5-4)是以电容电压为变量的一阶常系数齐次常微分方程。求解该方程便可获得电容电压 u_C。

由数学知识可得式(5-4)的通解为

$$u_C = A\mathrm{e}^{pt} \tag{5-5}$$

式(5-5)中 A 为待定常数，由初始条件(初始值)确定。

对图 5-3(a)所示电路而言，因为开关 S 动作前电路已处于稳定状态，所以 S 动作前电容相当于开路。于是可得 $t=0_-$ 时的电路如图 5-3(c)所示。所以，电容电压的初始值为

$$u_C(0_+) = u_C(0_-) = U_S = U_0$$

需要说明的是，式中的 U_S 是图 5-3(a)中的电源电压值，但更重要的是电容电压的初始值，为了避免造成误解，所以用 U_0 表示电容电压的初始值。

将 $u_C(0_+) = u_C(0_-) = U_0$ 代入式(5-5)可得：

$$U_0 = A\mathrm{e}^0$$

于是有：

$$A = U_0$$

式(5-5)中 p 为式(5-4)方程对应的特征方程的特征根。其特征方程为 $RCp+1=0$，于是有 $p=-\frac{1}{RC}$。将 A 和 p 代入式(5-5)可得电容电压：

$$u_C = U_0 e^{-\frac{t}{RC}} \quad (t \geqslant 0) \tag{5-6}$$

电容电流为

$$i_C = C\frac{du_C}{dt} = CU_0 e^{-\frac{t}{RC}}\left(-\frac{1}{RC}\right) = -\frac{U_0}{R}e^{-\frac{t}{RC}} \quad (t \geqslant 0) \tag{5-7}$$

令 $\tau=RC$，则式(5-6)、式(5-7)可改写为

$$u_C = U_0 e^{-\frac{t}{\tau}} \quad (t \geqslant 0) \tag{5-8}$$

$$i_C = -\frac{U_0}{R}e^{-\frac{t}{\tau}} \quad (t \geqslant 0) \tag{5-9}$$

由式(5-6)、式(5-7)可以得出：

(1)电容电压、电容电流是随时间按同一指数规律衰减的函数，其变化曲线如图 5-4 所示。

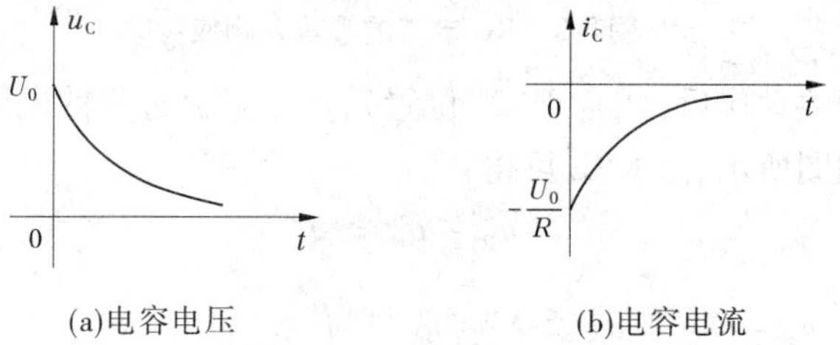

图 5-4　电压和电流随时间衰减曲线

(2)电容电压恒大于零(正方向与实际方向一致)，电容电流恒小于零(正方向与实际方向相反)，因此它们的乘积(功率)小于零。由前面所学得知，因为电压、电流正方向一致，所以电容元件释放能量。也就是说，其物理过程其实就是电容元件放电的过程。

(3)从理论上讲，过渡过程需经历无穷长时间才能结束。

表 5-1 给出了电容电压在不同时刻的值。表中的数据表明，$t=\tau$ 时，电容电压衰减到初始电压的 36.8%；$t=3\tau$ 时，电容电压衰减到初始电压的 5%；$t=5\tau$ 时，电容电压衰减到初始电压的 0.7%。因此，工程实际中通常认为，经历(3～5)τ 过渡过程便结束。

表 5-1　电容电压随时间变化的规律

t	0	τ	2τ	3τ	5τ	…	∞
$u_C=U_0e^{-\frac{t}{\tau}}$	U_0	$0.368U_0$	$0.135U_0$	$0.05U_0$	$0.007U_0$	…	0

这里的 $\tau=RC$，τ 的量纲为秒(s)，因此称为 RC 电路的时间常数。其量纲推导如下：

$$[\tau]=[RC]=[欧][法]=[欧]\left[\frac{库}{伏}\right]=[欧]\left[\frac{安·秒}{伏}\right]=[秒]$$

τ 的大小决定了过渡过程经历时间的长短，即 τ 越大，过渡过程经历的时间越长；τ 越小，过渡过程经历的时间越短。

在图 5-3(b)所示电路中,电容 C 经过电阻 R 放电。若电容 C 为定值,则 R 越大,$\tau = RC$ 越大,放电经历的时间就越长;反之,放电经历的时间就越短。因此,要想快速放电,就应该通过小电阻来完成。

以上分析告诉我们,所谓 RC 电路的零输入响应是指 RC 电路在零输入(没有电源激励)情况下的电压和电流。对于如图 5-3(b)所示电路来说,只要求出电容电压、电容电流以及电阻电压便可求出。所以,求解 RC 电路的零输入响应,重要是求解电容电压。

由式(5-8)可知,求解电容电压就是求解电容电压的初始值 U_0 和产生过渡过程电路的时间常数 τ 。需要指出的是,时间常数 $\tau = RC$ 中的 R 是从电容元件两端看进去的等效入端电阻。

【例 5-3】 图 5-5 (a)所示电路中,开关动作前电路已处于稳定状态。$t=0$ 时,S 由“1”位置打到“2”位置。已知 $R_0=20\ \Omega$,$R=400\ \Omega$,$C=0.1\ \mu\text{F}$,$U_S=100\ \text{V}$,求:开关动作后的 u_C 和 i_C 的表达式,并画波形图。

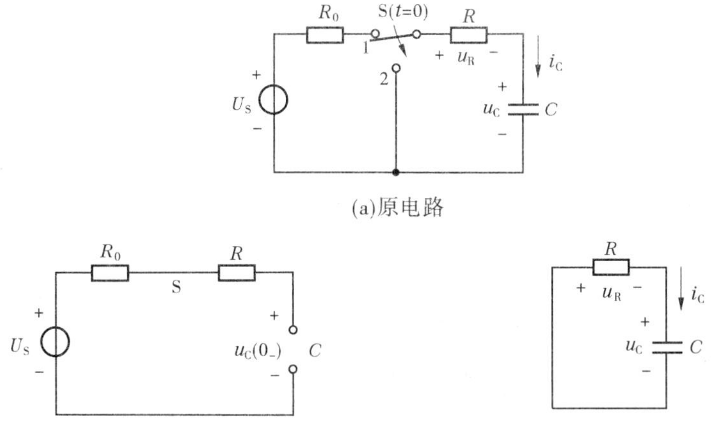

(a)原电路

(b)$t=0_-$电路　　(c)$t\geqslant 0_+$电路

图 5-5　例 5-3 图

解: 因为 S 动作前电路处于稳定状态,即电容开路,因此当 $t=0_-$ 时的电路如图 5-5(b)所示。于是,电容电压的初始值为

$$U_0 = u_C(0_+) = u_C(0_-) = U_S = 100\ \text{V}$$

S 动作后过渡过程产生的电路如图 5-5(c)所示,所以时间常数为

$$\tau = RC = 400 \times 0.1 \times 10^{-6} = 4 \times 10^{-5}(\text{s})$$

则电容电压为

$$u_C = U_0 e^{-\frac{t}{\tau}} = 100 e^{-\frac{t}{4\times 10^{-5}}} = 100 e^{-25\,000t}(\text{V})$$

电容电流为

$$i_C = C\frac{du_C}{dt} = -\frac{U_0}{R}e^{-\frac{t}{\tau}} = -\frac{100}{400}e^{-25\,000t} = -0.25 e^{-25\,000t}(\text{A})$$

波形图如图 5-6 所示。

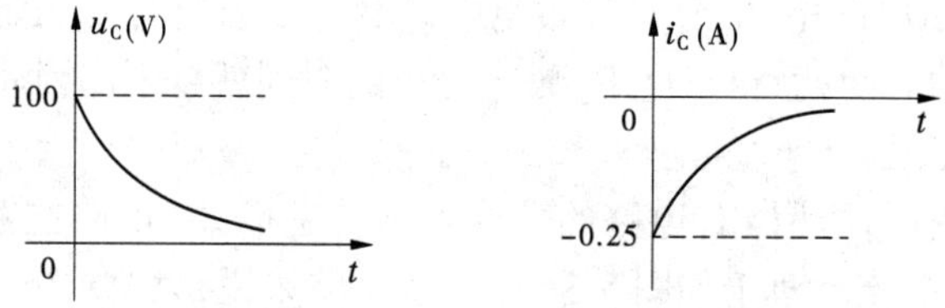

(a)电容电压的变化曲线　　(b)电容电流的变化曲线

图 5-6　电容电压、电流的变化曲线

5.2.2　RL 电路的零输入响应

如图 5-7(a)所示电路，开关 S 动作前(闭合于“1”位置)电路已处于稳定状态。$t=0$ 时开关 S 从“1”位置打到“2”位置。下面分析开关 S 闭合后的过渡过程的电压、电流响应。

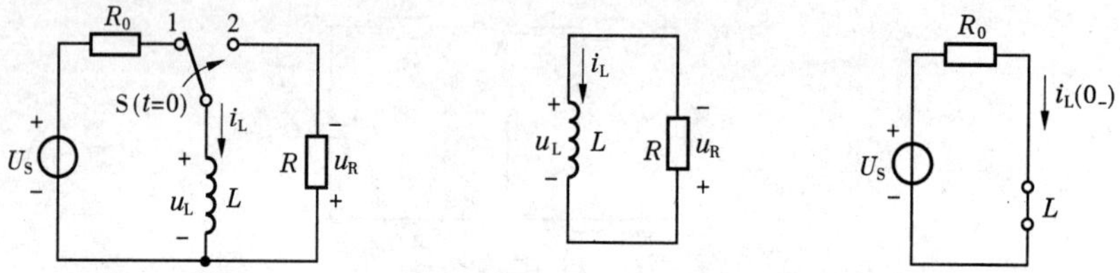

(a)原电路　　(b)$t \geqslant 0_+$电路　　(c)$t=0_-$电路

图 5-7　RL 电路的零输入响应

对图 5-7(a)电路来说，开关 S 动作后闭合于“2”位置，过渡过程在如图 5-7(b)所示电路中发生。电压、电流正方向如图所示，由 KVL 可得：

$$u_R + u_L = 0$$

因为电感电压 $u_L = L\dfrac{di_L}{dt}$，电阻电压 $u_R = Ri_L$，代入可得：

$$L\frac{di_L}{dt} + Ri_L = 0 \tag{5-10}$$

式(5-10)是以电感电流为变量的一阶常系数齐次常微分方程。求解该方程便可获得电感电流 i_L。

由数学知识可得式(5-10)的通解为

$$i_L = Ae^{pt} \tag{5-11}$$

式(5-11)中 A 为待定常数，由初始条件(初始值)确定。

对图 5-7(a)所示电路而言，开关动作前电路处于稳定状态，所以电感元件相当于短路。于是可得 $t=0_-$ 时的电路如图 5-7(c)所示。所以，电感电流的初始值为

$$i_L(0_+) = i_L(0_-) = \frac{U_S}{R_0} = I_0$$

代入式(5-11)可得：

$$I_0 = Ae^0$$

于是有：

$$A = I_0$$

式(5-11)中 p 为方程对应的特征根。其特征方程为 $Lp + R = 0$，于是有 $p = -\frac{R}{L}$。将 A 和 p 代入式(5-11)可得电感电流：

$$i_L = I_0 e^{-\frac{R}{L}t} \quad (t \geqslant 0)$$

电感电压为

$$u_L = L\frac{di_L}{dt} = LI_0 e^{-\frac{R}{L}t}\left(-\frac{R}{L}\right) = -RI_0 e^{-\frac{R}{L}t} \quad (t \geqslant 0)$$

令 $\tau = \frac{L}{R}$，则以上两式可改写为

$$i_L = I_0 e^{-\frac{t}{\tau}} \quad (t \geqslant 0) \tag{5-12}$$

$$u_L = -RI_0 e^{-\frac{t}{\tau}} \quad (t \geqslant 0) \tag{5-13}$$

式(5-13)中的 R 即为 $\tau = L/R$ 中的 R。

由式(5-12)、式(5-13)可以得出：

(1)电感电压、电感电流是随时间按同一指数规律衰减的函数，如图 5-8 所示。

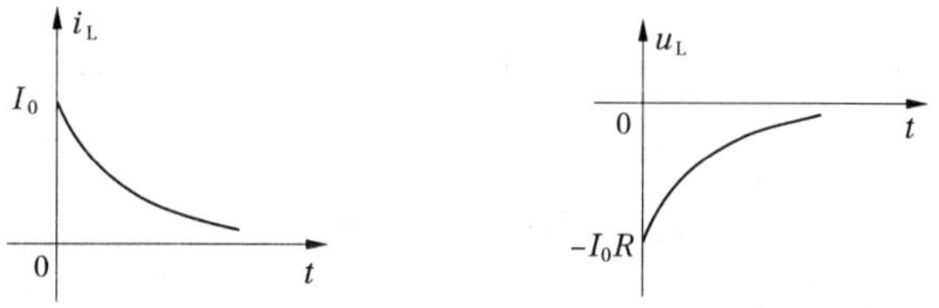

(a)电感电流　　(b)电感电压

图 5-8　电感电流和电感电压的变化曲线

(2)电感电流恒大于零(正方向与实际方向一致)，电感电压恒小于零(正方向与实际方向相反)，因此它们的乘积(功率)小于零。由前面所学可知，因为电压、电流正方向一致，所以电感元件释放能量。也就是说，其物理过程其实就是电感元件放电的过程。

(3)从理论上讲，过渡过程需经历无穷长时间才能结束。

同样，$\tau = L/R$ 称为一阶 RL 过渡过程电路的时间常数，其量纲推导如下：

$$[\tau] = \left[\frac{L}{R}\right] = \left[\frac{\text{亨}}{\text{欧}}\right] = \left[\frac{\text{韦}}{\text{安}\cdot\text{欧}}\right] = \left[\frac{\text{伏}\cdot\text{秒}}{\text{安}\cdot\text{欧}}\right] = [\text{秒}]$$

所谓 RL 电路的零输入响应，是指 RL 电路在零输入(没有电源激励)情况下的电压和电流。对于如图 5-7(b)所示电路来说，只要求出电感电流，电感电压以及电阻电压便可求出。所以，求解 RL 电路的零输入响应，重要是求解电感电流。

由式(5-12)可知，求解电感电流就是求解电感电流的初始值 I_0 和产生过渡过程电路的时间常数 τ。需要指出的是，时间常数 $\tau = L/R$ 中的 R 是从电感元件两端看进去的等效入端电阻。

【例 5-4】　如图 5-9 (a)所示电路，开关 S 动作前(闭合)电路已处于稳定状态。已知电压表内阻为 $R_V = 10\ \text{k}\Omega$，电压表量程为 50 V，电源电压 $U_S = 10$ V，电感 $L = 4$ H，电阻 $R = 10\ \Omega$。$t = 0$ 时，开关 S 打开，求开关 S 动作后电压表的电压随时间变化的规律。

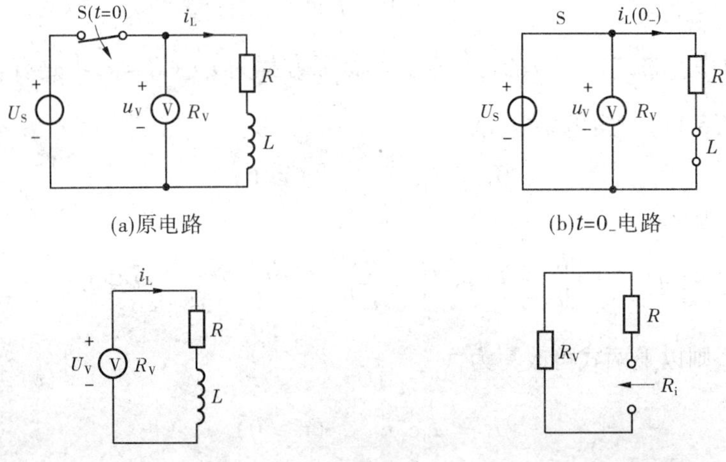

(a)原电路　　(b)$t=0_-$电路

(c)$t\geqslant 0_+$电路　　(d)求等效电阻的电路

图 5-9　例 5-4 图

解:因为开关动作前电路已稳定,所以 $t=0_-$ 时电感元件相当于短路,如图 5-9(b)所示。则电感电流的初始值为

$$I_0 = i_L(0_+) = i_L(0_-) = \frac{U_S}{R} = \frac{10}{10} = 1(\text{A})$$

开关打开后过渡过程发生,电路如图 5-9(c)所示。将电感元件从该电路中切除可得如图 5-9(d)所示电路,则等效入端电阻为

$$R_i = R + R_V = 10 + 10 \times 10^3 \approx 10\ 000(\Omega)$$

则时间常数为

$$\tau = \frac{L}{R_i} \approx \frac{4}{10\ 000} = 4 \times 10^{-4}(\text{s})$$

所以,电感电流为

$$i_L = I_0 e^{-\frac{t}{\tau}} = 1 \times e^{-\frac{t}{4\times 10^{-4}}} = e^{-2\ 500t} \quad (\text{A}) \qquad (t \geqslant 0)$$

电压表电压为

$$u_V = -R_V i_L = -10\ 000 e^{-2\ 500t} \quad (\text{V}) \qquad (t \geqslant 0)$$

由电压表达式可知,$t=0_+$ 时,电压表电压最大:$u_V(0_+) = -10\ 000$ V,该值远远超出电压表的量程,会造成电压表的损坏。

本题说明 RL 电路在换路时会出现过电压,可能会导致设备损坏,因此需特别注意。

5.3　一阶电路的零状态响应

一阶电路的零状态响应是指动态元件没有初始储能,过渡过程由电源激励作用所产生的响应,下面分别进行介绍。

5.3.1　RC 电路的零状态响应

如图 5-10(a)所示 RC 电路,在开关 S 闭合前电容未充电,即电容电压 $u_C(0_-)=0$。

$t=0$时开关 S 闭合,下面分析过渡过程发生时电压、电流变化规律。

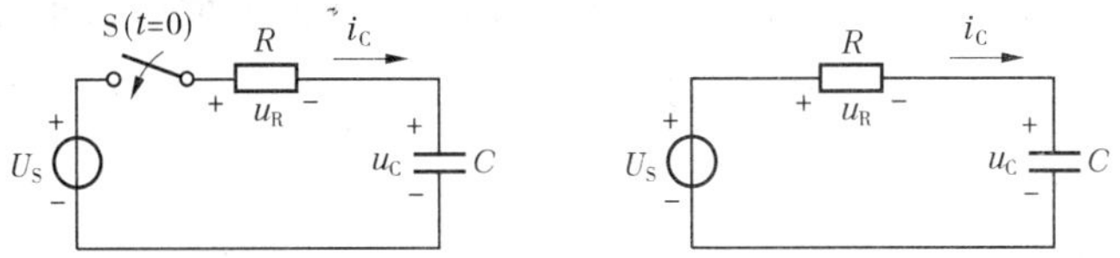

(a)原电路　　(b)$t \geqslant 0_+$电路

图 5-10　RC 电路的零状态响应

由已知可得,过渡过程发生的电路如图 5-10(b)所示。电压、电流正方向如图所示,由 KVL 可得:

$$u_R + u_C = U_S$$

因为 $i_C = C\dfrac{du_C}{dt}$,代入得:

$$RC\frac{du_C}{dt} + u_C = U_S \tag{5-14}$$

式(5-14)是以电容电压 u_C 为变量的一阶常系数非齐次常微分方程。由数学知识可知,其解的形式为

$$u_C = u'_C + u''_C \tag{5-15}$$

式(5-15)中:$u''_C = Ae^{pt}$为该非齐次方程所对应的齐次方程的通解,也称自由分量或暂态分量。u'_C 称为非齐次特解,也称强制分量、稳态分量或称为新的稳态解。对图 5-10 所示电路来说,$u'_C = U_S$。需要说明的是,这里的 U_S 为电容电压在新的稳定状态($t\to\infty$)下解(新的稳态解)的通用符号,其值由电路的结构、参数确定,不一定就是电源电压值。

于是式(5-15)可改写为

$$u_C = U_S + Ae^{pt} \tag{5-16}$$

式(5-16)中 A 可由电路的初始值确定。

将已知 $u_C(0_+) = u_C(0_-) = 0$ 代入式(5-16)可得:

$$0 = U_S + Ae^0$$

所以:

$$A = -U_S$$

式(5-16)中的 p 为式(5-14)方程的特征根。特征方程为:$RCp+1=0$, 所以有:$p = -\dfrac{1}{RC} = -\dfrac{1}{\tau}$。与前相同的是 $\tau = RC$ 也称为该电路的时间常数。

将 A 和 p 代入式(5-16)可得代入电压:

$$u_C = -U_S e^{-\frac{t}{\tau}} + U_S = U_S(1 - e^{-\frac{t}{\tau}}) \quad (t \geqslant 0) \tag{5-17}$$

由式(5-17)可以得出电容电流:

$$i_C = C\frac{du_C}{dt} = \frac{U_S}{R}e^{-\frac{t}{\tau}} \quad (t \geqslant 0) \tag{5-18}$$

从式(5-17)、式(5-18)可以得出:

(1)电容电压、电容电流是随时间按同一指数规律变化的函数,电容电压由两部分构成，分别是：稳态分量（强制分量）和暂态分量（自由分量），其波形如图 5-11（a）所示；叠加的结果即电容电压的波形如图 5-11（b）所示，电容电流的波形如图 5-11（c）所示。电容电压按指数规律增加，电容电流按指数规律衰减。

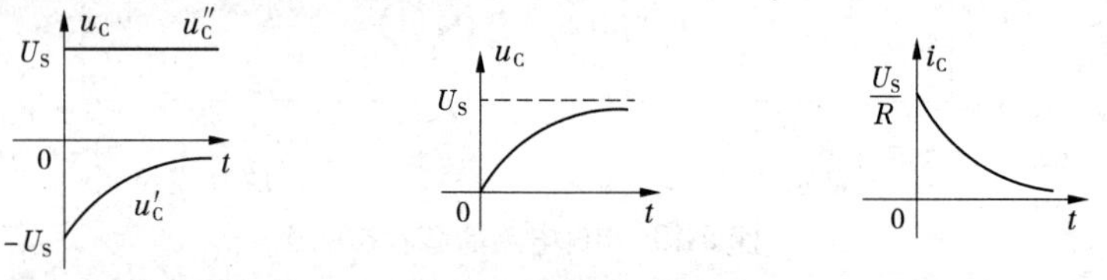

(a)自由分量与强制分量　　(b)电容电压　　(c)电容电流

图 5-11　电容电压、电容电流的变化曲线

（2）电容电压、电容电流均恒为正，因此其乘积大于零，且电压、电流正方向一致，所以电容元件吸收能量。由此可知，RC 的零状态是电容元件充电的过程。

同样，过渡过程经历时间的长短由时间常数 $\tau = RC$ 决定，即 τ 越大，过渡过程经历的时间越长，充电越慢；τ 越小，过渡过程经历的时间越短，充电越快。

求解 RC 电路的零状态响应，重要的是求解电容电压。因为，对图 5-10（b）所示的电路而言，只要求出电容电压，那么电容电流、电阻电压便可以通过电容电压来求解。由式（5-17）可知，求解电容电压需求出电容电压的新的稳态解 U_S 和过渡过程电路的时间常数 τ。同样，时间常数 $\tau = RC$ 中的 R 是过渡过程电路从电容元件两端看进去的等效入端电阻。

【例 5-5】 如图 5-12 所示电路，电容未充电。已知 $U_S = 220$ V，$R = 200$ Ω，$C = 1$ μF。$t = 0$ 时开关 S 闭合。

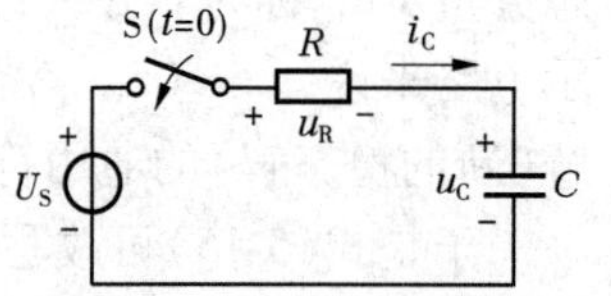

图 5-12　例 5-5 电路图

（1）求时间常数；

（2）求最大充电电流；

（3）求 u_C、i_C、u_R 的表达式，并作 u_C、i_C、u_R 随时间变化的曲线；

（4）求开关闭合后 1 ms 时的 u_C、i_C、u_R 的值。

解：（1）时间常数为：$\tau = RC = 200 \times 1 \times 10^{-6} = 200 \times 10^{-6}$（s）

（2）最大充电电流为：$i_{max} = \frac{U_S}{R} = \frac{220}{200} = 1.1$（A）

（3）直接套用一阶 RC 电路的零输入响应公式，有：

电容电压：$u_C = U_S(1 - e^{-\frac{t}{\tau}}) = 220(1 - e^{-\frac{t}{2\times10^{-4}}}) = 220(1 - e^{-5\,000t})$　（V）

电容电流：$i_C = \frac{U_S}{R}e^{-\frac{t}{\tau}} = \frac{220}{200}e^{-\frac{t}{2\times10^{-4}}} = 1.1e^{-5\,000t}$　（A）

电阻电压：$u_R = Ri_C = 200 \times 1.1e^{-5\,000t} = 220e^{-5\,000t}$　（V）

由 u_C、i_C、u_R 的表达式可以画出如图 5-13 所示的曲线。

（4）当 $t = 1$ ms $= 1 \times 10^{-3}$ s 时，有：

$$u_C = 220(1 - e^{-5\,000\times10^{-3}}) = 220(1 - e^{-5}) = 220(1 - 0.007) = 218.5\text{(V)}$$

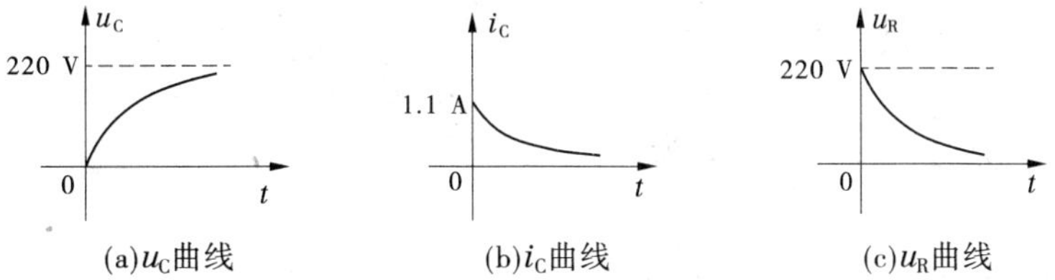

图 5-13　u_C、i_C、u_R 的变化曲线

$$i_C = 1.1e^{-5\,000\times10^{-3}} = 1.1 \times 0.007 = 0.0077(\text{A})$$

$$u_R = 220e^{-5\,000\times10^{-3}} = 220 \times 0.007 = 1.54(\text{V})$$

5.3.2　RL 电路的零状态响应

图 5-14(a)所示的 RL 电路,电路在开关闭合前处于零初始状态,即电感电流 $i_L(0_-)=0$,开关闭合后,根据 KVL 可得:

$$u_R + u_L = U_S$$

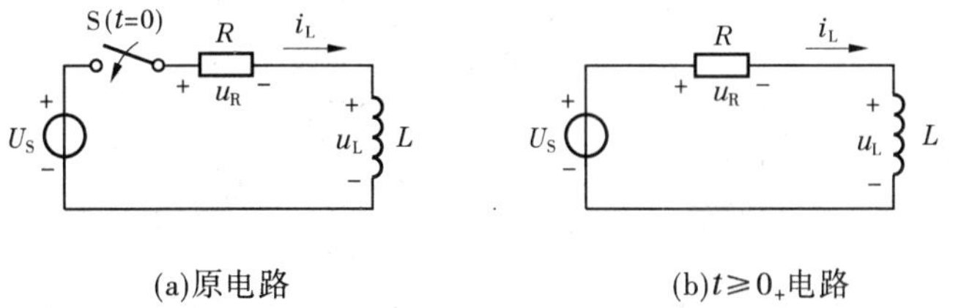

图 5-14　RL 电路的零状态响应

把 $u_L = L\dfrac{di_L}{dt}$和 $u_R = Ri_L$ 代入可得:

$$L\frac{di_L}{dt} + Ri_L = U_S \qquad (t \geqslant 0) \tag{5-19}$$

式(5-19)为以电感电流作为变量的一阶常系数非齐次常微分方程。由数学知识可得其解的形式为

$$i_L = i_L' + i_L''$$

其中:$i_L'' = Ae^{pt}$为式(5-19)所示方程对应的齐次方程的通解,i_L' 为式(5-19)所示方程的非齐次特解,也称新的稳态解。对图 5-14(b)所示电路而言:

$$i_L' = \frac{U_S}{R} = I_S$$

这里的 I_S 为电感电流在新的稳定状态下($t\to\infty$)解(新的稳态解)的通用符号,其值由电路的结构、参数确定。于是,电感电流的解可改写为

$$i_L = I_S + Ae^{pt} \tag{5-20}$$

式(5-20)中 A 为待定常数,由初始条件(初始值)确定。

由已知可得 $i_L(0_+) = i_L(0_-) = 0$,代入式(5-20)可得 $0 = I_S + Ae^0$,所以待定常数 $A = -I_S$。

式(5-20)中 p 为式(5-19)方程的特征根。由特征方程 $Lp + R = 0$ 可得 $p = -R/L$。

将待定常数 A 和特征根 p 代入式(5-20)可得:

$$i_L = -I_S e^{-\frac{R}{L}t} + I_S = I_S(1 - e^{-\frac{R}{L}t}) \tag{5-21}$$

令 $\tau = L/R$,则式(5-21)可改写为

$$i_L = I_S(1 - e^{-\frac{t}{\tau}})$$

所以电感电压为

$$u_L = L\frac{di_L}{dt} = I_S R e^{-\frac{t}{\tau}}(\text{这里的 } R \text{ 即 } \tau = L/R \text{ 中的 } R)$$

由此可得 RL 的零状态响应:

$$i_L = I_S(1 - e^{-\frac{t}{\tau}}) \quad (A) \qquad (t \geqslant 0) \tag{5-22}$$

$$u_L = I_S R e^{-\frac{t}{\tau}} \quad (V) \qquad (t \geqslant 0) \tag{5-23}$$

从式(5-22)、式(5-23)可以得出:

(1)电感电压、电感电流是随时间按同一指数规律变化的函数,即电感电压按指数规律衰减,电感电流按指数规律增加,如图 5-15 所示。

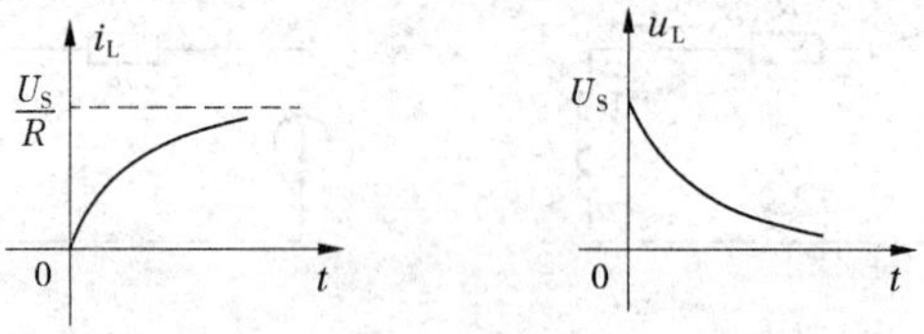

(a)电感电流　　(b)电感电压

图 5-15　电感电流、电感电压的变化曲线

(2)电感电压、电感电流均恒为正,因此其乘积大于零,且电压、电流正方向一致,所以电感元件吸收能量。由此可知,RL 的零状态是电感元件充电的过程。

同样,过渡过程经历时间的长短由时间常数 $\tau = L/R$ 决定,即 τ 越大,过渡过程经历的时间越长;τ 越小,过渡过程经历的时间越短。

求解 RL 电路的零状态响应,重要的是求解电感电流。因为,对图 5-14(b)所示的电路而言,只要求出电感电流,那么电感电压及电阻电压便可以通过电感电流来求解。

由式(5-22)可知,求解电感电流需求出电感电流的新的稳态解 I_S 和过渡过程电路的时间常数 τ。同样,时间常数 $\tau = L/R$ 中的 R 是过渡过程电路从电感元件两端看进去的等效入端电阻。

【例 5-6】　如图 5-16 所示电路,开关 S 动作前已处于稳定状态。$t = 0$ 时,开关 S 打开。求开关动作后的电感电流 i_L 和电感电压 u_L。

解:因为开关 S 动作前(闭合)电路已处于稳定状态,所以电感元件没有初始储能,电路的过渡过程是零状态。产生过渡过程的电路如图 5-16(b)所示。

由图 5-16(b)所示电路可知,$t \to \infty$(电路达到新的稳态)时,电路如图 5-16(c)所示。因此,电感电流新的稳态解为

$$I_S = \frac{10}{10 + 10} \times 2 = 1(A)$$

由图 5-16(b)所示电路可知,将电感从电路中切除,并将电流源置零(开路),可得如

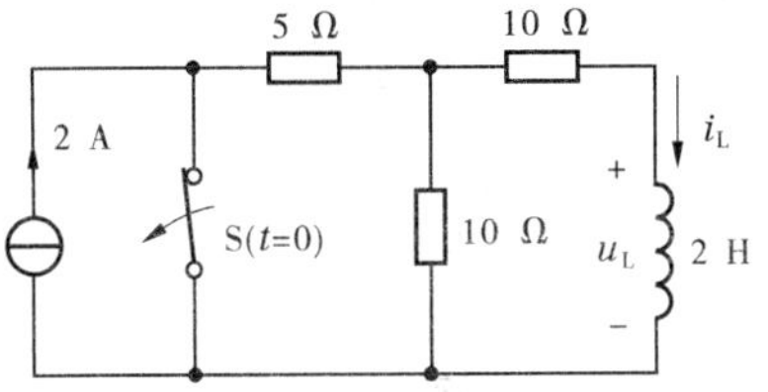

(a)原电路

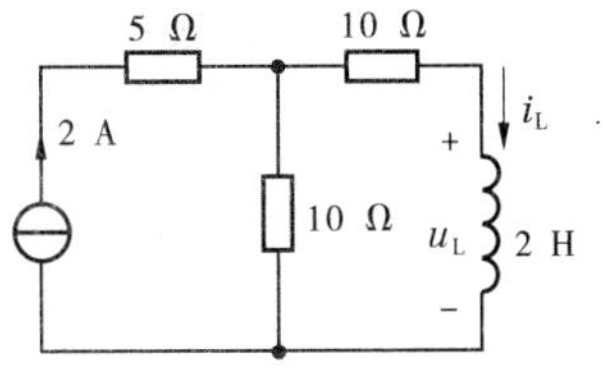

(b)$t \geqslant 0_+$电路

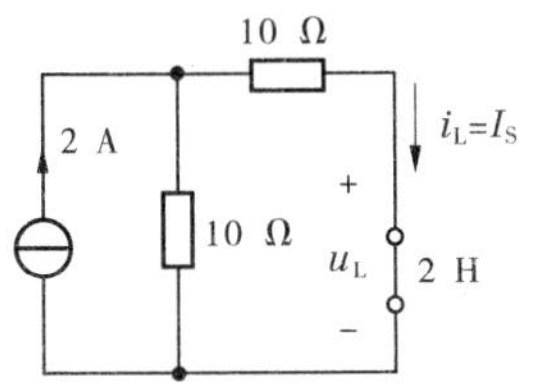

(c)$t \to \infty$电路

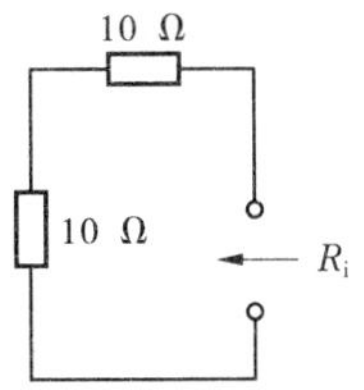

(d)求等效电阻的电路

图5-16　例5-6图

图5-16(d)所示电路，则等效入端电阻为

$$R_i = 10 + 10 = 20(\Omega)$$

所以，电路的时间常数为

$$\tau = \frac{L}{R_i} = \frac{2}{20} = 0.1(\mathrm{s})$$

则电感电流为

$$i_L = I_S(1 - e^{-\frac{t}{\tau}}) = 1 - e^{-10t} \quad (\mathrm{A}) \qquad (t \geqslant 0)$$

电感电压为

$$u_L = I_S R_i e^{-\frac{t}{\tau}} = 20e^{-10t} \quad (\mathrm{V}) \qquad (t \geqslant 0)$$

5.4　一阶电路的全响应

所谓全响应，是指由动态元件的初始储能与电源激励共同作用电路中产生的响应。也就是说，过渡过程发生瞬间，电路中的动态元件已具有初始储能，而且电路中也有电源激励。

5.4.1　全响应

如图5-17(a)所示电路中，开关S动作前电路已处于稳定状态。$t=0$时开关S从“1”位置打到“2”位置。下面讨论换路后的电压、电流响应。

由图5-17(a)所示电路可知，开关S动作(换路)后的电路如图5-17(b)所示。电压、电流正方向如图所示。由KVL可得：

$$u_R + u_C = U_S$$

因为电路与前相同，这里直接给出结果。电路微分方程为

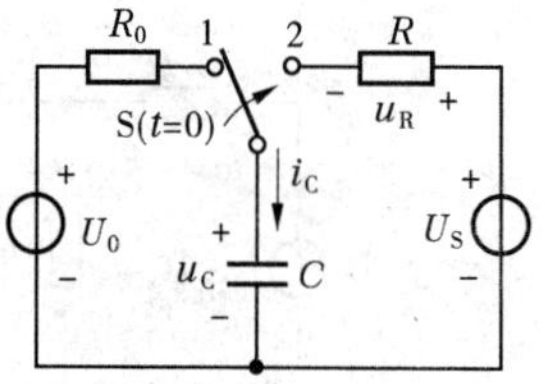

(a)原电路

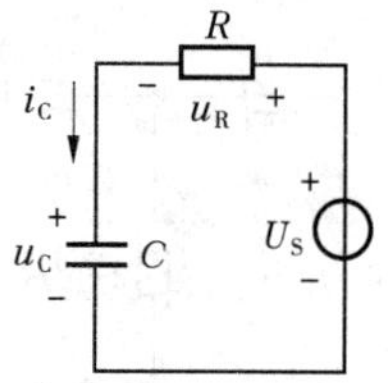

(b)换路后电路

图 5-17　RC 电路的全响应

$$RC\frac{du_C}{dt}+u_C=U_S$$

方程的解为

$$u_C=U_S+Ae^{-\frac{t}{\tau}}\qquad(t\geqslant0)\tag{5-24}$$

式(5-24)中 $\tau=RC$ 称为该电路的时间常数。U_S 为特解(与前同、新的稳态解)。

待定常数 A 由电容电压初始值确定。由图 5-17(a)所示电路可知,电容电压初始值为

$$u_C(0_+)=u_C(0_-)=U_0$$

代入式(5-24)得:$U_0=Ae^0+U_S$,解得:$A=U_0-U_S$。

所以电路的电容电压为

$$u_C=U_S+Ae^{-\frac{t}{\tau}}=U_S+(U_0-U_S)e^{-\frac{t}{\tau}}\qquad(t\geqslant0)\tag{5-25}$$

式(5-25)对应的电容电压的曲线有下列两种情况。

图 5-18(a)所示电容的初始储能小于电源电压,即 $U_0<U_S$。这种情况下的过渡过程其实就是电容元件充电的过程。电容电压从 U_0 开始充电直到 U_S 结束。图 5-18(b)所示电容的初始储能大于电源电压,即 $U_0>U_S$。这种情况下的过渡过程其实就是电容元件放电的过程。电容电压从 U_0 开始放电直到 U_S 结束。

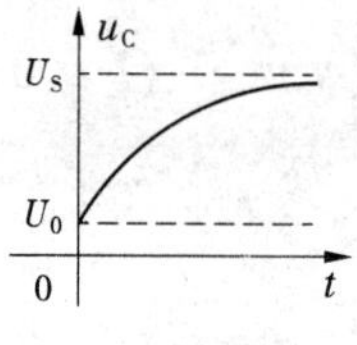

(a)$U_0<U_S$

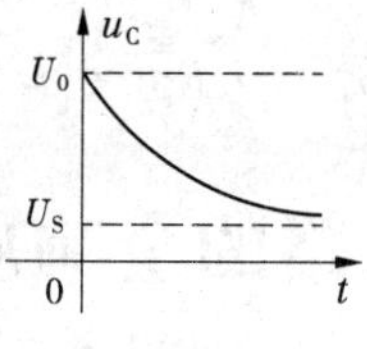

(b)$U_0>U_S$

图 5-18　电容电压变换的曲线

5.4.2　全响应的分解

式(5-25)有两种书写方式:

第一种方式:

$$u_C=U_S+(U_0-U_S)e^{-\frac{t}{\tau}}\qquad(t\geqslant0)\tag{5-26}$$

式(5-26)的第一项是电路的稳态解(也称强制分量),第二项是电路的暂态解(也称自由分量),因此一阶电路的全响应可以看成是稳态解加暂态解,或者看成是强制分量加自由分量,即

全响应 = 稳态解 + 暂态解

或　全响应 = 强制分量 + 自由分量

第二种方式：

$$u_C = U_0 e^{-\frac{t}{\tau}} + U_S(1 - e^{-\frac{t}{\tau}}) \qquad (t \geq 0) \tag{5-27}$$

显然第一项是电路的零输入解，第二项是电路的零状态解，因此一阶电路的全响应也可以看成是零输入解加零状态解，即

全响应 = 零输入响应 + 零状态响应

此种全响应的分解方式可用叠加原理来理解。

如图 5-19(a)所示电路，过渡过程发生时，电路中既有电源激励，电容元件也有初始储能，因此电路的响应为全响应。

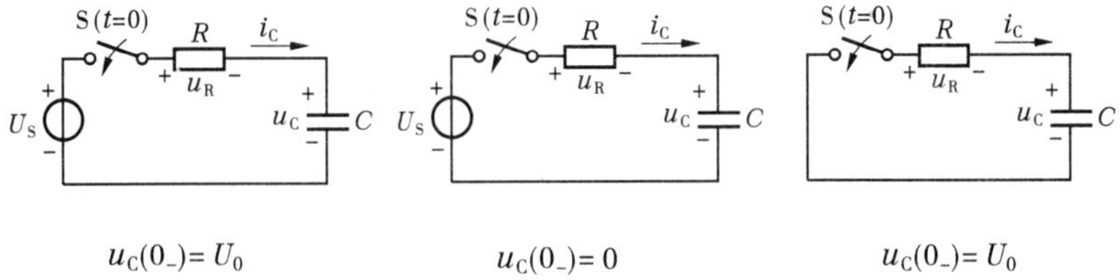

(a)RC电路的全响应　(b)RC电路的零状态响应　(c)RC电路的零输入响应

图 5-19　全响应的叠加

如图 5-19(b)所示电路，过渡过程发生时，电路中只有电源激励，电容元件没有初始储能，因此电路的响应为零状态响应。相当于如图 5-19(a)所示电路中电源单独作用而电容的初始储能置零。

图 5-19(c)所示电路，过渡过程发生时，电路中没有电源激励，响应由电容元件的初始储能引起，因此电路的响应为零输入响应。相当于如图 5-19(a)所示电路中电源置零，而电容的初始储能单独作用。

由叠加原理可得：(a) = (b) + (c)。

需要说明的是，一阶 RL 电路的全响应的解的形式及分解与一阶 RC 电路全响应的解的形式及分解相同。这里不再赘述。

【例 5-7】　如图 5-20 (a)所示电路，开关闭合前电路已经处于稳态，$t=0$ 时开关 S 闭合。已知 $U_S = 100$ V，$R_0 = 150\ \Omega$，$R = 50\ \Omega$，$L = 2$ H，求开关闭合后电流 i 和电压 U_L 的变化规律。

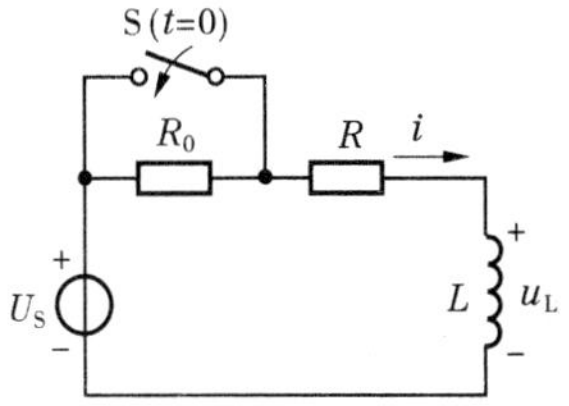

图 5-20　例 5-7 电路图

解法 1：全响应 = 稳态分量 + 暂态分量

因为开关 S 闭合前电路已处于稳态，即电感元件相电压短路，于是可得 $t=0_-$ 电路如图 5-21(a)所示。所以，电感电流的初始值为

$$I_0 = i(0_+) = i(0_-) = \frac{U_S}{R_0 + R} = \frac{100}{150 + 50} = 0.5(\text{A})$$

开关动作(闭合)后，R_0 被短路，过渡过程发生的电路如图 5-21(b)所示。所以，其时间常数为

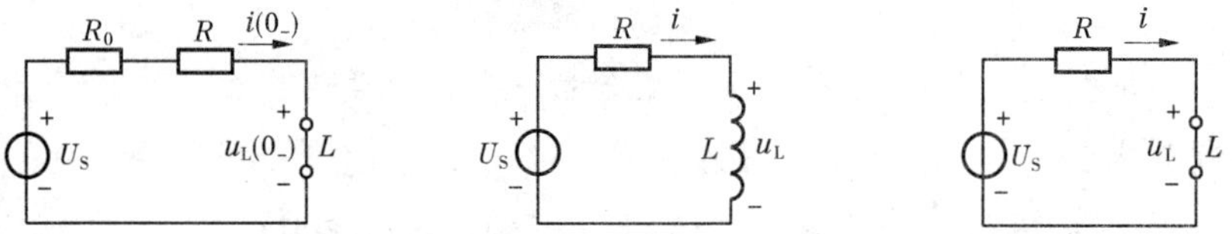

(a)$t=0_-$图　　(b)$t\geqslant 0_+$图　　(c)$t\to\infty$图

图 5-21　解法 1 图

$$\tau = L/R = 2/50 = 0.04(\mathrm{s})$$

过渡过程结束后即 $t\to\infty$ 时,电路如图 5-21(c)所示。电感电流的稳态分量(新的稳态解)为

$$i' = I_S = \frac{U_S}{R} = \frac{100}{50} = 2(\mathrm{A})$$

电感电流的暂态分量为

$$i'' = Ae^{-\frac{t}{\tau}} = Ae^{-\frac{t}{0.04}} = Ae^{-25t}$$

电感电流的全响应为

$$i = i' + i'' = 2 + Ae^{-25t}$$

将初始条件代入可得:

$$0.5 = 2 + Ae^{0}$$

即

$$0.5 = 2 + A$$

解得:$A = -1.5$。

所以电感电流为

$$i = 2 - 1.5e^{-25t} \quad (\mathrm{A})$$

电感电压为

$$u_L = L\frac{di}{dt} = 2\frac{d}{dt}(2 - 1.5e^{-25t}) = 75e^{-25t} \quad (\mathrm{V})$$

解法 2:全响应 = 零输入响应 + 零状态响应

利用叠加原理可得,如图 5-20 所示电路的全响应可分解为如图 5-22(a)和图 5-22(b)所示电路的叠加。

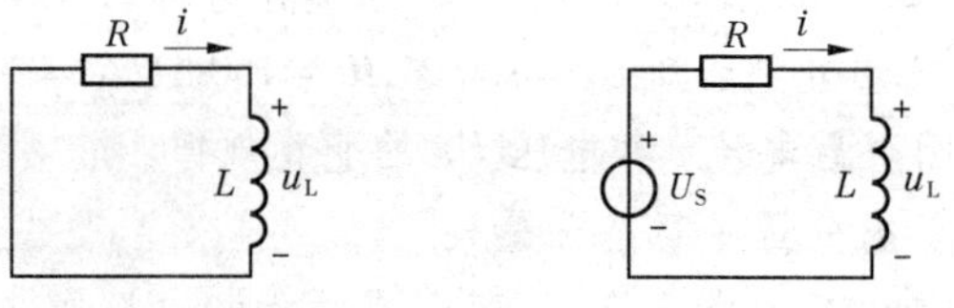

(a)零输入响应　　(b)零状态响应

图 5-22　解法 2 图

如图 5-22(a)所示电路,因为 $I_0 = i(0_+) = i(0_-) = 0.5\ \mathrm{A}$,$\tau = L/R = 2/50 = 0.04(\mathrm{s})$,所以电流的零输入响应为

$$i' = I_0e^{-\frac{t}{\tau}} = 0.5e^{-\frac{t}{0.04}} = 0.5e^{-25t} \quad (\mathrm{A})$$

如图 5-22 (b)所示电路,因为:

时间常数 $\tau = L/R = 2/50 = 0.04(s)$，电流新的稳态解 $I_S = U_S/R = 100/50 = 2(A)$

所以电流的零状态响应为

$$i'' = I_S(1 - e^{-\frac{t}{\tau}}) = 2(1 - e^{-25t}) = 2 - 2e^{-25t} \quad (A)$$

所以电流的全响应为

$$i = i' + i'' = 0.5e^{-25t} + 2 - 2e^{-25t} = 2 - 1.5e^{-25t} \quad (A)$$

电感电压为

$$u_L = L\frac{di}{dt} = 2 \times \frac{d}{dt}(2 - 1.5e^{-25t}) = 75e^{-25t} \quad (V)$$

此例说明两种解法的结果是完全相同的。

5.5　一阶电路的三要素法

由前面分析可知，分析计算电路中电压和电流响应，首先需要求解电路的主要响应，再由主要响应来计算其他响应。所以说，分析计算一阶电路过渡过程的响应，其主要工作就是确定主要响应，而确定主要响应，需确定相应的待定参数，如表 5-2 所示。

表 5-2　一阶动态电路的主要响应及待定参数

名　称	电路主要响应的一般式	待定参数
RC 电路的零输入响应	$u_C = U_0 e^{-\frac{t}{\tau}}$	电容电压初始值 U_0 时间常数 τ
RC 电路的零状态响应	$u_C = U_S(1 - e^{-t/\tau})$	电容电压新的稳态解 U_S 时间常数 τ
RL 电路的零输入响应	$i_L = I_0 e^{-\frac{t}{\tau}}$	电感电流初始值 I_0 时间常数 τ
RL 电路的零状态响应	$i_L = I_S(1 - e^{-t/\tau})$	电感电流新的稳态解 I_S 时间常数 τ
RC 电路的全响应	$u_C = U_S + (U_0 - U_S)e^{-t/\tau}$	电容电压初始值 U_0，电容电压新的稳态解 U_S，时间常数 τ
RL 电路的全响应	$i_L = I_S + (I_0 - I_S)e^{-t/\tau}$	电感电流初始值 I_0，电感电流新的稳态解 I_S，时间常数 τ

由表 5-2 可知，确定主要响应需确定的待定参数无外乎初始值、新的稳态值以及时间常数，所以我们将初始值、新的稳态值以及时间常数称为求解一阶电路过渡过程的三要素。通过求解三要素来求解电路的方法称为三要素法。

三要素法是对线性一阶动态电路分析的一个总结归纳。由表 5-2 可知，对 RC(RL) 电路的全响应来说，若电容电压(电感电流)初始值为零，则响应为零状态；若电容电压

(电感电流)的新的稳态解为零,则响应为零输入。也就是说,全响应包含了零输入响应和零状态响应。因此,可以用具有普遍意义的全响应的解作为一阶电路响应解的通式。

若电压、电流的初始值用$f(0_+)$表示,电压、电流的新的稳态解用$f(\infty)$表示,时间常数用τ表示,待求的电压、电流用$f(t)$表示,则全响应可表示为

$$f(t) = f(\infty) + [f(0_+) - f(\infty)]e^{-\frac{t}{\tau}} \tag{5-28}$$

这就是三要素法分析计算一阶线性电路过渡过程响应的通式。

下面介绍三要素的确定。

5.5.1 初始值$f(0_+)$

(1)利用换路定律求主初始值。

需要注意的是,求$u_C(0_+)$、$i_L(0_+)$其实就是求$u_C(0_-)$、$i_L(0_-)$,所以要用$t=0_-$时(开关S动作前)的电路;因为电路在直流激励作用下,所有电容元件代之以开路,而电感元件代之以短路,按直流稳态计算。

(2)画$t=0_+$瞬间的等值电路。

电路为S动作后电路。因为$t=0_+$瞬间,电容电压、电感电流不变,所以电容元件可用电压值为$u_C(0_+)$的理想电压源代替,电感元件可用电流值为$i_L(0_+)$的理想电流源代替。

(3)求其他相关初始值。

用$t=0_+$时的等值电路,按直流稳态电路计算其他各电压和电流的初始值。

5.5.2 新的稳态解$f(\infty)$

所谓新的稳态,是指过渡过程结束后的稳定状态。稳态解的求解方法:①电路为换路后电路。②电容代之以开路,电感代之以短路,按直流稳态求解。

5.5.3 时间常数τ

对于RC电路,$\tau=R_iC$;对于RL电路,$\tau=L/R_i$。这里的R_i是从动态元件(电感、电容)两端看进去所有电源置零后的等效入端电阻(使用开关S动作后的电路来求解)。

需要说明的是,三要素法不仅限于电容电压和电感电流的求解,电路中的任意一个响应均可以求解。下面举例说明三要素法的应用。

【例5-8】 如图5-23(a)所示电路,开关S动作前电路已处于稳定状态。$t=0$时开关S从“1”位置合到“2”位置上。已知$R_1=1\ k\Omega$,$R_2=2\ k\Omega$,$C=3\ \mu F$,$U_{S1}=3\ V$,$U_{S2}=5\ V$。用三要素法求电容元件两端的电压u_C。

分析:这是运用三要素法求解电路的例子,只需求出三个要素:$u_C(0_+)$、$u_C(\infty)$、τ,然后代入式(5-28)即可。

解:(1)求初始值$u_C(0_+)$。

$t=0_-$时电路如图5-23(b)所示,则:

$$u_C(0_+) = u_C(0_-) = \frac{R_2}{R_1+R_2}U_{S1} = \frac{2}{1+2}\times 3 = 2(V)$$

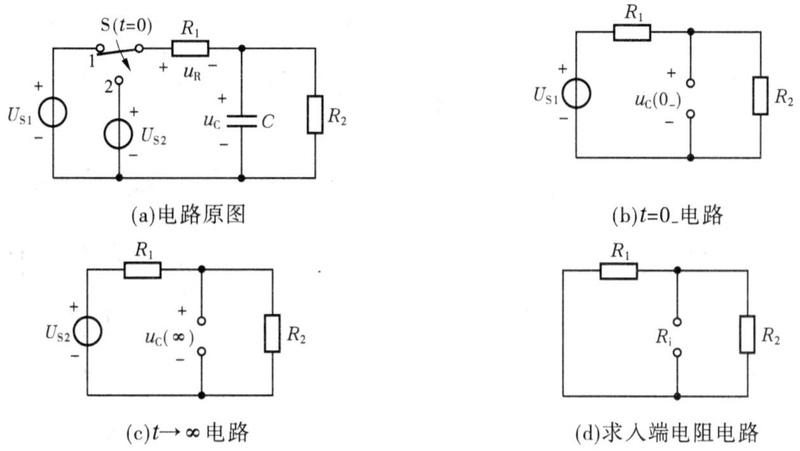

(a)电路原图　(b)t=0₋电路　(c)$t\to\infty$电路　(d)求入端电阻电路

图 5-23　例 5-8 图

(2)求新的稳态解 $u_C(\infty)$。

$t=\infty$ 时电路如图 5-23(c)所示,则:

$$u_C(\infty)=\frac{U_{S2}}{R_1+R_2}R_2=\frac{5}{1+2}\times 2=\frac{10}{3}(\mathrm{V})$$

(3)求时间常数 τ。

首先求等效入端电阻 R_i。电路为开关 S 动作后电路,先将动态元件电容从电路中切除,再将剩下的二端网络的电源置零,如图 5-23(d)所示,则等效入端电阻为

$$R_i=\frac{R_1R_2}{R_1+R_2}=\frac{1\times 2}{1+2}=\frac{2}{3}(\mathrm{k\Omega})$$

时间常数 $\tau=R_iC=\dfrac{2}{3}\times 10^3\times 3\times 10^{-6}=2\times 10^{-3}(\mathrm{s})$

(4)将 $u_C(0_+)$、$u_C(\infty)$、τ 代入式(5-28)得:

$$\begin{aligned}u_C&=u_C(\infty)+[u_C(0_+)-u_C(\infty)]\mathrm{e}^{-\frac{t}{\tau}}\\&=\frac{10}{3}+\left(2-\frac{10}{3}\right)\mathrm{e}^{-\frac{t}{2\times 10^{-3}}}\\&=\frac{10}{3}-\frac{4}{3}\mathrm{e}^{-500t}\quad(\mathrm{V})\qquad(t\geqslant 0)\end{aligned}$$

过渡过程发生时,电路中既有电源激励,也有初始储能,因此电路响应为全响应。

【例 5-9】　如图 5-24(a)所示电路中,$U_S=30$ V,$R_1=R_3=10$ kΩ,$R_2=20$ kΩ,$C=10$ μF,开关 S 在"1"位置时电路已处于稳定状态。当 $t=0$ 时,将开关 S 由"1"位置换到"2"位置。试求:$u_C(t)$及 $i(t)$随时间变化关系。

解:1. 计算初始值

(1)求主初始值。

因为开关动作前(处于"1"位置)电路已稳定,则电容代之以开路,电路如图 5-24(b)所示,所以有:

$$u_C(0_+)=u_C(0_-)=\frac{U_S}{R_1+R_2}\times R_2=\frac{30}{10+20}\times 20=20(\mathrm{V})$$

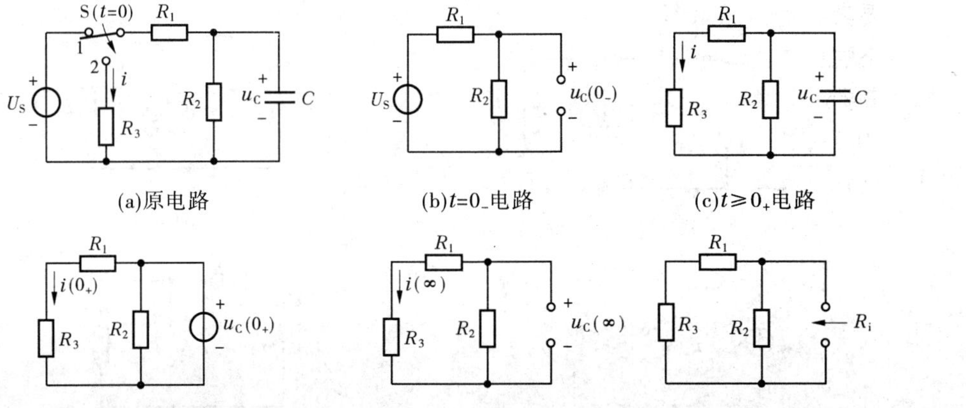

(a)原电路 (b)t=0₋电路 (c)$t\geqslant 0_+$电路

(d)$t=0_+$时的等值电路 (e)$t\to\infty$电路 (f)求入端电阻电路

图 5-24 例 5-9 图

(2)画出 $t=0_+$ 时的等值电路。

$t=0_+$ 时开关已闭合于“2”位置,发生过渡过程的电路如图 5-24(c)所示。将该电路中电容用数值为 $u_C(0_+)$ 的理想电压源代替,则 $t=0_+$ 时的等值电路如图 5-24 (d)所示。

(3)求 $i(0_+)$。

由 $t=0_+$ 时的等值电路可得:

$$i(0_+)=\frac{u_C(0_+)}{R_1+R_3}=\frac{20}{10+10}=1(\mathrm{mA})$$

2. 求新的稳态解

如图 5-24(c)所示电路,由于电路达到新的稳态,电容代之以开路,所以可得求新的稳态解的电路如图 5-24(e)所示。因为电路中没有电源激励,所以有:$u_C(\infty)=0$;$i(\infty)=0$。

3. 求时间常数

(1)求等效入端电阻。

如图 5-24(c)所示电路,将电容从电路中切除,可得求解等效入端电阻的电路如图 5-24(f)所示,则等效电阻为

$$R_i=\frac{(R_1+R_3)R_2}{(R_1+R_3)+R_2}=\frac{(10+10)\times 20}{(10+10)+20}=10(\mathrm{k\Omega})$$

(2)求时间常数。

$$\tau=R_iC=10\times 10^3\times 10\times 10^{-6}=0.1(\mathrm{s})$$

4. 由三要素法公式可得:

$$u_C(t)=u_C(\infty)+[u_C(0_+)-u_C(\infty)]e^{-\frac{t}{\tau}}=0+(20-0)e^{-\frac{t}{0.1}}=20e^{-10t}\quad(\mathrm{V})\qquad(t\geqslant 0)$$

$$i(t)=i(\infty)+[i(0_+)-i(\infty)]e^{-\frac{t}{\tau}}=0+(1-0)e^{-\frac{t}{0.1}}=e^{-10t}\quad(\mathrm{mA})\qquad(t\geqslant 0)$$

因为过渡过程发生时,电路中没有电源激励,因此电路响应为零输入响应。

【例 5-10】* 如图 5-25 所示,$U_S=20$ V,$C=4$ μF,$R=50$ kΩ,在 $t=0$ 时闭合开关 S_1,在 $t=0.1$ s 时闭合开关 S_2,求开关 S_2 闭合后的电压 u_R。设 $u_C(0_-)=0$。

分析:在 $t=0$ 时闭合 S_1,电路左边回路构成 RC 的零状态响应(RC 充电电路),可以

应用三要素公式进行计算。在 $t=0.1$ s 时闭合 S_2，就是全电路的全响应(RC 放电电路)，利用三要素公式也可以方便计算。需要注意的是，因为电路结构发生了变化，在 $t=0$ 时和在 $t=0.1$ s 时的时间常数需要分别计算。

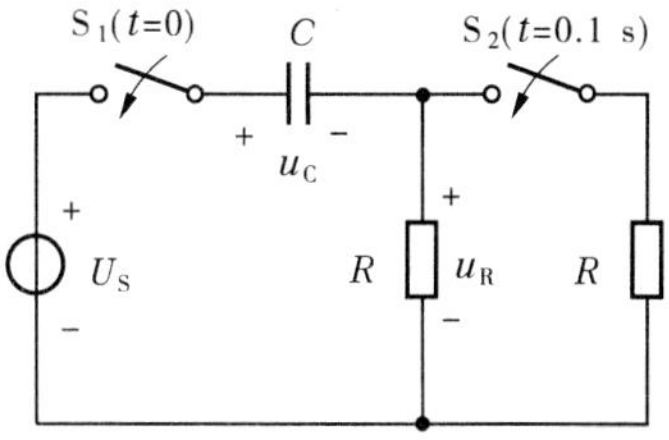

图 5-25　例 5-10 电路图

解：(1) $t=0$ 时闭合 S_1，由三要素计算 $u_R(t)$。

$$u_C(0_+)=u_C(0_-)=0$$

$$u_R(0_+)=U=20\text{ V}$$

$$\tau_1=RC=50\times10^3\times4\times10^{-6}=0.2(\text{s})$$

$$u_R(\infty)=0$$

所以 $u_R(t)=[u_R(0_+)-u_R(\infty)]e^{-\frac{t}{\tau_1}}+u_R(\infty)=20e^{-5t}\qquad(0\leqslant t\leqslant0.1\text{ s})$

(2) $t=0.1$ s 时 S_2 闭合后。

$$u_C(0.1_-)=U_S-u_R(0.1_-)=20-20e^{-5\times0.1}=7.86(\text{V})$$

$$u_C(0.1_+)=u_C(0.1_-)=7.86\text{ V}$$

$$u_R(0.1_+)=U_S-u_C(0.1_+)=20-7.86=12.14(\text{V})$$

$$u_R(\infty)=0$$

$$\tau_2=\frac{RR}{R+R}C=\frac{50\times50}{50+50}\times10^3\times4\times10^{-6}=0.1(\text{s})$$

所以 $u_R(t)=u_R(\infty)+[u_R(0.1_+)-u_R(\infty)]e^{-\frac{t}{\tau_2}}=12.14e^{-10t}\quad(\text{V})\qquad(t\geqslant0.1\text{ s})$

在 RC 电路中，RC 的充电和放电电路在实际中应用非常广泛。

本章小结

1. 稳态和暂态的概念

稳态是指电路中的电压和电流在给定的条件下已达到某一稳态值(对交流来讲是其幅值达到稳定)。我们把直流电路、电压(电流)和呈周期性变化的交流电路称为稳态电路。

暂态是指电路在过渡过程(过渡过程的外部条件是换路即开关接通、断开，电路的参数变化，电源电压变化等。电路产生过渡过程的根本原因是系统中的能量不能发生跃变。电路中的电场能和磁场能不能发生跃变)中的工作状态即指两种稳定状态的中间转换过程。

2. 换路定律与电压和电流初始值的确定

换路定律即电感元件中电流和电容元件两端的电压在换路瞬间不能跃变。

过渡过程开始瞬间电压、电流的值称为电压、电流的初始值。其中除独立电源的初始值外，电容电压 u_C 和电感电流 i_L 的初始值，即 $u_C(0_+)$ 和 $i_L(0_+)$ 称为主初始值，其余称为相关初始值。

确定初始值的步骤一般为：

(1) 利用换路定律求主初始值。

(2)画 $t=0_+$ 瞬间的等值电路。

(3)求其他相关初始值。

3. 一阶线性电路零输入响应、零状态响应、全响应

我们将只含一个动态元件的电路称为一阶动态电路,简称一阶电路。过渡过程发生时,电路中没有电源激励,电路中的电压、电流响应由储能(动态)元件的初始储能引起,所以称该电压、电流响应为零输入响应。

一阶电路的零状态响应是指动态元件没有初始储能,过渡过程由电源激励作用所产生的响应。

所谓全响应,是指由动态元件的初始储能与电源激励共同作用电路中产生的响应。也就是说,过渡过程发生瞬间,电路中的动态元件已具有初始储能,而且电路中也有电源激励。

$$全响应=零输入响应+零状态响应$$

4. 用三要素法求解一阶暂态电路的简要步骤

(1)稳态值 $f(\infty)$:取换路后的电路,将其中的电感元件视作短路,电容视作开路,获得直流电阻性电路,求出各支路电流和各元件端电压,即为它们的稳态值 $f(\infty)$。

(2)初始值 $f(0_+)$:

①若换路前电路处于稳态,可用求稳态值的方法求出电感中的电流 $i_L(0_-)$ 或电容两端的电压 $u_C(0_-)$,其他元件的电压、电流可不必求解。由换路定律有 $i_L(0_+)=i_L(0_-)$,$u_C(0_+)=u_C(0_-)$ 即为它们的初始值。

②若换路前电路处于前一个暂态过程中,则可将换路时间 t_0 代入前一过程的 $i_L(t)$ 或 $u_C(t)$ 中,即得 $i_L(t_{0-})$ 或 $u_C(t_{0-})$,由换路定律有 $i_L(t_{0+})=i_L(t_{0-})$ 或 $u_C(t_{0+})=u_C(t_{0-})$,即为它们的初始值。

③取换路后的电路,将电路中的电感用其 $i_L(0_+)$ 作为理想电流源代替之,将电路中的电容用其 $u_C(0_+)$ 作为理想电压源代替之,获得直流纯电阻电路,求出各支路电流和元件端电压,即为初始值 $f(0_+)$。

(3)求时间常数。

对含有电容的一阶电路: $\tau=R_iC$

对含有电感的一阶电路: $\tau=\dfrac{L}{R_i}$

其中 R_i 是换路后的电路除去电源和储能元件后在储能元件两端所得无源二端网络的等效电阻。

习题五

5-1 如图 5-26 所示电路,$t<0$ 时电路已达稳态,$t=0$ 时开关 S 由“1”位置打到“2”位置,求 $i_L(0_+)$、$u_L(0_+)$、$u_R(0_+)$。已知 $I_S=3\ \text{A}$,$R_1=3\ \Omega$,$R_2=R=6\ \Omega$。

5-2 如图 5-27 所示电路,$t=0$ 时开关闭合,已知 $u_C(0_-)=4\ \text{V}$,$U_S=8\ \text{V}$,$R_1=2\ \Omega$,$R_2=R=4\ \Omega$,求 $i_C(0_+)$、$u_R(0_+)$。

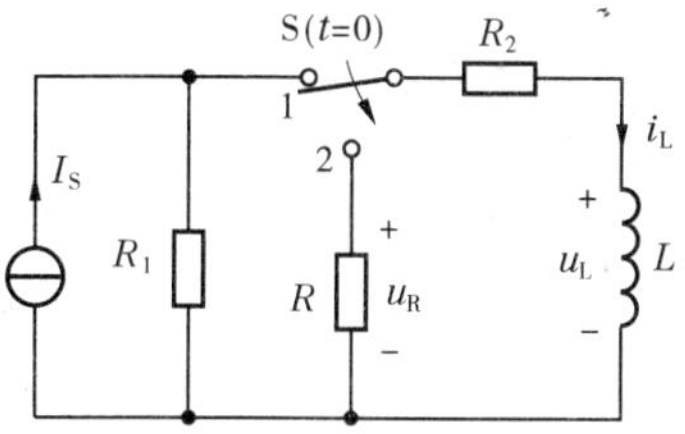

图 5-26　习题 5-1 图

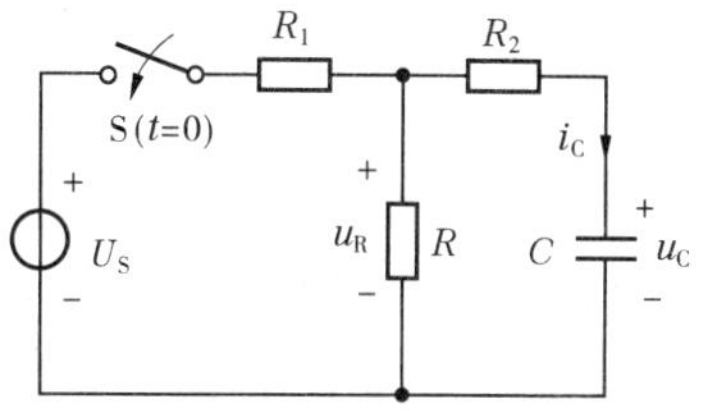

图 5-27　习题 5-2 图

5-3　如图 5-28 所示电路在 $t<0$ 时电路已达稳态。$t=0$ 时开关 S 由"1"位置打到"2"位置，已知 $U_S=24$ V，$R_1=R_2=2$ Ω，$R_3=4$ Ω，求初始值 $i(0_+)$、$i_C(0_+)$和 $u_L(0_+)$。

5-4　如图 5-29 所示电路中，已知 $U_S=10$ V，$R_1=2$ Ω，$R_2=R_3=4$ kΩ，$L=200$ mH。开关 S 打开前电路已达稳态，求开关断开后的 i_1、i_2、i_3 和 u_L。

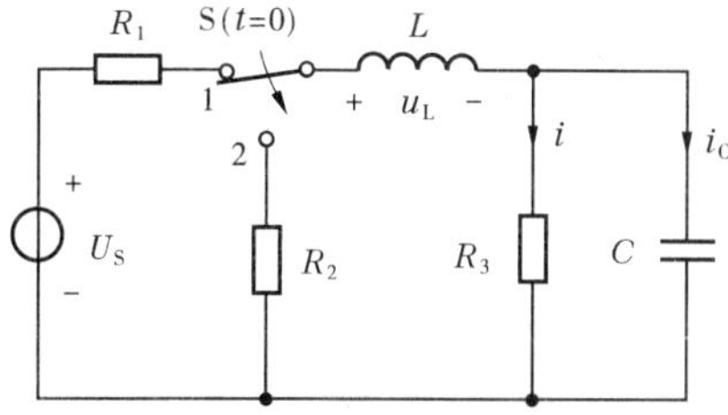

图 5-28　习题 5-3 图

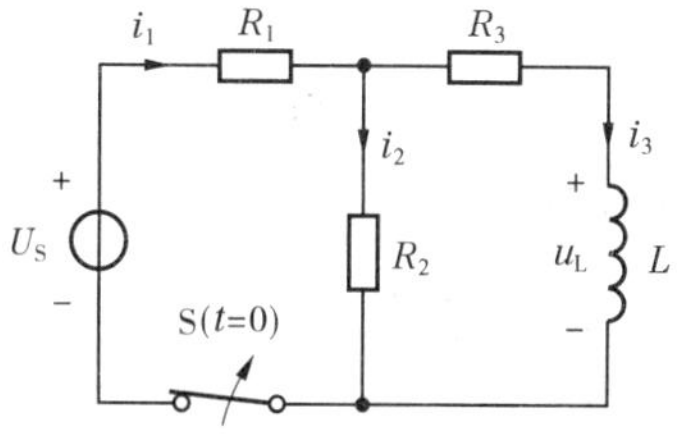

图 5-29　习题 5-4 图

5-5　有一 40 μF 的高压电容器从电路中断开，断开时电容器的电压为 3.5 kV，断开后电容器经本身的漏电阻放电。如漏电阻 $R=100$ MΩ，经过 30 min 后，电容上的电压为多少？

5-6　如图 5-30 所示电路中，电容原本充有 24 V 电压，求开关 S 闭合后电容电压的变化规律。

5-7　如图 5-31 所示为一直流发电机电路简图，已知励磁电阻 $R=20$ Ω，励磁电感 $L=20$ H，外加电压为 $U_S=220$ V。

(1) 试求 S 闭合后，励磁电流的变化规律和达到稳态值所需的时间。

(2) 如果将电源电压提高到 250 V，求励磁电流达到额定值的时间。

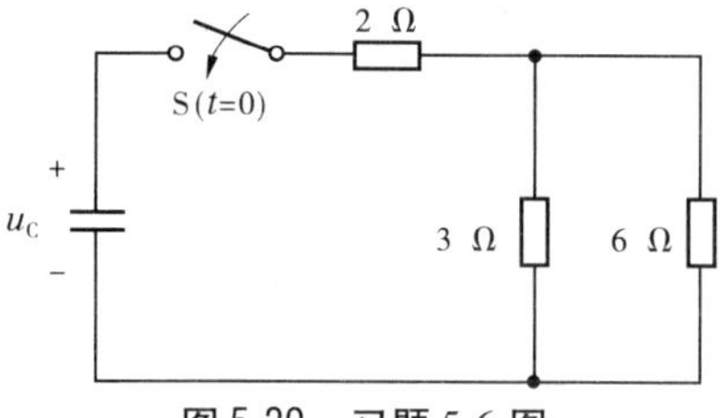

图 5-30　习题 5-6 图

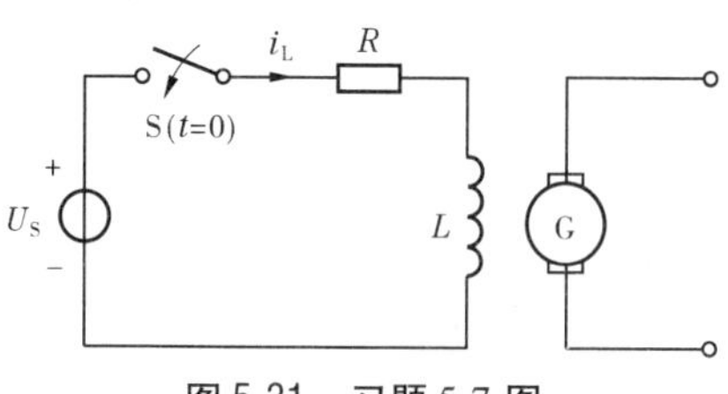

图 5-31　习题 5-7 图

5-8　如图 5-32 所示电路中，开关 S 断开前电路处于稳态。已知 $U_S=20$ V，$R_1=R_2=1$ kΩ，$C=1$ μF。求开关打开后，u_C 和 i_C 的解析式。

5-9　如图 5-33 所示电路中，$t=0_-$ 时处于稳态，设 $U_{S1}=38$ V，$U_{S2}=20$ V，$R_1=20$ Ω，$R_2=5$ Ω，$R_3=6$ Ω，$L=0.2$ H。求 $t\geq0$ 时电流 i_L。

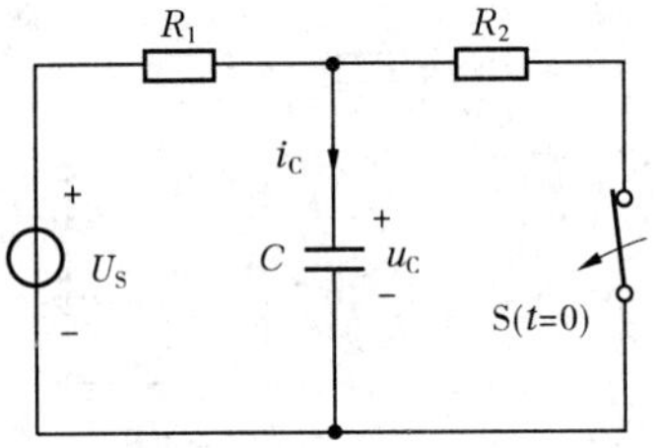

图 5-32　习题 5-8 图

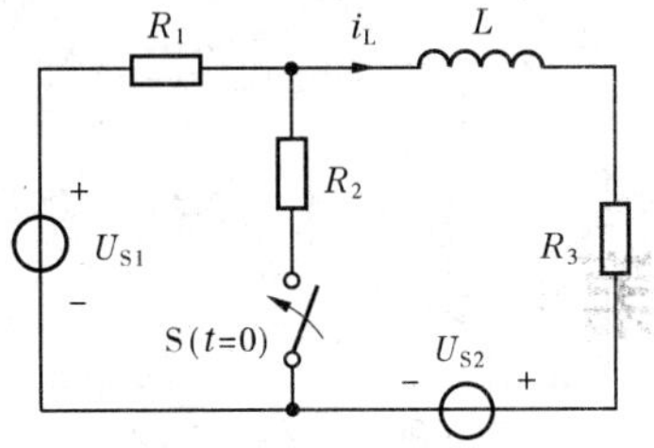

图 5-33　习题 5-9 图

5-10　如图 5-34 所示电路，开关 S 动作前电路已处于稳定状态。$t=0$ 时，开关 S 由“1”到“2”，求电感电压和电感电流。

5-11　如图 5-35 所示电路，$t=0$ 时开关 S 闭合。已知 $u_C(0_-)=0$，求 $u_C=80$ V 时的充电时间 t。

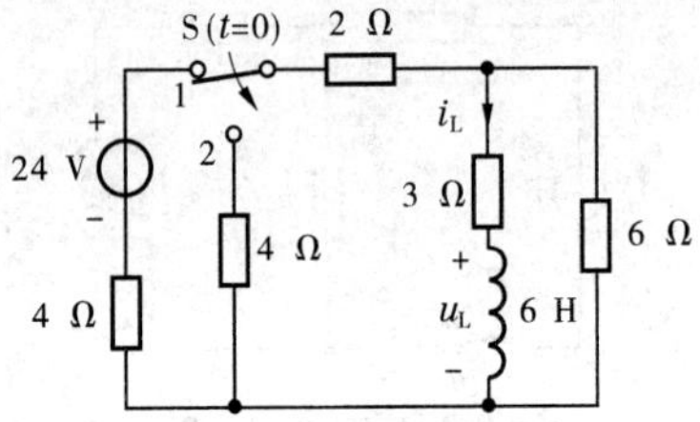

图 5-34　习题 5-10 图

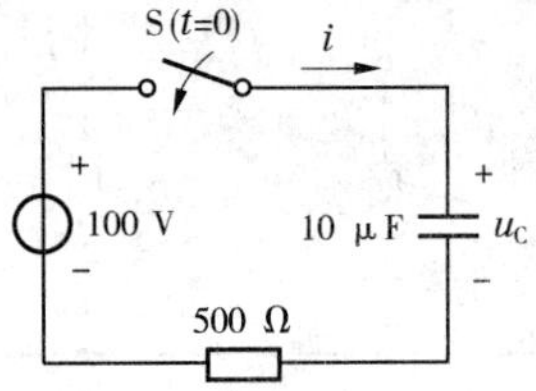

图 5-35　习题 5-11 图

5-12　如图 5-36 所示电路，开关 S 动作前电路已处于稳定状态。$t=0$ 时，开关 S 闭合，求换路后的电流 $i(t)$。

5-13 *　如图 5-37 所示电路，电感无初始储能。$t=0$ 时合上开关 S_1，$t=0.2$ s 时合上开关 S_2，求两次换路后的电感电流 $i(t)$。

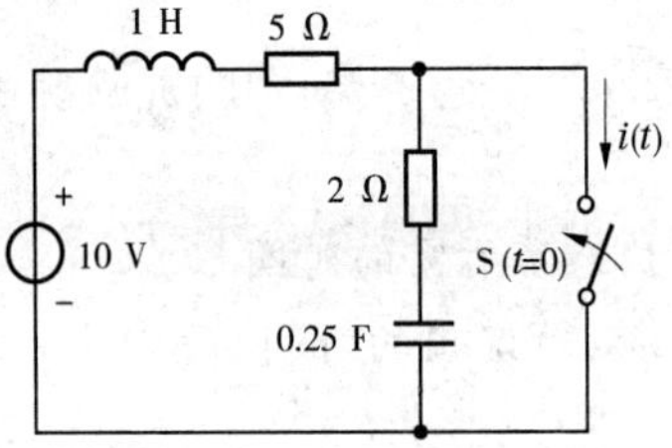

图 5-36　习题 5-12 图

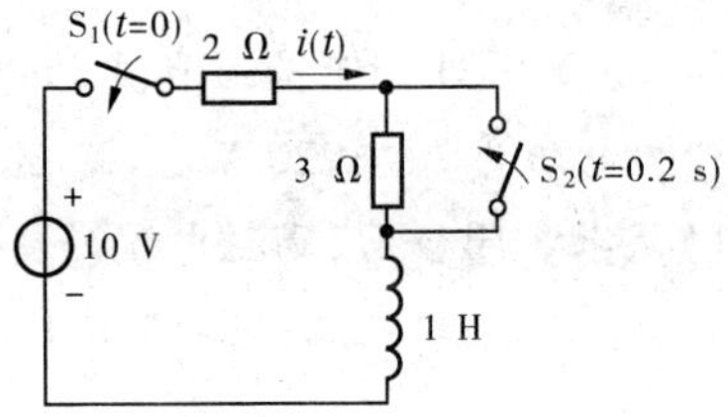

图 5-37　习题 5-13 图

第6章 非正弦周期性电流电路的分析

【内容提要】

本章主要介绍非正弦周期电流电路的一种分析方法——谐波分析法，它是正弦电流电路分析方法的推广。主要内容有非正弦周期量的分解，非正弦周期电流的有效值、平均值、平均功率，非正弦周期电流电路的计算。

【学习目标】

- 了解非正弦周期量及其分解；
- 理解非正弦周期电流、电压的有效值、平均值的概念，能正确计算有效值和平均值；
- 理解平均功率的概念，能正确计算非正弦周期电流电路的平均功率；
- 理解谐波分析法的解题思路，能利用谐波分析法求解电路。

6.1 非正弦周期量及其分解

生产实践中，经常遇到电流、电压不按正弦变化的非正弦交流电路。电力工程中应用的正弦激励只是近似的，发电机与变压器等设备中均存在非正弦周期电流或电压；在通信工程、自动控制和电子技术中，其电流和电压也是非正弦的。因此，研究非正弦交流电路是非常必要的。

6.1.1 非正弦周期量

若在实际电路中含有非线性元件（如二极管半波整流电路），或者一个电路中同时有几个不同频率的激励共同作用，或者施加于电路的信号为非正弦信号，电路中有关元件上的信号则不是理想的直流信号和正弦交流信号，而是非正弦信号。工程中比较常见的几种非正弦周期量如图6-1所示。

非正弦信号可分为周期性的和非周期性的两种。上述波形虽然形状各不相同，但变化规律都是周期性的。含有周期性非正弦信号的电路，称为非正弦周期电流电路。

6.1.2 非正弦周期量的分解

非正弦周期电流、电压、信号等都可以用一个周期函数来表示，即

$$f(t) = f(t + kT)$$

式中：T 为周期函数的周期，且 $k=0,1,2,3\cdots$

如果给定的函数是周期的，且同时满足狄里赫利条件，那么它就可以展开成一个收敛

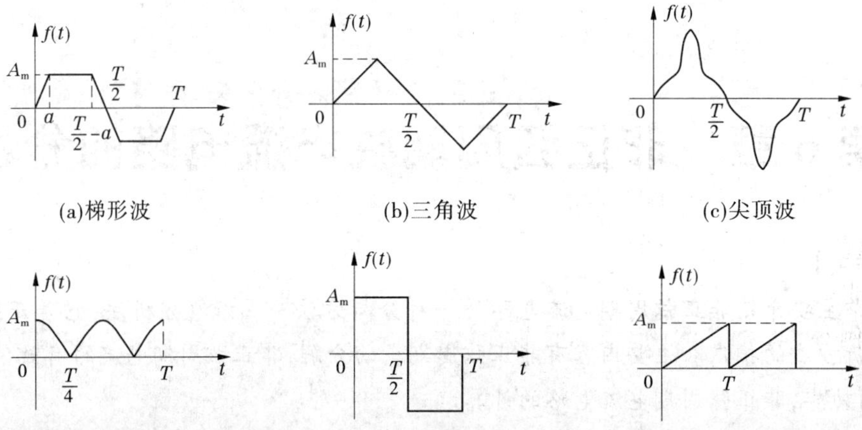

(a)梯形波　(b)三角波　(c)尖顶波

(d)全波整流波　(e)矩形波　(f)锯齿波

图 6-1　几种常见的非正弦波

函数。这个定理是傅里叶提出的。狄里赫利条件是指给定的周期函数在有限的区间内,只有有限个第一类间断点和有限个极大值及极小值。在电工技术中所遇到的周期函数通常都满足这个条件,因此都可以分解为傅里叶级数。

假设给定的周期函数为 $f(t)$,则 $f(t)$ 傅里叶形式为

$$f(t) = a_0 + \sum_{k=1}^{\infty}(a_k\cos k\omega t + b_k\sin k\omega t) \tag{6-1}$$

或

$$f(t) = A_0 + \sum_{k=1}^{\infty}A_{km}\sin(k\omega t + \psi_k) \tag{6-2}$$

式中,$\omega = \dfrac{2\pi}{T}$,T 为 $f(t)$ 的周期。不难得出式(6-1)和式(6-2)之间的相互关系满足:

$$A_k = \sqrt{a_k^2 + b_k^2} \qquad \tan\psi_k = \frac{a_k}{b_k}$$

$$a_0 = A_0 \qquad a_k = A_{km}\sin\psi_k \qquad b_k = A_{km}\cos\psi_k$$

以上的无穷三角级数称为傅里叶级数。式(6-2)的第一项 A_0 称为周期函数 $f(t)$ 的恒定分量(或直流分量);第二项中 $k = 1$ 时的 $A_{1m}\sin(\omega t + \psi_1)$ 称为一次谐波(或基波分量),其周期或频率与原周期函数的相同;$k = 2$ 时就称为二次谐波,其余依次称为三次、四次、五次……谐波。有时还把 k 为奇数的谐波称为奇次谐波,把 k 为偶数的谐波称为偶次谐波。因此,有时把一个周期函数展开或分解为具有一系列谐波的傅里叶级数称为谐波分析。

式(6-1)中的系数按下式计算:

$$\left.\begin{aligned}a_0 &= \frac{1}{T}\int_0^T f(t)\,\mathrm{d}t = \frac{1}{2\pi}\int_0^{2\pi} f(t)\,\mathrm{d}(\omega t)\\ a_k &= \frac{2}{T}\int_0^T f(t)\cos k\omega t\,\mathrm{d}t = \frac{1}{\pi}\int_0^{2\pi} f(t)\cos k\omega t\,\mathrm{d}(\omega t)\\ b_k &= \frac{2}{T}\int_0^T f(t)\sin k\omega t\,\mathrm{d}t = \frac{1}{\pi}\int_0^{2\pi} f(t)\sin k\omega t\,\mathrm{d}(\omega t)\end{aligned}\right\} \tag{6-3}$$

这些公式的推导在数学中已有介绍，主要的依据是利用三角函数定积分的特点。可见，将非正弦周期函数展开成傅里叶级数，实质上就是计算傅里叶系数。

【例 6-1】 求图 6-2 所示矩形波的傅里叶级数。

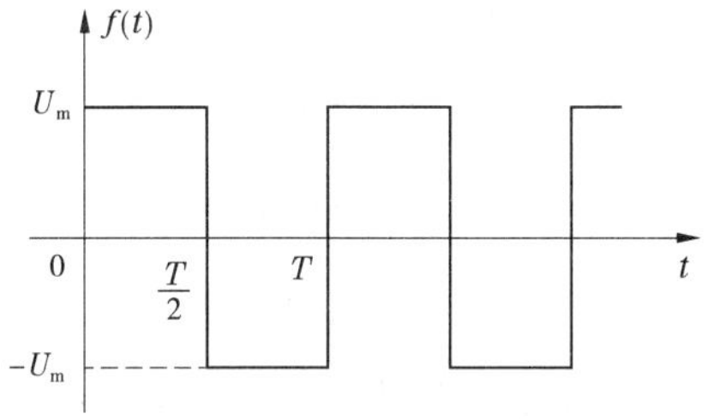

图 6-2　例 6-1 图

解：图 6-2 所示非正弦周期函数在一个周期内的表达式为

$$\left.\begin{aligned}f(t) &= U_m \qquad \left(0 \leqslant t \leqslant \frac{T}{2}\right)\\ f(t) &= -U_m \qquad \left(\frac{T}{2} \leqslant t \leqslant T\right)\end{aligned}\right\}$$

由式(6-3)得：

$$a_0 = \frac{1}{2\pi}\int_0^{\pi} U_m \mathrm{d}(\omega t) + \frac{1}{2\pi}\int_{\pi}^{2\pi} -U_m \mathrm{d}(\omega t) = 0$$

$$a_k = \frac{1}{\pi}\int_0^{\pi} U_m \cos k\omega t\,\mathrm{d}(\omega t) + \frac{1}{\pi}\int_{\pi}^{2\pi}(-U_m)\cos k\omega t\,\mathrm{d}(\omega t) = 0$$

$$b_k = \frac{1}{\pi}\int_0^{\pi} U_m \sin k\omega t\,\mathrm{d}(\omega t) + \frac{1}{\pi}\int_{\pi}^{2\pi}(-U_m)\sin k\omega t\,\mathrm{d}(\omega t) = \frac{2U_m}{k\pi}(1-\cos k\omega t)$$

当 k 为奇数时，$\cos k\omega t = -1$，$b_k = \frac{4U_m}{k\pi}$；当 k 为偶数时，$\cos k\omega t = 1$，$b_k = 0$。

由此可知，该函数的傅里叶级数表达式为

$$f(t) = \frac{4U_m}{\pi}\left(\sin\omega t + \frac{1}{3}\sin 3\omega t + \frac{1}{5}\sin 5\omega t + \cdots\right)$$

以上介绍的是利用数学分析的方法求解周期函数的傅里叶级数。工程上常用查表的方法来获得非正弦周期函数的傅里叶级数。下面给出电工技术中常见的几种周期函数的傅里叶形式，如表 6-1 所示。

表 6-1 几种常见的周期函数的傅里叶形式

名称	波形	傅里叶形式	有效值	平均值
正弦波	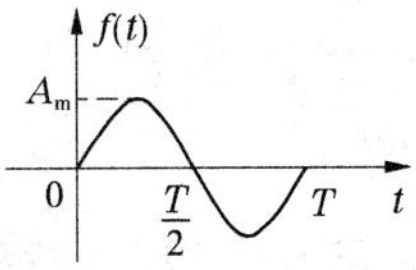	$f(t)=A_m\sin\omega t$	$\frac{A_m}{\sqrt{2}}$	$\frac{2A_m}{\pi}$
梯形波	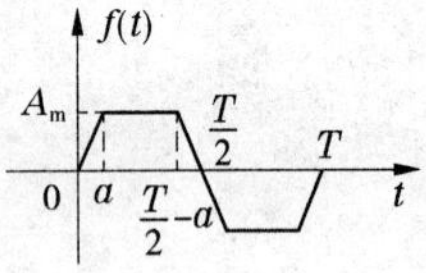	$f(t)=\frac{4A_m}{a\pi}(\sin a\sin\omega t+\frac{1}{9}\sin 3a\sin 3\omega t+\frac{1}{25}\sin 5a\sin 5\omega t+\cdots+\frac{1}{k^2}\sin ka\sin k\omega t+\cdots)$ (k 为奇数)	$A_m\sqrt{1-\frac{4a}{3\pi}}$	$A_m\left(1-\frac{a}{\pi}\right)$
三角波	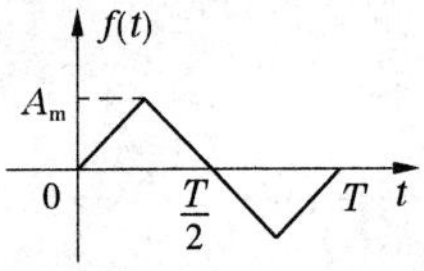	$f(t)=\frac{8A_m}{\pi}\left[\sin\omega t-\frac{1}{9}\sin 3\omega t+\frac{1}{25}\sin 5\omega t+\cdots+\frac{(-1)^{\frac{k-1}{2}}}{k^2}\sin k\omega t+\cdots\right]$ (k 为奇数)	$\frac{A_m}{\sqrt{3}}$	$\frac{A_m}{2}$
矩形波	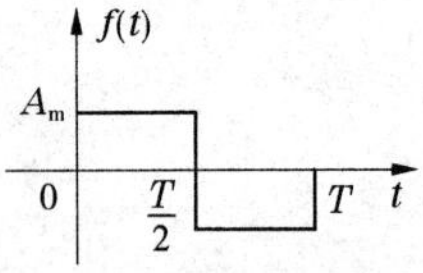	$f(t)=\frac{4A_m}{\pi}(\sin\omega t+\frac{1}{3}\sin 3\omega t+\frac{1}{5}\sin 5\omega t+\cdots+\frac{1}{k}\sin k\omega t+\cdots)$ (k 为奇数)	A_m	A_m
半波整流波	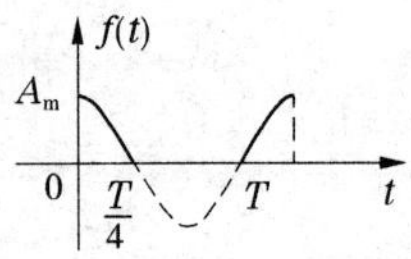	$f(t)=\frac{2A_m}{\pi}(\frac{1}{2}+\frac{\pi}{4}\cos\omega t+\frac{1}{1\times 3}\cos 2\omega t-\frac{1}{3\times 5}\cos 4\omega t+\frac{1}{5\times 7}\cos 6\omega t-\cdots-\frac{\cos\frac{k\pi}{2}}{k^2-1}\cos k\omega t+\cdots)$ ($k=2,4,6\cdots$)	$\frac{A_m}{2}$	$\frac{A_m}{\pi}$

续表 6-1

名称	波形	傅里叶形式	有效值	平均值
全波整流波	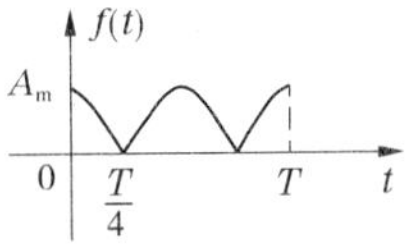	$f(t)=\frac{4A_m}{\pi}\left(\frac{1}{2}+\frac{1}{1\times 3}\cos 2\omega t-\frac{1}{3\times 5}\cos 4\omega t+\cdots+\frac{\cos\frac{k\pi}{2}}{k^2-1}\cos k\omega t+\cdots\right)$ $(k=2,4,6\cdots)$	$\frac{A_m}{\sqrt{2}}$	$\frac{2A_m}{\pi}$
锯齿波	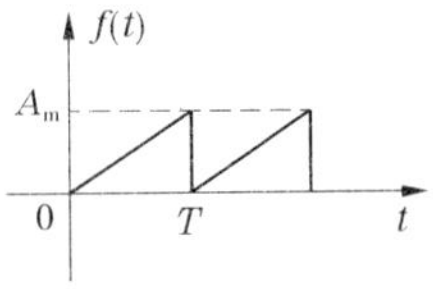	$f(t)=\frac{A_m}{2}-\frac{A_m}{\pi}\left(\sin\omega t+\frac{1}{2}\sin 2\omega t+\frac{1}{3}\sin 3\omega t+\cdots+\frac{1}{k}\sin k\omega t+\cdots\right)$ $(k=1,2,3\cdots)$	$\frac{A_m}{\sqrt{3}}$	$\frac{A_m}{2}$
方波	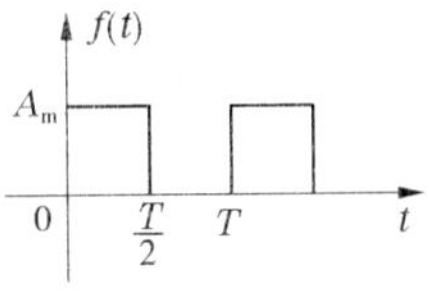	$f(t)=\frac{A_m}{2}+\frac{2A_m}{\pi}\left(\sin\omega t+\frac{1}{3}\sin 3\omega t+\frac{1}{5}\sin 5\omega t+\cdots+\frac{1}{k}\sin k\omega t+\cdots\right)$ (k 为奇数)	$\frac{\sqrt{2}A_m}{2}$	$\frac{A_m}{2}$

傅里叶级数是一个无穷级数，理论上要取无限项才能准确表示原周期函数，但实际应用时，由于其级数收敛很快，较高次谐波的振幅很小，因此在计算结果准确度要求不高的情况下，取级数的前几项进行计算就足够了。

电工技术中常见的周期函数具有某种对称性时，其傅里叶级数中不含某些谐波。它们有一定的规律可循，掌握这些规律可使分解傅里叶级数的计算得以简化。

6.2 非正弦周期性电流电路中的有效值、平均值和平均功率

6.2.1 有效值

非正弦周期量的有效值的定义与正弦周期量的有效值的定义是完全相同的。如前所述对任意周期电流 i 的有效值 I 已经有了定义，其表达式为

$$I = \sqrt{\frac{1}{T}\int_0^T i^2 \mathrm{d}t} \tag{6-4}$$

假设一非正弦周期电流 i 可以分解为傅里叶级数：

$$i = I_0 + \sum_{k=1}^{\infty} I_{km}\sin(k\omega t + \psi_k) \tag{6-5}$$

将此 i 代入式(6-4)，则此非正弦电流的有效值为

$$I = \sqrt{\frac{1}{T}\int_0^T \left[I_0 + \sum_{k=1}^{\infty} I_{km}\sin(k\omega t + \psi_k)\right]^2 \mathrm{d}t} \tag{6-6}$$

式(6-6)右边根号内展开后将包含以下各项：

$$\frac{1}{T}\int_0^T I_0^2 \mathrm{d}t = I_0^2$$

$$\frac{1}{T}\int_0^T I_{km}^2 \sin^2(k\omega t + \psi_k)\mathrm{d}t = \frac{I_{km}^2}{2} = I_k^2$$

$$\frac{1}{T}\int_0^T 2I_0 I_{km}\sin(k\omega t + \psi_k)\mathrm{d}t = 0$$

$$\frac{1}{T}\int_0^T 2I_{km}\sin(k\omega t + \psi_k) I_{qm}\sin(q\omega t + \psi_q)\mathrm{d}t = 0 \qquad (k \neq q)$$

这样可以求得非正弦周期电流 i 的有效值：

$$I = \sqrt{I_0^2 + \sum_{k=1}^{\infty} I_k^2} = \sqrt{I_0^2 + I_1^2 + I_2^2 + \cdots + I_k^2 + \cdots} \tag{6-7}$$

同理，非正弦周期电压 u 的有效值为

$$U = \sqrt{U_0^2 + \sum_{k=1}^{\infty} U_k^2} = \sqrt{U_0^2 + U_1^2 + U_2^2 + \cdots + U_k^2 + \cdots}$$

式(6-7)中：I_0 为恒定分量（或称直流分量）的值；I_k 为各次谐波分量的有效值，与各次谐波分量最大值的关系为 $I_k = I_{km}/\sqrt{2}(k = 1,2,3\cdots)$。

所以，非正弦周期电流（或电压）的有效值等于各次谐波电流（或电压）有效值平方和的平方根。

【例 6-2】 求周期电压 $u(t) = [100 + 70\sin(100\pi t - 70°) + 20\sin(300\pi t + 15°)]$ 的有效值。

解：$u(t)$ 的有效值为

$$U = \sqrt{100^2 + \left(\frac{70}{\sqrt{2}}\right)^2 + \left(\frac{20}{\sqrt{2}}\right)^2} = 112.5(\text{V})$$

6.2.2　平均值

除有效值外,非正弦周期量还引用平均值的概念。对于傅里叶级数展开式中直流分量为零的非正弦周期量,一个周期内的平均值总为零。所以,周期量的平均值定义为其绝对值的平均值。假设周期电流为 $i(t)$,则其平均值为

$$I_{\text{av}} = \frac{1}{T}\int_0^T |\, i(t) \,| \, \mathrm{d}t$$

同样周期电压的平均值为

$$U_{\text{av}} = \frac{1}{T}\int_0^T |\, u(t) \,| \, \mathrm{d}t$$

对于正弦交流电流(电压)的平均值也可以同样定义。若 $i = I_{\text{m}}\sin\omega t$ (A),其平均值为

$$\begin{aligned} I_{\text{av}} &= \frac{1}{T}\int_0^T |\, I_{\text{m}}\sin\omega t \,| \, \mathrm{d}t = \frac{2}{T}\int_0^{\frac{T}{2}} I_{\text{m}}\sin\omega t \mathrm{d}t \\ &= \frac{2I_{\text{m}}}{\omega T}[-\cos\omega t]_0^{\frac{T}{2}} = \frac{2I_{\text{m}}}{\pi} \\ &= 0.637I_{\text{m}} = 0.898I \quad (\text{A}) \end{aligned}$$

6.2.3　平均功率

非正弦周期电流电路中的平均功率仍是按瞬时功率的平均值来定义的,即

$$P = \frac{1}{T}\int_0^T p\mathrm{d}t = \frac{1}{T}\int_0^T ui\mathrm{d}t$$

假设某二端网络的端口电压、电流分别为

$$u = U_0 + \sum_{k=1}^{\infty} U_{k\text{m}}\sin(k\omega t + \psi_{\text{u}k})$$

$$i = I_0 + \sum_{k=1}^{\infty} I_{k\text{m}}\sin(k\omega t + \psi_{\text{i}k})$$

式中:$\psi_{\text{u}k}$,$\psi_{\text{i}k}$为 k 次谐波电压、电流的初相位。设 $\varphi_k = \psi_{\text{u}k} - \psi_{\text{i}k}$,即 k 次谐波电压超前 k 次谐波电流的相位,于是有:

$$\begin{aligned} P &= \frac{1}{T}\int_0^T ui\mathrm{d}t \\ &= \frac{1}{T}\int_0^T \left[U_0 + \sum_{k=1}^{\infty} U_{k\text{m}}\sin(k\omega t + \psi_{\text{u}k})\right]\left[I_0 + \sum_{k=1}^{\infty} I_{k\text{m}}\sin(k\omega t + \psi_{\text{i}k})\right]\mathrm{d}t \end{aligned}$$

由于三角函数的正交性,不同次谐波电压、电流乘积的平均值为零。所以,上式即为

$$\begin{aligned} P &= \frac{1}{T}\int_0^T \left[U_0 I_0 + \sum_{k=1}^{\infty} U_{k\text{m}}\sin(k\omega t + \psi_{\text{u}k}) \cdot I_{k\text{m}}\sin(k\omega t + \psi_{\text{i}k})\right]\mathrm{d}t \\ &= \frac{1}{T}\int_0^T U_0 I_0 \,\mathrm{d}t + \frac{1}{T}\int_0^T \sum_{k=1}^{\infty} \frac{1}{2}U_{k\text{m}}I_{k\text{m}}\cos(\psi_{\text{u}k} - \psi_{\text{i}k})\mathrm{d}t \end{aligned}$$

$$= \frac{1}{T}\int_0^T U_0 I_0 \mathrm{d}t + \frac{1}{T}\int_0^T \sum_{k=1}^{\infty} U_k I_k \cos\varphi_k \mathrm{d}t$$
$$= U_0 I_0 + \sum_{k=1}^{\infty} U_k I_k \cos\varphi_k = P_0 + \sum_{k=1}^{\infty} P_k \tag{6-8}$$

式(6-9)表明,非正弦周期性电流电路中的平均功率等于各次谐波分量(包括恒定分量)平均功率之和。

【例 6-3】 已知某电路的端口电压、电流分别为

$$u = 10 + 20\sin(100\pi t - 30°) + 8\sin(300\pi t - 30°) \quad (\mathrm{V})$$
$$i = 3 + 6\sin(100\pi t + 30°) + 2\sin 500\pi t \quad (\mathrm{A})$$

求该电路的平均功率。

解: 由式(6-9)得:

$$P = U_0 I_0 + \sum_{k=1}^{\infty} U_k I_k \cos\varphi_k$$
$$= 10 \times 3 + \frac{20}{\sqrt{2}} \times \frac{6}{\sqrt{2}} \times \cos(-30° - 30°) = 60(\mathrm{W})$$

6.3 非正弦周期性电流电路的计算

本节仅讨论非正弦激励下的线性电路的分析计算。

非正弦激励下的线性电路的分析计算方法,首先是将非正弦激励展开成傅里叶级数(即恒定分量和不同频率的正弦量的叠加),然后分别计算恒定分量和不同频率正弦量单独作用下电路的响应,最后利用线性电路的叠加原理,就可以得到电路的实际响应。这种分析电路的方法称谐波分析法。其分析电路的一般步骤如下:

(1)将给定的非正弦激励分解为傅里叶级数(也可通过查相关表格获得),并根据计算精度要求,取有限项高次谐波。

(2)分别计算各次谐波单独作用下电路的响应。计算恒定分量(或称直流分量)作用下的响应时,按直流稳态电路来分析,即电感元件短路,电容元件开路。计算各次谐波分量(不同频率的正弦量)作用下的响应时,按正弦交流稳态电路分析。但需注意的是,电感元件、电容元件对不同频率的谐波有不同的电抗。对于 k 次谐波有:

$$X_{\mathrm{L}(k)} = k\omega L, \qquad X_{\mathrm{C}(k)} = \frac{1}{k\omega C}$$

所以谐波次数越高,感抗越大,容抗越小。

(3)应用叠加原理,将各次谐波作用下的响应解析式进行叠加。需要注意的是,必须先将各次谐波分量响应写成瞬时值表达式后才可以叠加,而不能把表示不同频率正弦量的相量进行叠加(因为这些相量的频率不同)。最后所求响应的解析式是用时间函数表示的。

【例 6-4】 图 6-3(a)所示电路中,已知:$u = 10 + 100\sqrt{2}\sin\omega t + 50\sqrt{2}\sin(3\omega t + 30°)$ (V),$\omega L = 2\ \Omega$,$\frac{1}{\omega C} = 15\ \Omega$,$R_1 = 5\ \Omega$,$R_2 = 10\ \Omega$,求各支路电流(方向如图)及 R_1 支路吸收的平均功率。

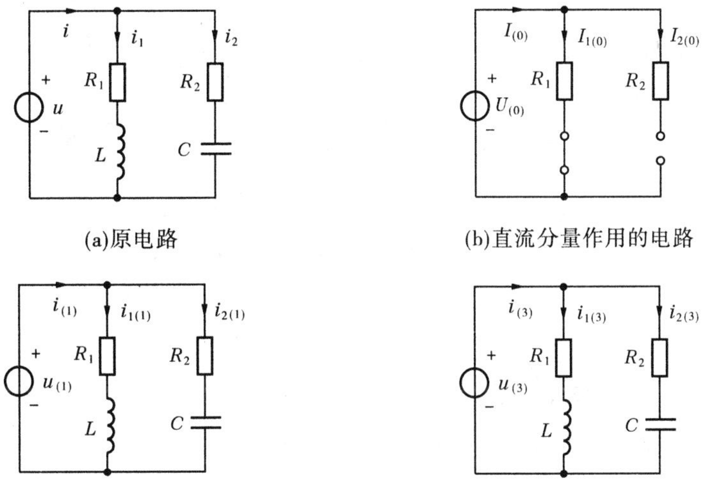

(a)原电路

(b)直流分量作用的电路

(c)一次谐波分量作用的电路

(d)三次谐波分量作用的电路

图6-3 例6-4图

解:因为电源电压的傅里叶级数已知,所以直接计算各次谐波作用下的响应。

(1)计算恒定分量作用下的响应。

恒定分量作用按直流稳态分析,即电感短路、电容开路,电路如图6-3(b)所示,各支路电流分别为

$$I_{1(0)}=\frac{U_0}{R_1}=\frac{10}{5}=2(\mathrm{A})\qquad I_{2(0)}=0$$

$$I_{(0)}=I_{1(0)}+I_{2(0)}=2(\mathrm{A})$$

(2)计算谐波分量作用下的响应,按交流稳态分析,用相量法计算。

①基波分量 $u_{(1)}=100\sqrt{2}\sin\omega t\ (\mathrm{V})$ 作用,电路如图6-3(c)所示。

$$\dot{U}_{(1)}=100\angle 0°\ \mathrm{V}$$

$$\dot{I}_{1(1)}=\frac{\dot{U}_{(1)}}{R_1+\mathrm{j}\omega L}=\frac{100}{5+\mathrm{j}2}=18.6\angle -21.8(\mathrm{A})$$

$$\dot{I}_{2(1)}=\frac{\dot{U}_{(1)}}{R_2-\mathrm{j}\dfrac{1}{\omega C}}=\frac{100}{10-\mathrm{j}15}=5.55\angle 56.3°(\mathrm{A})$$

$$\dot{I}_{(1)}=\dot{I}_{1(1)}+\dot{I}_{2(1)}=18.6\angle -21.8°+5.55\angle 56.3°=20.5\angle -6.38°(\mathrm{A})$$

所以有:

$$i_{1(1)}=18.6\sqrt{2}\sin(\omega t-21.8°)\quad(\mathrm{A})$$

$$i_{2(1)}=5.55\sqrt{2}\sin(\omega t+56.3°)\quad(\mathrm{A})$$

$$i_{(1)}=20.5\sqrt{2}\sin(\omega t-6.38°)\quad(\mathrm{A})$$

②3次谐波分量 $u_{(3)}=50\sqrt{2}\sin(3\omega t+30°)\ (\mathrm{V})$ 作用,电路如图6-3(d)所示。

此时:感抗 $X_{L(3)}=3\omega L=6\ \Omega$,容抗 $X_{C(3)}=\dfrac{1}{3\omega C}=5\ \Omega$,$\dot{U}_{(3)}=50\angle 30°\ \mathrm{V}$,所以有:

$$\dot{I}_{1(3)} = \frac{\dot{U}_{(3)}}{R_1 + jX_{L(3)}} = \frac{50\angle 30°}{5 + j6} = 6.4\angle -20.19°(A)$$

$$\dot{I}_{2(3)} = \frac{\dot{U}_{(3)}}{R_2 - jX_{C(3)}} = \frac{50\angle 30°}{10 - j5} = 4.47\angle 56.57°(A)$$

$$\dot{I}_{(3)} = \dot{I}_{1(3)} + \dot{I}_{2(3)} = 6.4\angle -20.19° + 4.47\angle 56.57° = 8.62\angle 10.17°(A)$$

故
$$i_{1(3)} = 6.4\sqrt{2}\sin(3\omega t - 20.19°) \quad (A)$$

$$i_{2(3)} = 4.47\sqrt{2}\sin(3\omega t + 56.57°) \quad (A)$$

$$i_{(3)} = 8.62\sqrt{2}\sin(3\omega t + 10.17°) \quad (A)$$

(3)利用叠加原理，将所求响应叠加。

$$i = I_0 + i_{(1)} + i_{(3)}$$

$$= 2 + 20.5\sqrt{2}\sin(\omega t - 6.38°) + 8.62\sqrt{2}\sin(3\omega t + 10.17°) \quad (A)$$

$$i_1 = I_{1(0)} + i_{1(1)} + i_{1(3)}$$

$$= 2 + 18.6\sqrt{2}\sin(\omega t - 21.8°) + 6.4\sqrt{2}\sin(3\omega t - 21.19°) \quad (A)$$

$$i_2 = I_{2(0)} + i_{2(1)} + i_{2(3)}$$

$$= 5.55\sqrt{2}\sin(\omega t + 56.3°) + 4.47\sqrt{2}\sin(3\omega t + 56.57°) \quad (A)$$

各支路电流有效值分别为

$$I = \sqrt{I_0^2 + I_1^2 + I_3^2} = \sqrt{2^2 + 20.5^2 + 8.62^2} = 22.33(A)$$

$$I_1 = \sqrt{I_{1(0)}^2 + I_{1(1)}^2 + I_{1(3)}^2} = \sqrt{2^2 + 18.6^2 + 6.4^2} = 19.77(A)$$

$$I_2 = \sqrt{I_{2(0)}^2 + I_{2(1)}^2 + I_{2(3)}^2} = \sqrt{5.55^2 + 4.47^2} = 7.13(A)$$

(4)求 R_1 支路吸收的平均功率。

由式(6-9)得：

$$P = U_{(0)}I_{1(0)} + U_{(1)}I_{1(1)}\cos[\psi_{u(1)} - \psi_{i_1(1)}] + U_{(3)}I_{1(3)}\cos[\psi_{u(3)} - \psi_{i_1(3)}]$$

$$= 10 \times 2 + 100 \times 20.5 \times \cos(0 - 21.8°) + 50 \times 6.4\cos(30° + 20.19°)$$

$$= 20 + 1\,903 + 204.9 = 2\,127.9(W)$$

【例6-5】 为了减小整流器输出电压的纹波，使其更接近于直流，常在整流的输出端与负载 R 间接有 LC 滤波器，如图6-4 (a)所示。已知 $R = 1$ kΩ，$L = 5$ H，$C = 30$ μF，输入电压 u 的波形如图6-4 (b)所示，其中，振幅 $U_m = 157$ V，基波角频率 $\omega = 314$ rad/s，求输出电压 u_R。

解：(1)查表6-1可得 u 的傅里叶级数为

$$u = \frac{4U_m}{\pi}\left(\frac{1}{2} + \frac{1}{1 \times 3}\cos 2\omega t - \frac{1}{3 \times 5}\cos 4\omega t + \cdots + \frac{\cos\frac{k\pi}{2}}{k^2 - 1}\cos k\omega t + \cdots\right)$$

取前3项计算，并将 $U_m = 157$ V 代入得：

$$u = 100 + 66.7\cos 2\omega t - 13.34\cos 4\omega t \cdot (V)$$

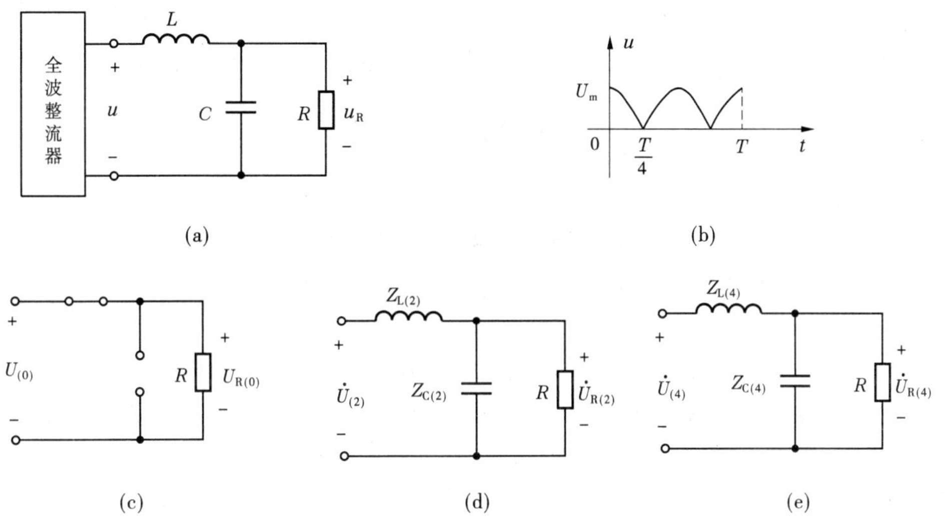

图6-4　例6-5图

(2)求恒定激励下的响应。

对于恒定激励,电路按直流稳态分析,即电感短路、电容开路,如图6-4(c)所示,故:

$$U_{R(0)} = U_{(0)} = 100\text{ V}$$

(3)求各次谐波激励下的响应:对于谐波(正弦波)激励,电路按交流稳态分析。

①求二次谐波响应:用图6-4(d)所示电路计算。

$$Z_{L(2)} = j2\omega L = j2 \times 314 \times 5 = j3\,140(\Omega)$$

$$Z_{C(2)} = \frac{1}{j2\omega C} = \frac{1}{j2 \times 314 \times 30 \times 10^{-6}} = -j53.1(\Omega)$$

$$Z_{RC(2)} = \frac{RZ_{C(2)}}{R + Z_{C(2)}} = \frac{1\,000 \times (-j53.1)}{1\,000 - j53.1} = 53\angle -87^\circ(\Omega)$$

因为 $u_{(2)} = 66.7\cos 2\omega t$ (V),所以其对应的相量为 $\dot{U}_{(2)} = \frac{66.7}{\sqrt{2}}\angle 0^\circ$ V,于是有:

$$\dot{U}_{R(2)} = \frac{\dot{U}_{(2)}}{Z_{L(2)} + Z_{RC(2)}} Z_{RC(2)} = \frac{\frac{66.7}{\sqrt{2}}\angle 0^\circ}{j3\,140 + 53\angle -87^\circ} \times 53\angle -87^\circ = \frac{1.15}{\sqrt{2}}\angle -177^\circ(\text{V})$$

所以有:

$$u_{R(2)} = 1.15\cos(2\omega t - 177^\circ) \quad (\text{V})$$

②求四次谐波响应,用图6-4(e)所示电路计算。

$$Z_{L(4)} = j4\omega L = j4 \times 314 \times 5 = j6\,280(\Omega)$$

$$Z_{C(4)} = \frac{1}{j4\omega C} = \frac{1}{j4 \times 314 \times 30 \times 10^{-6}} = -j26.54(\Omega)$$

$$Z_{RC(4)} = \frac{RZ_{C(4)}}{R + Z_{C(4)}} = \frac{1\,000 \times (-j26.54)}{1\,000 - j26.54} = 26.5\angle -88.5^\circ(\Omega)$$

因为 $u_{(4)} = 13.34\cos 4\omega t$ (V),其对应的相量为 $\dot{U}_{(4)} = \frac{13.34}{\sqrt{2}}\angle 0^\circ$ V,于是:

$$\dot{U}_{R(4)}=\frac{\dot{U}_{(4)}}{Z_{L(4)}+Z_{RC(4)}}\cdot Z_{RC(4)}=\frac{\frac{13.34}{\sqrt{2}}\angle 0^\circ\times 26.5\angle -88.5^\circ}{j6\,280+26.5\angle -88.5^\circ}$$

$$=\frac{0.056}{\sqrt{2}}\angle -178.5^\circ(\mathrm{V})$$

所以有：

$$u_{R(4)}=0.056\cos(4\omega t-178.5^\circ)\quad(\mathrm{V})$$

(4)利用叠加原理求最终响应：

$$u_R=U_{R(0)}+u_{R(2)}+u_{R(4)}$$

$$=100+1.15\cos(2\omega t-177^\circ)+0.056\cos(4\omega t-178.5^\circ)\quad(\mathrm{V})$$

比较本例题的输入、输出电压可以看到：二次谐波分量的幅值由输入的66.7 V减小到滤波后输出的1.15 V，而四次谐波分量的幅值由输入的13.34 V减小到滤波后输出的0.056 V。可见，经滤波后高次谐波分量明显受到抑制，负载两端得到较平稳的输出电压。

本章小结

1. 非正弦周期量及其分解

电工技术中的非正弦周期量一般均可展开成傅里叶级数，其表达式为

$$f(t)=a_0+\sum_{k=1}^{\infty}(a_k\cos k\omega t+b_k\sin k\omega t)$$

或

$$f(t)=A_0+\sum_{k=1}^{\infty}A_{km}\sin(k\omega t+\psi_k)$$

2. 非正弦周期电流电路中的有效值、平均值及平均功率

(1)有效值。

非正弦周期量的有效值定义与正弦量有效值的定义相同，即

$$I=\sqrt{\frac{1}{T}\int_0^T i^2\mathrm{d}t}$$

$$U=\sqrt{\frac{1}{T}\int_0^T u^2\mathrm{d}t}$$

它与各次谐波分量有效值的关系为

$$I=\sqrt{I_0^2+\sum_{k=1}^{\infty}I_k^2}=\sqrt{I_0^2+I_1^2+I_2^2+\cdots+I_k^2+\cdots}$$

$$U=\sqrt{U_0^2+\sum_{k=1}^{\infty}U_k^2}=\sqrt{U_0^2+U_1^2+U_2^2+\cdots+U_k^2+\cdots}$$

(2)平均值。

非正弦周期量的平均值定义为一个周期内其绝对值的平均值，即

$$I_{av}=\frac{1}{T}\int_0^T|i(t)|\mathrm{d}t$$

$$U_{av} = \frac{1}{T}\int_0^T |u(t)|dt$$

(3)平均功率。

非正弦周期电流电路平均功率的定义与正弦交流电路平均功率的定义相同,都表示瞬时功率在一个周期内的平均值,即

$$P = \frac{1}{T}\int_0^T p\mathrm{d}t = \frac{1}{T}\int_0^T ui\mathrm{d}t$$

与各次谐波分量所引起的平均功率之间的关系为

$$\begin{aligned}P &= P_0 + P_1 + P_2 + \cdots + P_k + \cdots \\ &= U_0I_0 + \sum_{k=1}^{\infty} U_kI_k\cos\varphi_k \\ &= U_0I_0 + U_1I_1\cos\varphi_1 + U_2I_2\cos\varphi_2 + \cdots + U_kI_k\cos\varphi_k + \cdots\end{aligned}$$

3. 非正弦周期电流电路的计算

本章仅介绍非正弦激励下的线性电路的分析计算。其分析计算方法称谐波分析法,其实质就是叠加原理。具体步骤为:

(1)将非正弦激励分解成傅里叶级数。

(2)分别计算恒定分量和各次谐波分量单独作用下的响应。需要注意的是,计算恒定分量单独作用下的响应时,电路按直流稳态分析,即电感短路、电容开路;计算各次谐波分量单独作用下的响应时,电路按交流稳态分析,而且感抗、容抗会随着谐波次数的变化而不同,即:$X_{L(k)} = k\omega L, X_{C(k)} = \dfrac{1}{k\omega C}$。

(3)将各次谐波的电压、电流响应用瞬时值表示后再叠加。

习题六

6-1　求如图6-5所示波形的傅里叶级数的系数。

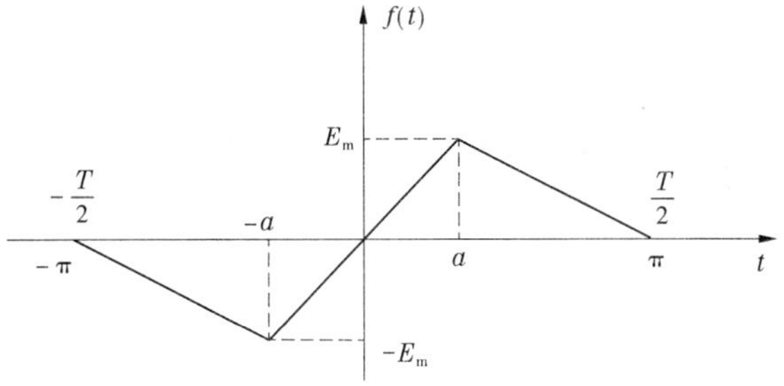

图6-5　习题6-1图

6-2　求如图6-6所示周期性方波信号的傅里叶级数展开式。

6-3　如图6-7所示电路,已知:i_S为方波信号激励,其$I_m = 157\ \mu A$、$T = 6.28\ \mu s$,电路参数$R = 20\ \Omega$、$L = 1\ mH$、$C = 1\ 000\ pF$,求u。

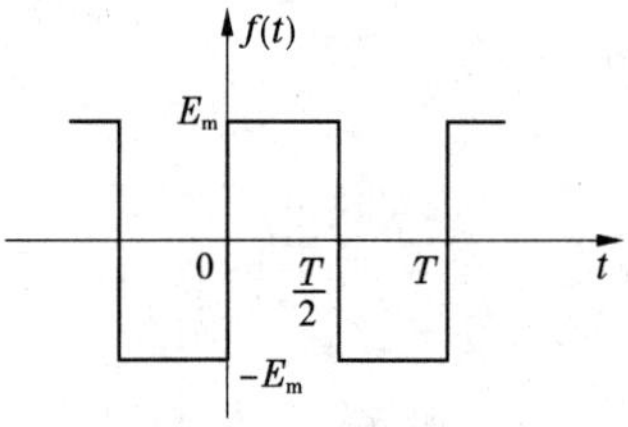

图 6-6　习题 6-2 图

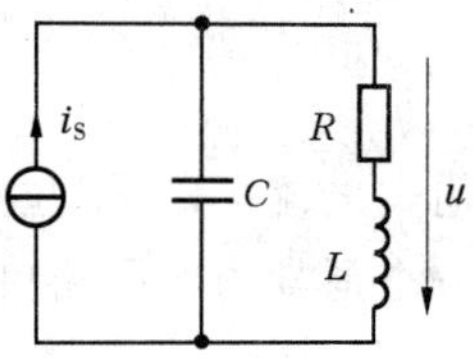

图 6-7　习题 6-3 图

6-4　如图 6-8 所示电路中，已知：$u_1 = 2.5 + 3.18\sin 6\,280t + 1.06\sin(3 \times 6\,280t)$ (V)，$R = 2\ \text{k}\Omega$，$C = 25\ \mu\text{F}$，求输出电压 u_2。

6-5　如图 6-9 所示电路，若有效值为 100 V 的正弦电压加在电感 L 两端时，测得电流 $I = 10$ A，当电压有三次谐波分量，而有效值仍为 100 V 时，测得电流 $I = 8$ A。试求这一电压的基波和三次谐波电压的有效值。

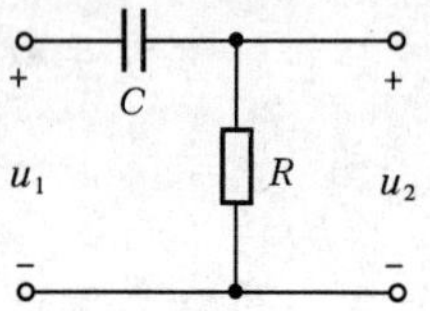

图 6-8　习题 6-4 图

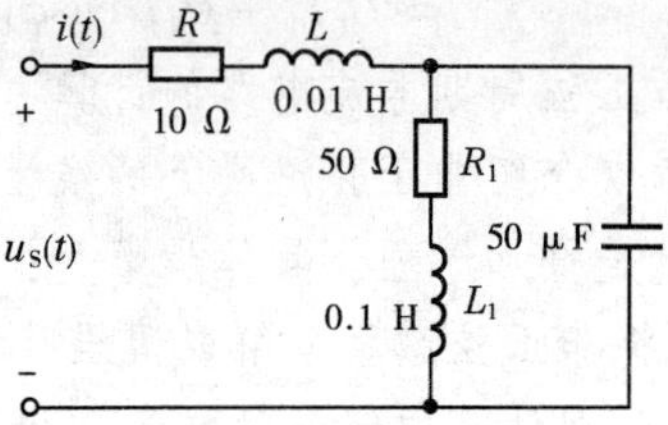

图 6-9　习题 6-5 图

6-6　如图 6-10 所示电路中，已知 $u(t) = 100 + 30\sin\omega t + 10\sin 2\omega t + 5\sin 3\omega t$ (V)，$R = 25\ \Omega$，$L = 40$ mH，$\omega = 314$ rad/s。求电路中的电流和平均功率。

6-7　如图 6-11 所示电路，已知 $i_S(t) = 5 + 20\cos 1\,000t + 10\cos 3\,000t$ (A)，$R_1 = 100\ \Omega$，$R_2 = 200\ \Omega$，$L = 0.1$ H，$C_3 = 1\ \mu\text{F}$，C_1 中只有基波电流，C_3 中只有三次谐波电流，求 i_1，i_2，i_3。

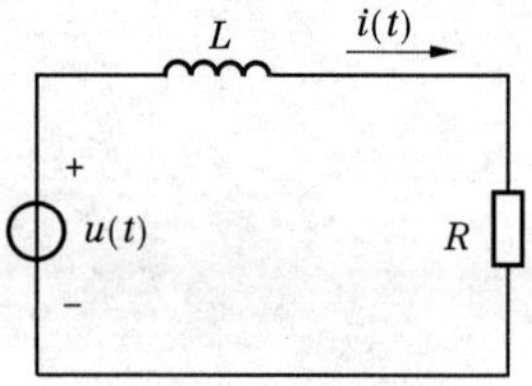

图 6-10　习题 6-6 图

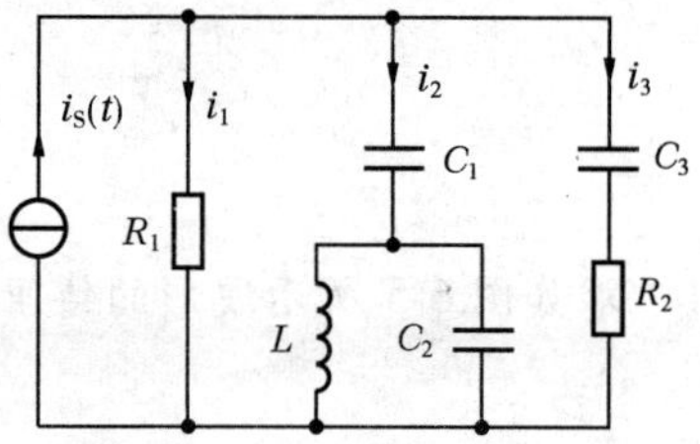

图 6-11　习题 6-7 图

6-8　如图 6-12 所示电路，已知 $i(t) = 4\sin\omega t + 2\sin(3\omega t + \varphi)$ (A)，$R = 15\ \Omega$，$L = 30$ mH，$\omega = 314$ rad/s，求电路中所消耗的有功功率。

6-9　如图 6-13 所示电路，已知：$u_1(t) = U_{1m}\sin\omega t + U_{3m}\sin 3\omega t$ (V)，$L = 0.12$ H，$\omega = 314$ rad/s。若 $u_2 = U_{1m}\sin\omega t$ (V)，试确定 C_1、C_2 的值。

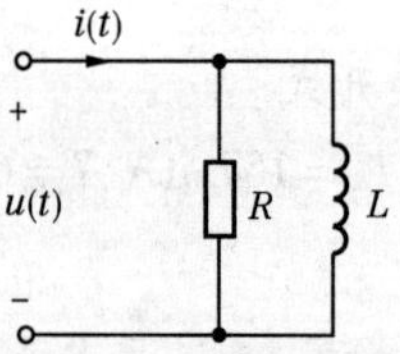

图 6-12　习题 6-8 图

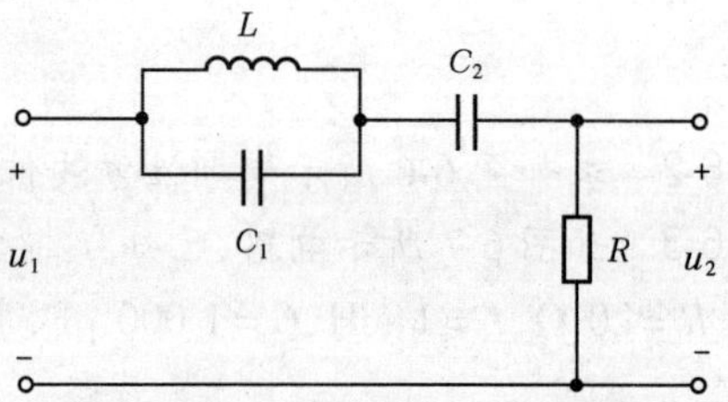

图 6-13　习题 6-9 图

第 7 章　磁路和铁芯线圈

【内容提要】

在电气工程中，大量的电气设备采用铁芯线圈来实现电能的传递和转换，为了理解和掌握这些电气设备的工作原理和技术特性，本章将通过介绍磁路的基本概念、基本定律及铁芯线圈的等值电路为后续专业课程的学习搭建一个基础平台。

【学习要求】

- 了解磁场的基本概念及基本物理量；
- 了解磁路的基本概念和基本定律；
- 了解铁磁物质的磁性能及铁磁物质的磁化；
- 了解简单直流磁路的计算；
- 理解铁芯线圈的等值电路，并能利用等值电路进行简单的计算。

7.1　磁场及基本物理量

通电导线、通电线圈以及永久磁铁等周围都存在磁场。磁场是一个能量场，磁场中的不同位置具有不同的能量。为了描述磁场的性质，我们引入一些物理量来对其进行描述。

7.1.1　磁感线

磁感线是用来形象地描述磁场强弱而引入的假想的曲线，其定义为：

(1) 磁感线是向量线，是连续的、封闭的曲线。

(2) 磁场中任意两条磁感线都不会相交。

(3) 磁感线上任意一点的切线方向就是该点磁场的方向。

磁场中磁感线分布密的地方磁场强，磁感线分布疏的地方磁场弱。

7.1.2　磁通

磁通也叫磁通量，用 Φ 表示，可描述为垂直穿过某一截面 S 的磁感线数。其定义为：在磁场中，穿过某一截面 S 的磁感应强度向量的通量。其定义式为

$$\Phi = \int_S \vec{B}\,\mathrm{d}\vec{S}$$

式中：$\vec{B}$ 为磁感应强度向量；$\mathrm{d}S$ 为截面 S 的面元；$\mathrm{d}\vec{S}$ 的方向为面元 $\mathrm{d}S$ 的法线方向。

在均匀磁场中上式可表示为

$$\Phi = BS \tag{7-1}$$

式中：Φ 为磁通；B 为磁感应强度的大小；S 为截面面积（该截面与磁场方向垂直）。

在国际单位制中，磁通的单位是“韦伯”，简称“韦”，用符号 Wb 表示。工程上也用麦克斯韦（简称麦，符号 Mx）作为磁通的单位，其换算关系为

$$1\ \mathrm{Wb} = 10^8\ \mathrm{Mx}$$

7.1.3 磁感应强度

磁感应强度是用来描述磁场强弱和方向的一个物理量，是一个向量，用符号 $\vec{B}$ 表示。

磁感应强度的大小用符号 B 表示，其定义为：在磁场中某点放一小段长为 Δl（线元）、通有电流 I 并与磁场方向垂直的直导体，若它所受的电磁力为 ΔF，则磁场在该点的磁感应强度向量的大小为

$$B = \frac{\Delta F}{I\Delta l} \tag{7-2}$$

磁感应强度的方向与产生磁场的电流的方向符合右手螺旋关系。

在国际单位制中，磁感应强度的单位为“特斯拉”，简称“特”，用符号 T 表示。工程上也常用高斯（简称高，以 Gs 表示）作为 B 的单位。其换算关系为

$$1\ \mathrm{T} = 1\ \mathrm{Wb/m^2} = 10^4\ \mathrm{Gs}$$

7.1.4 磁场强度

磁场强度也是表示磁场强弱的物理量，是磁路计算时引入的一个计算量，与磁感应强度一样也是一个向量，用符号 $\vec{H}$ 表示。

磁场强度的大小用 H 表示，其定义是：在各向同性的磁介质中，磁场中某点的磁场强度的大小等于该点的磁感应强度的大小与该点磁导率之比值，即

$$H = \frac{B}{\mu} \tag{7-3}$$

在国际单位制中，磁场强度 H 的单位是 A/m。

磁场强度的方向与磁感应强度的方向一致。

需要指出的是，磁场强度 H 的大小与磁导率 μ 的大小无关。

7.1.5 磁导率

磁导率也称导磁率或称导磁系数，是一个表示磁介质导磁性能的物理量，用符号 μ 表示；在国际单位制中，磁导率的单位为 H/m（亨利/米）。

真空的磁导率为常数，用 μ_0 表示。实验测定：$\mu_0 = 4\pi \times 10^{-7}$ H/m。

任意一种磁介质的磁导率（μ）与真空的磁导率（μ_0）的比值称为该磁介质的相对磁导率，用 μ_r 表示，即

$$\mu_r = \frac{\mu}{\mu_0} \tag{7-4}$$

不同的物质具有不同的磁导率。一般的说，磁导率愈大，导磁性能愈好。

7.2 铁磁物质及其磁化

根据导磁性能的好坏,自然界中的物质一般可分为两大类:一类是导磁性能良好的称铁磁物质,如铁、钴、镍以及它们的合金;另一类是导磁性能差的称非铁磁物质,如金、银、铜、铝、空气、石墨等。

7.2.1 铁磁物质的磁化

试验表明,将铁磁物质(如铁、钴、镍等)置于某磁场中,会大大加强原磁场。这是由于铁磁物质会在外加磁场的作用下,产生一个与外磁场同方向的"附加磁场",正是由于这个附加磁场促使了总磁场的加强。这种现象叫作磁化。

铁磁物质具有这种性质,是由其内部结构决定的。研究表明,铁磁物质内部由于分子结构的原因,存在许多叫作磁畴的天然磁化区域。因为每个磁畴都具有很强的磁性,所以每个磁畴都可看作一个永磁体。但是,对未被磁化的铁磁物质来说,这些磁畴杂乱无章排列着,各个磁畴的磁场相互抵消,整个材料对外不呈现磁性,如图7-1(a)所示。

若把铁磁物质放入外磁场中,大多数磁畴趋向于沿外磁场方向规则地排列,因而在铁磁物质内部形成了与外磁场同方向的附加磁场,如图7-1(b)所示,此时称铁磁物质被磁化了。当外加磁场进一步增强时,磁畴转动的幅度会进一步加大,附加磁场也会进一步加大,即每个磁畴的磁场方向与外磁场方向的夹角进一步减小。当所有磁畴的方向全部与外加磁场方向相同时,附加磁场不再增加,称铁磁物质饱和了,这种现象叫作磁饱和,如图7-1(c)所示。

铁磁物质在外磁场作用下呈现磁性的过程叫磁化。铁磁物质在外磁场作用下呈现磁性了,称铁磁物质被磁化了。磁化的结果是铁磁物质产生的附加磁场与外加磁场方向一致,或称相互加强。

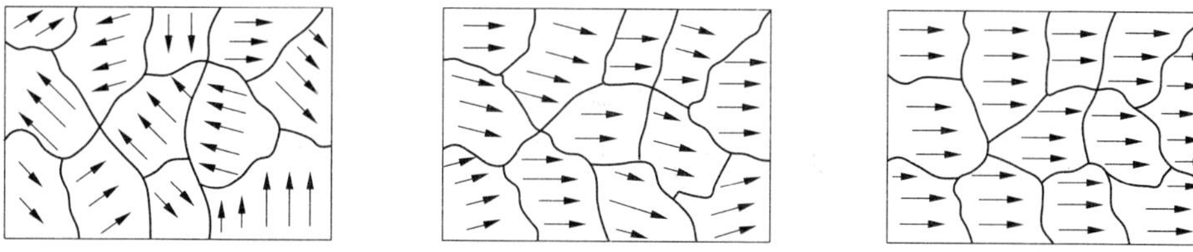

(a)磁化前　　(b)磁化过程中　　(c)饱和状态下

图7-1 铁磁物质磁化始末的磁畴排列示意图

铁磁物质具有很强的磁化作用,因而具有良好的导磁性能,在电工技术中具有广泛的用途。如电机、变压器、电磁铁、电工仪表等;利用铁磁物质的磁化特性,可以使这些设备体积小、重量轻、结构简单、成本降低。因此,铁磁物质对电气设备的影响很大。

7.2.2 铁磁物质的磁化曲线

不同种类的铁磁物质,其磁化性能是不同的。工程上常用磁化曲线(或表格)表示各种铁磁物质的磁化特性。磁化曲线是铁磁物质的磁感应强度 B 与外加磁场的磁场强度 H

之间的关系曲线，所以又叫 $B—H$ 曲线。这种曲线一般由试验得到，其试验电路如图 7-2 所示。

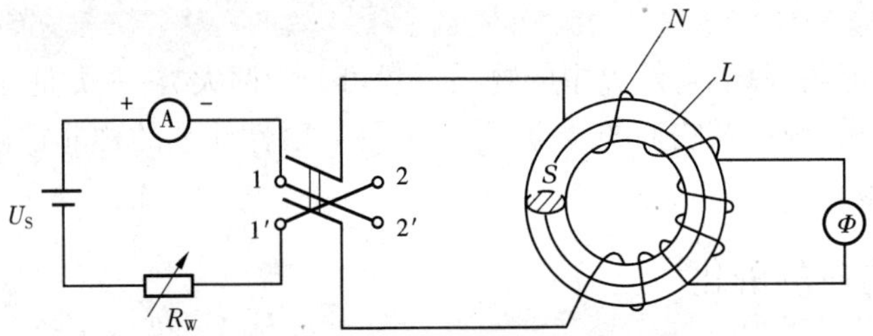

图 7-2　$B—H$ 曲线测量电路

图 7-2 中，U_S 为直流电源；R_W 为可变电阻，用来调节回路电流的大小；安培表用来测量回路电流 I 的值；双刀双掷开关用来改变流过线圈的电流方向；右边的圆环是由被测铁磁物质制成的，其截面面积为 S，平均长度为 L；线圈绕在圆环上，匝数为 N；磁通计 Φ 用来测量磁路中磁通的大小。

如图 7-2 所示测量电路中，将双掷开关 S 打到 1—1′位置，调节可变电阻 R_W，让其阻值依次减小，便可依次增加电流 I 的值。试验时，每调节一次阻值，用磁通计读取一次 Φ 值，用安培表读取一次 I 值。由于 $B = \Phi/S$，$H = IN/L$，所以每一组 Φ、I 便可分别计算出一组对应的 B 和 H 值，将每一组对应的 B 和 H 在图中绘点，最后将这些点（包括 $I = 0$ 即 $H = 0$、$B = 0$ 点）连成一条曲线，便可得如图 7-3（a）所示曲线，该曲线称为起始磁化曲线。由于 $B = \mu H$，故同样可绘出 $\mu—H$ 曲线，如图 7-3（b）所示。

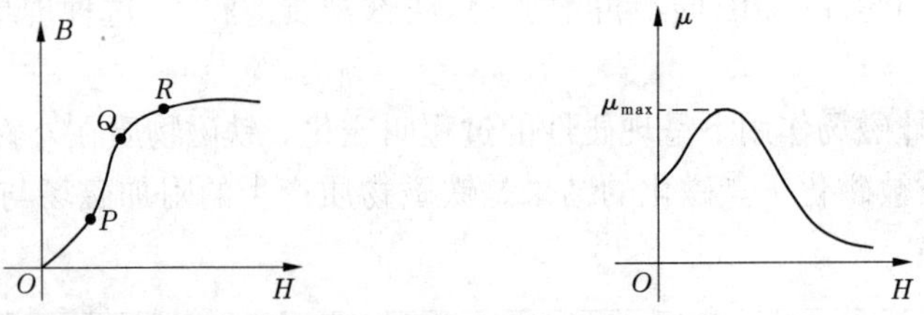

(a)起始磁化曲线　　(b) $\mu—H$曲线

图 7-3　起始磁化曲线及 $\mu—H$ 曲线

由图 7-3 所示 $\mu—H$ 关系曲线可知，铁磁物质的磁导率不是常数，随磁化电流的变化而呈现不同的数值。

7.2.2.1　起始磁化曲线

图 7-3（a）所示的 $B—H$ 曲线是在铁磁物质本次磁化前未被磁化过，即 B 和 H 均从零开始增加时所测得的。这种情况下作出的 $B—H$ 曲线叫起始磁化曲线。起始磁化曲线大体上可以分为四段，即 OP、PQ、QR 和 R 点以后。下面分别加以说明。

（1）OP 段：此段斜率较小，当 H 增加时，B 增加缓慢，这反映了磁畴有惯性，较小的外磁场不能使它转向为有序排列。

（2）PQ 段：此段可以近似看成是斜率较大的一段直线。在这段中，随着 H 加大，B 增大较快。这是由于原来不规则的磁畴在 H 的作用下，迅速沿着外磁场方向排列的结果。

（3）QR 段：此段的斜率明显减小，即随着 H 的加大，B 增大缓慢。这是由于大部分磁畴已转向与外磁场方向一致，所以增大 B 的空间不大。该段叫作 $B—H$ 曲线的膝部。在膝部可以用较小的电流（较小的 H）获得较大的磁感应强度（B），所以电机、变压器的铁芯常设计在膝部工作，以便用小电流产生较强的磁场。

（4）R 点以后：R 点后随着 H 加大，B 几乎不增大。这是由于几乎所有磁畴都已转向与外磁场方向一致，即使 H 加大，附加磁场也不可能再增大，这个现象叫作铁磁物质的磁饱和。R 点以后的区域叫饱和区。

铁磁物质的 $B—H$ 曲线是非线性的，因此 $\mu = B/H$ 不是常数。

7.2.2.2 磁滞回线

起始磁化曲线只反映了铁磁物质在外磁场（H）由零逐渐增加的磁化过程。在很多实际应用中，外磁场（H）的大小和方向是不断改变的，即铁磁物质受到交变磁化（反复磁化），即正向磁化后（图 7-2 电路中 S 打在 1—1′位置）再反向磁化（图 7-2 电路中 S 打在 2—2′位置）。试验表明交变磁化的曲线如图 7-4（a）所示，这是一个回线，该回线便称为磁滞回线。

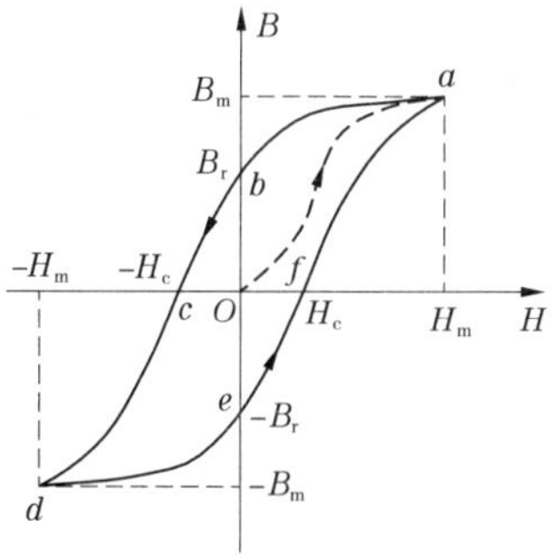

(a)磁滞回线

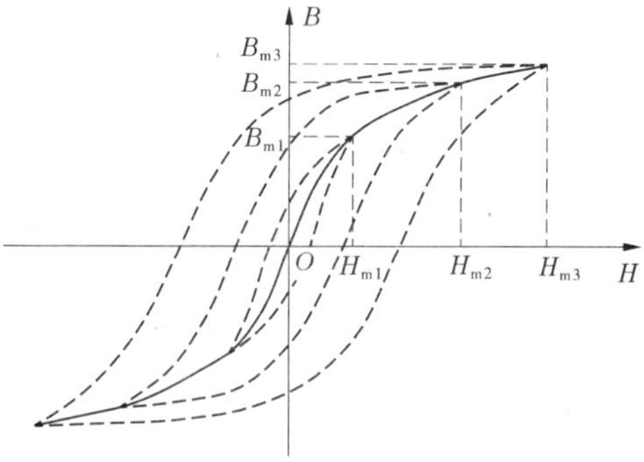

(b)基本磁化曲线

图 7-4 磁滞回线及基本磁化曲线

磁滞回线也是由图 7-2 所示测量电路通过描点、连线获得的。由磁滞回线可以看出：当铁磁物质沿起始磁化曲线磁化到 a 点后便不再增加 H，a 点的 H 用 H_m 表示。此时，若减小电流（H 减小），B 也随之减小，但 B 和 H 并不是沿原来起始磁化曲线减小，而是沿另一路径 ab 减小，特别是当 $I = 0$（$H = 0$）时，B 并不为零。$B = B_r$（Ob 段），称为剩磁。铁磁物质反复磁化过程中产生剩磁的现象，称为磁滞现象。磁滞现象是铁磁物质所特有的。若要消除剩磁（常称为去磁或退磁），需要对铁磁物质进行反向磁化，即反方向加大 H，也就是 bc 段，当 $H = H_c$（Oc 段）时，$B = 0$，剩磁被消除，此时的 $|-H_c|$ 称为矫顽力。$|-H_c|$ 的大小反映了铁磁物质保持剩磁的能力。如果继续反向加大 H，使 $H = -H_m$，$B = -B_m$。然后，让 H 减小到零（de 段），再正向加大 H，使 $H = H_m$，$B = B_m$（efa 段），这样反复磁化一次，便可得到对称于坐标原点的闭合曲线，如图 7-4（a）实线所示曲线（$abcdefa$）即为磁滞回线。

7.2.2.3 基本磁化曲线

对于同一块铁磁物质，如果选择不同的磁场强度的最大值（改变试验所取电流的最大值），重复上述试验，就可以得到不同的磁滞回线。图 7-4（b）给出了一组不同 H_m 时的磁滞回线(虚线所示)。将这些曲线的顶点连起来所得到的曲线,称为铁磁物质的基本磁化曲线,如图 7-4(b)实线所示曲线。需要说明的是,不同的铁磁物质,即使选择相同的 H_m,磁滞回线也会不同。

基本磁化曲线是一条近似描述铁磁物质 $B—H$ 关系的曲线。对于铁磁物质而言,描述 $B—H$ 关系的磁滞回线越窄,其磁滞回线与基本磁化曲线越接近,即 $B—H$ 关系越接近。因此,工程上常用基本磁化曲线来进行磁路的计算。图 7-5 所示是几种常用铁磁物质的基本磁化曲线。

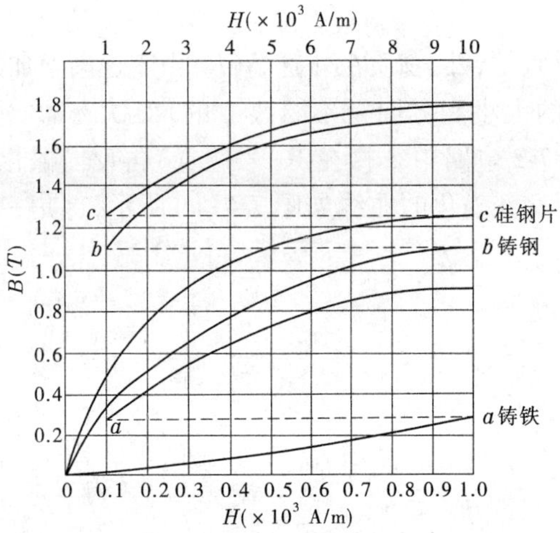

图 7-5 几种常用铁磁材料的基本磁化曲线

7.2.3 铁磁物质的分类

铁磁物质根据磁滞回线的形状及其在工程上的用途可以分为两大类:一类称硬磁材料,另一类称软磁材料。

硬磁材料的特点是剩磁大、矫顽力大,磁滞回线宽,反复磁化一次产生的磁滞损耗大。这类材料在磁化后能保持很强的剩磁,适宜制作永久磁铁。常用的有铁镍钴合金、镍钢、钴钢、镍铁氧体、锶铁氧体等。在磁电式仪表、电声器材、永磁发电机等设备中所用的磁铁就是用硬磁材料制作的。

软磁材料的特点是剩磁小、矫顽力小,磁滞回线窄,反复磁化一次产生的磁滞损耗小。由于软磁材料的磁导率高、磁滞损耗小,所以工程实际中的铁芯都是软磁材料。软磁材料又分为低频和高频两种。用于高频的软磁材料要求具有较大的电阻率,以减小高频涡流损失。常用的高频软磁材料有铁氧体等,如收音机中的磁棒、无线电设备中的中周变压器的磁芯,都是用铁氧体制成的。用于低频的有铸钢、硅钢、坡莫合金等。电机、变压器等设备中的铁芯多为硅钢片,录音机中的磁头铁芯多用坡莫合金。

由于软磁材料的磁滞回线较窄,与基本磁化曲线接近,所以工程上常用基本磁化曲线来代替其磁化特性,对磁路进行计算。

图 7-6 所示为硬磁材料和软磁材料磁滞回线的示意图。

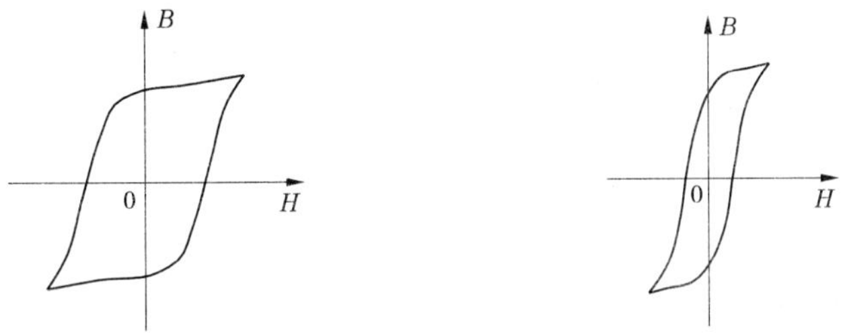

(a)硬磁材料的磁滞回线　　(b)软磁材料的磁滞回线

图 7-6　硬磁和软磁材料的磁滞回线

7.3　磁路和磁路定律

7.3.1　磁路的概念

简单的说，磁路就是磁通闭合的路径。

在电工技术中，为了获得强磁场，常将线圈绕在铁芯上。图 7-7 所示为电机、变压器、电磁铁和磁电系仪表的磁路示意图。

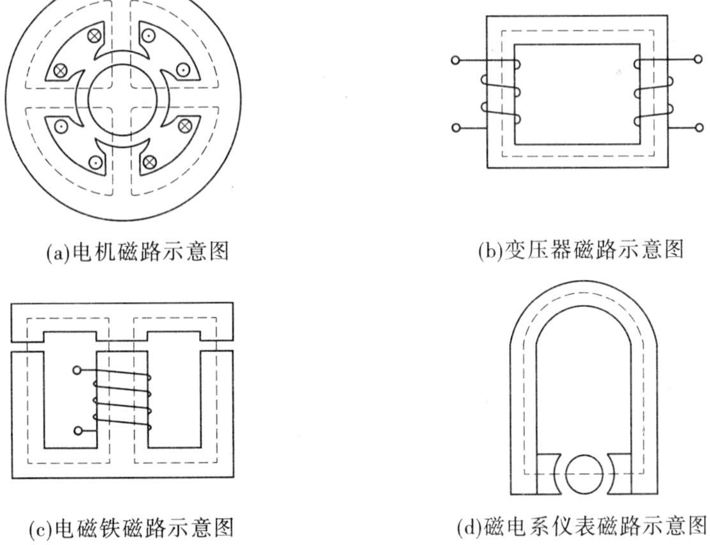

(a)电机磁路示意图　　(b)变压器磁路示意图

(c)电磁铁磁路示意图　　(d)磁电系仪表磁路示意图

图 7-7　几种常用设备的磁路示意图

由于铁磁物质的磁导率比周围空气的磁导率大很多，所以磁感线分布可看成集中在铁磁物质内，如图 7-7 中虚线所示。这些集中在铁磁物质内部的磁通称为工作磁通或主磁通，用 Φ 表示。事实上，还有极少部分磁通部分经过铁磁物质、部分经过周围的物质而闭合的磁通以及全部不在铁磁物质中闭合的磁通称为漏磁通，用 Φ_S（图 7-7 中未标出）表示。

通常，工程上把主要由铁磁物质所组成的，能使磁感线集中通过的整体称为磁路。因此，通常所谓的磁路，是指约束在铁芯内部的磁通的路径。如图 7-7 中虚线穿过的路径。

7.3.2 磁路的基本定律

磁路的基本定律包括磁路的基尔霍夫定律和磁路的欧姆定律。它们是根据安培环路定律和磁通的变换得出的。

7.3.2.1 磁路的基尔霍夫定律

1. 磁路的基尔霍夫第一定律

由磁路的高斯定理 $\oint_S \vec{B}\,\mathrm{d}\vec{S} = 0$ 可知，穿过封闭面 S 的磁通代数和等于零，用数学表达式表示为

$$\sum \Phi = 0 \tag{7-5}$$

或

$$\sum \Phi_i = \sum \Phi_0 \tag{7-6}$$

式(7-6)中，Φ_i 为穿入封闭面 S 的磁通，Φ_0 为穿出封闭面 S 的磁通。

式(7-5)、式(7-6)称为磁路的基尔霍夫第一定律。

如图 7-8 所示为一有分支磁路（忽略了漏磁通），各磁通正方向如图 7-8 所示。对于节点 a，选择指向节点的磁通取正号，则背离节点的磁通取负号，于是有：

$$\Phi_1 + \Phi_2 - \Phi_3 = 0 \qquad 或 \qquad \Phi_1 + \Phi_2 = \Phi_3$$

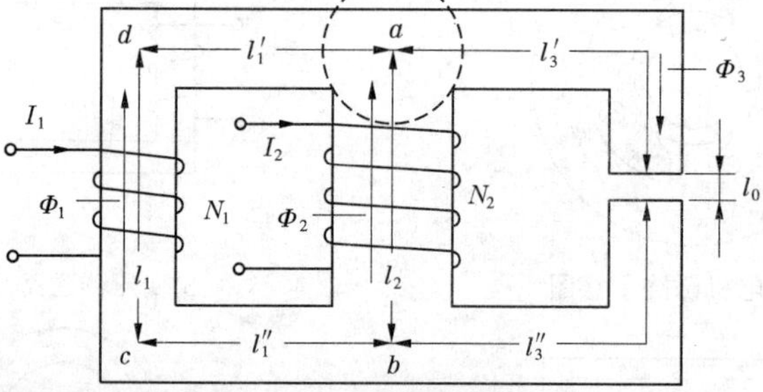

图 7-8 有分支磁路

2. 磁路的基尔霍夫第二定律

由安培环路定律（也称为全电流定律）$\oint_l \vec{H} \cdot \mathrm{d}\vec{l} = \sum I$ 可得：

$$\sum (Hl) = \sum (NI) \tag{7-7}$$

式(7-7)中：Hl 称为磁压降，当磁场强度向量的方向与积分路径的绕行方向一致时，Hl 取正号，否则取负号；NI 称为磁动势，当电流 I 与积分路径的绕行方向符合右手螺旋关系时，NI 取正号，否则取负号。

式(7-7)称为磁路的基尔霍夫第二定律。磁压降代数和等于磁动势代数和。

磁压降 Hl 常用 U_m 表示，磁动势（也称磁势）用 F_m 表示，则式(7-7)可改写为

$$\sum U_m = \sum F_m$$

实际应用的磁路，往往由不同材料（包括空气隙）、不同截面的几段磁路构成。由于

不同材料的磁导率 μ 不同,不同截面磁路的磁感应强度 B 不同,对应的磁场强度 H 也就不同,因此在进行磁路的分析计算时,应将 H 不同的各段分开计算,即将材料和截面面积都相同的磁路分成若干段,再用式(7-7)进行计算。

对于图 7-8 中 $abcda$ 回路,由式(7-7)可以得出:

$$H_1 l_1 + H_1' l_1' + H_1'' l_1'' - H_2 l_2 = N_1 I_1 - N_2 I_2$$

7.3.2.2　磁路的欧姆定律

图 7-9 所示为无分支磁路,且整个磁路的材料、截面尺寸相同。由于磁路的平均长度 l 远大于横截面面积 S,故认为磁通在横截面上是均匀分布的,因而满足:

$$\Phi = BS = \mu HS \qquad (7\text{-}8)$$

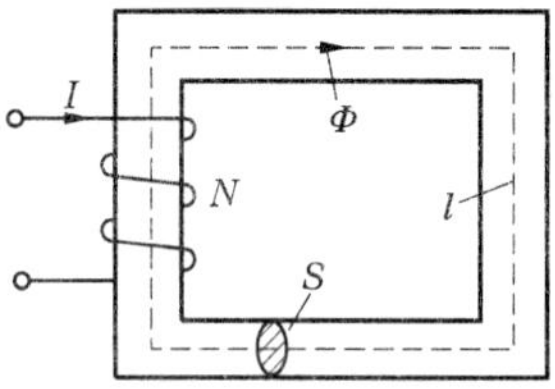

图 7-9　无分支磁路

根据安培环路定律 $\oint_l \vec{H}\,\mathrm{d}\vec{l} = \sum I$ 得:$Hl = NI$,即 $H = \dfrac{NI}{l}$,代入式(7-8)中,得:

$$\Phi = \mu HS = \mu S \frac{NI}{l} = \frac{NI}{\dfrac{l}{\mu S}} \qquad (7\text{-}9)$$

式中:N 为线圈绕组匝数;I 为线圈中的电流;μ 为磁导率;S 为磁路的横截面面积。

若取 $F_m = NI$(称为磁势),$R_m = \dfrac{l}{\mu S}$(称为磁阻),则式(7-9)可写成:

$$\Phi = \frac{F_m}{R_m} \quad 或 \quad F_m = \Phi R_m \qquad (7\text{-}10)$$

式(7-10)称为磁路的欧姆定律,它与电路的欧姆定律相比较,其参数之间的对应关系如表 7-1 所示。

表 7-1　磁路和电路欧姆定律参数比较

磁路的参数		电路的参数	
名称	单位	名称	单位
磁通 Φ	Wb(韦伯)	电流 I	A(安培)
磁动势 $F_m = NI$	A(安培或安匝)	电动势 E	V(伏特)
磁阻 $R_m = \dfrac{l}{\mu S}$	1/H(1/亨利)	电阻:$R = \rho \dfrac{l}{S}$	Ω(欧姆)

7.4　简单直流磁路的计算

所谓直流磁路,是指激磁电流大小和方向都不变化,在磁路中产生的磁通是恒定的,因此也叫恒定磁通磁路。

恒定磁通磁路的计算有两种情况:第一种是先给定磁通,再按照给定的磁通及磁路尺寸、材料求出磁动势,即已知 Φ 求 NI,这种计算通常也称为磁路的正面计算;另一种是给

定 NI 求各处磁通，即已知 NI 求 Φ，这种计算通常也称为磁路的反面计算。反面计算相对比较烦琐，即先假设一个磁通 Φ 值，按正面计算的步骤计算出磁动势，与已知的磁动势 NI 进行比较，然后根据两者的差距，再假设磁通 Φ 值，重复以上计算，直到计算出的磁动势与已知的磁动势相等（或近似），计算结束。所以，这种计算方法也称为试探法。由此可见，两种计算本质相同，由此，本节只讨论第一种情况，即正面计算。

在磁路计算中，若考虑漏磁通的影响，磁路计算是相当复杂的，必须根据磁通的大致分布增添必要的支路。为了简便起见，一般在漏磁不严重的情况下把它的影响略去，而只考虑主磁通。

已知磁通求磁动势时，对于无分支磁路，在忽略了漏磁通的条件下穿过磁路各截面的磁通是相同的，而磁路各部分的尺寸和材料可能不尽相同，所以各部分截面面积和磁感应强度就不同，于是各部分的磁场强度也不同。在计算时一般按下列步骤进行：

（1）按照磁路的材料和截面不同进行分段，把材料和截面相同的算作一段。

（2）根据磁路尺寸计算出各段截面面积 S 和平均长度 l。

需要指出，若磁路存在空气隙，则磁路经过空气隙会产生边缘效应，截面面积会加大。一般情况下，空气隙的长度 δ 很小，空气隙截面面积可由经验公式近似计算，如图 7-10 所示。

对于矩形截面，有：

$$S_0 = (a+\delta)(b+\delta) \approx ab + (a+b)\delta \tag{7-11}$$

对于圆形截面，有：

$$S_0 = \pi\left(r+\frac{\delta}{2}\right)^2 \approx \pi r^2 + \pi r\delta \tag{7-12}$$

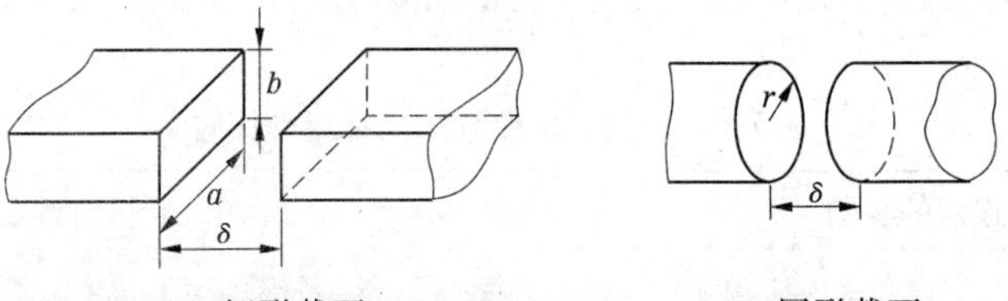

(a)矩形截面　　(b)圆形截面

图 7-10　空气隙有效截面计算示意图

（3）由已知磁通 Φ，算出各段磁路的磁感应强度 $B=\Phi/S$。

（4）根据每一段的磁感应强度求磁场强度，对于铁磁材料可查磁化曲线（见图 7-5）。

对于空气隙可用下式：

$$H_0 = \frac{B_0}{\mu_0} = \frac{B_0}{4\pi\times10^{-7}} \approx 0.8\times10^6 B_0 \ \ (\text{A/m}) = 8\times10^3 B_0 \ \ (\text{A/cm}) \tag{7-13}$$

（5）根据每一段的磁场强度和平均长度分别求出 H_1l_1、H_2l_2 …。

（6）根据磁路基尔霍夫第二定律，求出所需的磁动势。

$$NI = H_1l_1 + H_2l_2 + \cdots$$

【例 7-1】　已知磁路如图 7-11 所示，上段材料为硅钢片，下段材料为铸钢，求在该磁路中获得磁通 $\Phi=2.0\times10^{-3}$ Wb 时所需的磁动势。若线圈的匝数为 1 000 匝，激磁电流应为多大？

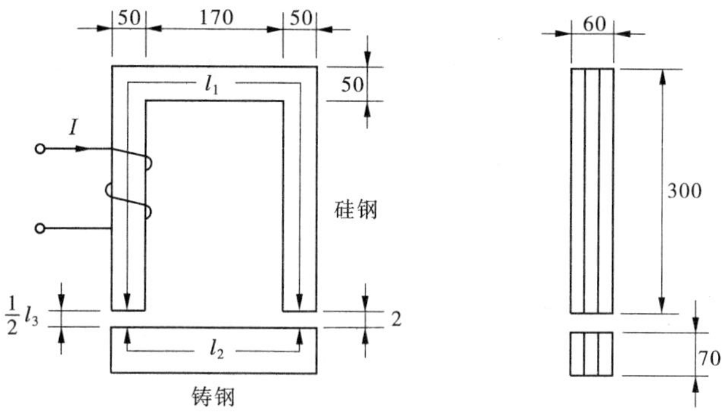

图 7-11　例 7-1 图

解：(1)按照截面和材料的不同，将磁路分为三段 l_1（硅钢）、l_2（铸钢）、l_3（空气隙）。

(2)按已知磁路尺寸求有效长度及有效截面：

$$l_1 = 275 + 220 + 275 = 770(\text{mm}) = 77\ \text{cm}$$

$$S_1 = 50 \times 60 = 3\ 000(\text{mm}^2) = 30\ \text{cm}^2$$

$$l_2 = 35 + 220 + 35 = 290(\text{mm}) = 29\ \text{cm}$$

$$S_2 = 60 \times 70 = 4\ 200(\text{mm}^2) = 42\ \text{cm}^2$$

$$l_3 = 2 \times 2 = 4(\text{mm}) = 0.4\ \text{cm}$$

$$S_3 \approx 60 \times 50 + (60 + 50) \times 2 = 3\ 220(\text{mm}^2) = 32.2\ \text{cm}^2$$

(3)求各段磁路的磁感应强度：

$$B_1 = \frac{\Phi}{S_1} = \frac{2.0 \times 10^{-3}}{30} = 0.667 \times 10^{-4}(\text{Wb/cm}^2) = 0.667\ \text{T}$$

$$B_2 = \frac{\Phi}{S_2} = \frac{2.0 \times 10^{-3}}{42} = 0.476 \times 10^{-4}(\text{Wb/cm}^2) = 0.476\ \text{T}$$

$$B_3 = \frac{\Phi}{S_3} = \frac{2.0 \times 10^{-3}}{32.2} = 0.621 \times 10^{-4}(\text{Wb/cm}^2) = 0.621\ \text{T}$$

(4)求各段磁路的磁场强度。

①对于磁路 l_1（硅钢）、l_2（铸钢）分别查图 7-5 所示基本磁化曲线得：

$$H_1 = 0.14 \times 10^3\ \text{A/m} = 1.4\ \text{A/cm}$$

$$H_2 = 0.15 \times 10^3\ \text{A/m} = 1.5\ \text{A/cm}$$

②对于空气隙，有：

$$H_3 = \frac{B_3}{\mu_0} = \frac{0.621}{4\pi \times 10^{-7}} = 0.494\ 2 \times 10^6(\text{A/m}) = 4\ 942\ \text{A/cm}$$

(5)求各段磁路的磁压降：

$$Hl_1 = 1.4 \times 77 = 107.8(\text{A})$$

$$Hl_2 = 1.5 \times 29 = 43.5(\text{A})$$

$$Hl_3 = 4\ 942 \times 0.4 = 1\ 976.8(\text{A})$$

(6)求所需的磁动势：

$$NI = Hl_1 + Hl_2 + Hl_3 = 107.8 + 43.5 + 1\,976.8 = 2\,128.1(\mathrm{A})$$

激磁电流为

$$I = \frac{NI}{N} = \frac{2\,128.1}{1\,000} \approx 2.1(\mathrm{A})$$

由以上计算可知，空气间隙虽然很小，但空气隙的磁压降 H_3l_3 却占总磁势差的 93%，这是由于空气隙的磁导率比硅钢片和铸钢的磁导率小很多的缘故。因此，计算含有空气隙的无分支磁路的磁通时，可在空气隙上利用磁路欧姆定律计算空气隙的磁通，从而粗略估计整个磁路的磁通，即

$$\Phi = \frac{F}{R_0} = \frac{\sum I}{\dfrac{l_0}{\mu_0 S_0}}$$

7.5 交流铁芯线圈及其等值电路

这里所讨论的所谓交流铁芯线圈，是指线圈中嵌入铁芯，并在线圈两端施加正弦交流电压。本节主要讨论交流铁芯线圈的电压、电流、磁通及其等值电路。

7.5.1 交流铁芯线圈的电压、电流和磁通

交流铁芯线圈是用交流电来励磁的，其电磁关系与直流铁芯线圈有很大不同。在直流铁芯线圈中，因为励磁电流是直流，其磁通是恒定的，在铁芯和线圈中不会产生感应电动势。而交流铁芯线圈的电流是变化的，变化的电流会产生变化的磁通，变化的磁通会在线圈中产生感应电动势。

如图 7-12 所示为交流铁芯线圈及各电磁量的参考方向。图 7-12 中，u 为端口电压，i 为端口电流，Φ 为主磁通（或称工作磁通），Φ_S 为漏磁通，u_R 为线圈直流电阻电压，e 为主磁通在线圈上产生的感应电动势，e_S 为漏磁通在线圈上产生的感应电动势，N 为线圈匝数。

对线圈端口，由电路的 KVL 可得：

$$u = u_R - e_S - e = iR + N\frac{\mathrm{d}\Phi_S}{\mathrm{d}t} + N\frac{\mathrm{d}\Phi}{\mathrm{d}t}$$

影响交流铁芯线圈工作的因素有铁芯的磁饱和、磁滞、涡流、漏磁通和线圈的直流电阻等，其中磁饱和、磁滞和涡流的影响最大。下面分别加以讨论。

7.5.1.1 电压为正弦波

1. 忽略线圈直流电阻及漏磁通的影响

对于交流铁芯线圈，若忽略了线圈直流电阻及漏磁通的影响，则线圈端口电压仅有感应电动势来平衡。于是有：

$$u = -e = N\frac{\mathrm{d}\Phi}{\mathrm{d}t} \tag{7-14}$$

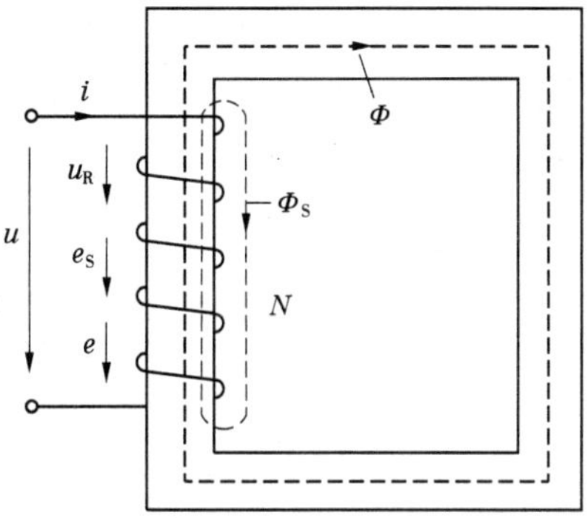

图 7-12　交流铁芯线圈及各电磁量参考方向

式(7-14)中,若电压为正弦量,则磁通一定为正弦量。假设 $\Phi=\Phi_m\sin\omega t$,则有:

$$u=N\frac{\mathrm{d}\Phi}{\mathrm{d}t}=N\Phi_m\cos\omega t\cdot\omega=2\pi fN\Phi_m\sin(\omega t+\frac{\pi}{2})=U_m\sin\left(\omega t+\frac{\pi}{2}\right)$$

可见,电压的相位比磁通的相位超前 90°,并且电压有效值与主磁通的最大值关系为

$$U=\frac{U_m}{\sqrt{2}}=\frac{2\pi fN\Phi_m}{\sqrt{2}}\approx4.44fN\Phi_m \tag{7-15}$$

式(7-15)表明,当电源的频率及线圈匝数一定时,若线圈端口电压有效值不变,则主磁通的最大值(或磁感应的强度最大值 B_m)不变;若线圈电压的有效值改变,则 Φ_m 与 U 成正比,而与磁路情况(如铁芯材料的导磁率、气隙的大小等)无关。这与直流铁芯线圈不同,因为直流铁芯线圈若电压不变,电流就不变,因而磁势不变,磁路情况变化时,磁通随之改变。

2. 忽略磁滞和涡流的影响

若忽略了磁滞和涡流的影响,铁芯材料的 B—H 关系可用基本磁化曲线描述。由前面所学可知,H 正比于 i,B 正比于 Φ,所以可以将 B—H 曲线近似转化为 Φ—i 曲线,如图 7-13所示。

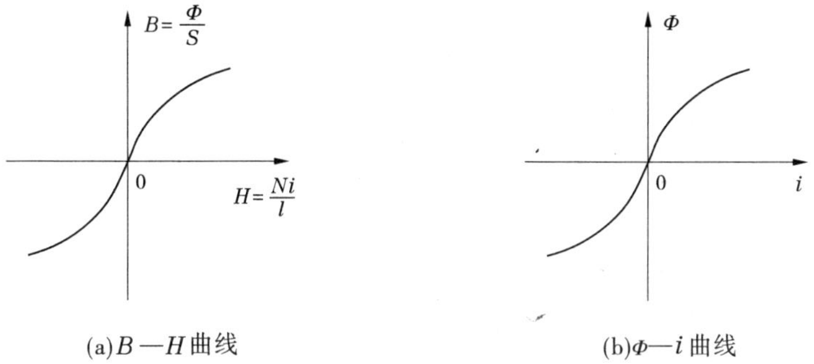

图 7-13　B—H 曲线与 Φ—i 曲线

如前所述,假设 $\Phi=\Phi_m\sin\omega t$,经过逐点描绘得 i 的波形为尖顶波,如图 7-14 所示。

磁化曲线的非线性造成了电流波形的非线性失真。要减小这种非线性失真,可以减小 Φ_m 或加大铁芯面积,以减小 B_m 的值,使铁芯工作在非饱和区,但这样会使铁芯尺寸和重量加大,所以工程上常使铁芯工作在接近饱和的区域。

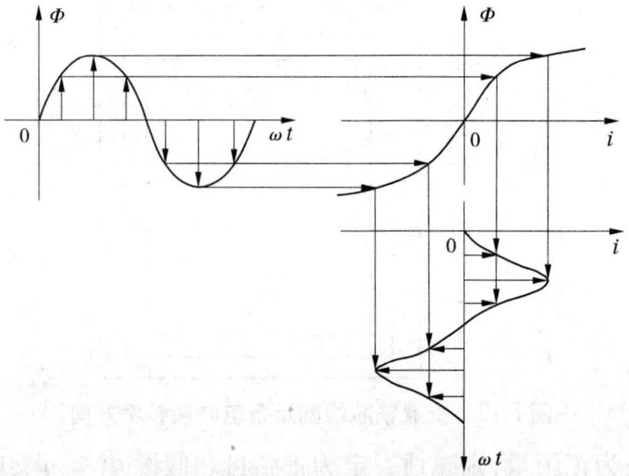

图 7-14　电压为正弦波时电流 i 的波形

电流 i 的非正弦波形中含有奇次谐波，其中三次谐波的成分最大，其他高次谐波成分可忽略不计。有谐波成分会给分析计算带来不便，所以常将交流铁芯线圈电流的非正弦波用等效正弦波（两者有效值相等，且替代后保持有功功率不变）近似代替，以便简化计算。

7.5.1.2　电流为正弦波

假设线圈电流为

$$i = I_m \sin\omega t \quad (A)$$

线圈磁通 Φ 的波形也可用逐点描绘的方法作出，如图 7-15 所示。

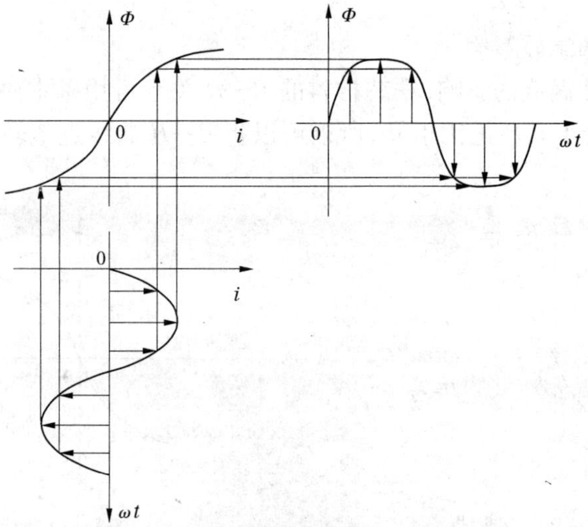

图 7-15　电流为正弦波时磁通 Φ 的波形

铁芯线圈的电流为正弦量时，由于磁饱和的影响，磁通和电压都是非正弦量，磁通 Φ 为平顶波，电压 u 为尖顶波，都含有明显的三次谐波分量。

像电流互感器这样的电气设备，会有电流为正弦波的情况，但大多数情况下铁芯线圈电压为正弦量，所以下面所述的等值电路只讨论电压为正弦量的情况。

7.5.2 磁滞和涡流的影响

交流铁芯线圈在交流磁场的作用下，由于磁畴反复转向，引起铁磁物质内部分子间的摩擦，这种摩擦会使铁芯发热从而产生能量损耗，称磁滞损耗，用 P_Z 表示；同时，由于铁磁物质也导电，那么在交变磁通穿过铁磁物质时，在铁磁物质内部会产生感应电动势，并形成旋涡状的感应电流（涡流），这个电流也会使铁芯发热从而产生消耗能量，称涡流损耗，用 P_W 表示。

经验表明，铁芯的磁滞损耗 P_Z 和涡流损耗 P_W 可由下式分别求出：

$$\left.\begin{aligned} P_Z &= K_Z f B_m^n V \\ P_W &= K_W f^2 B_m^2 V \end{aligned}\right\} \tag{7-16}$$

式中：f 为磁场每秒交变的次数（频率），Hz；B_m 为磁感应强度的最大值，T；n 为指数，由 B_m 确定：当 0.1 T < B_m < 1 T 时，$n \approx 1.6$，当 0 < B_m < 0.1 T 和 1 T < B_m < 1.6 T 时，$n \approx 2$；V 为铁磁物质的体积，m^3；K_Z、K_W 为铁磁物质性质结构的系数，由试验确定。

实际应用中，为降低磁滞损耗，常用磁滞回线较狭长的铁磁材料制造铁芯，如硅钢（合金）就是制造变压器、电机的常用铁芯材料，其磁滞损耗较小。降低涡流损耗通常有两种方法：一种是选用电阻率大的铁磁材料，如无线电设备就选择电阻率很大的铁氧体，而电机、变压器则选用导磁性好、电阻率较大的硅钢；另一种方法是设法提高涡流路径上的电阻值，如电机、变压器使用片状硅钢片且两面涂绝缘漆。

交流铁芯线圈的铁芯既存在磁滞损耗，又存在涡流损耗，在电机、电器的设计中，常把这两种损耗合称为铁损（铁耗）P_{Fe}，单位为 W，即

$$P_{Fe} = P_Z + P_W$$

此外，考虑了磁滞和涡流影响，则在正弦交变磁通下电流的波形与图 7-14 所示波形不同，将会产生严重畸变。造成波形畸变的主要原因是铁磁物质的非线性导磁性能，这里不再赘述。

7.5.3 交流铁芯线圈的等值电路

交流铁芯线圈的等值电路也就是交流铁芯线圈的电路模型。建立该模型的方法是：先建立交流铁芯线圈的电路方程，然后根据电路方程来确定电路模型。以下只介绍端口电压为正弦波的情况。

7.5.3.1 忽略所有损耗和漏磁通

由于忽略了交流铁芯线圈的所有损耗（铜耗和铁耗），此时电路的平均功率为零，线圈端口电流的作用就是产生磁场，因此可称为激磁电流（I_m）。若又忽略了漏磁通，如前所述：$u = -e = -N\dfrac{d\Phi}{dt}$，此时，电压、磁通均为正弦波。由于铁芯的非线性特性，此时的端口电流为尖顶波（非正弦）。

利用等效的概念，将端口电流（尖顶波）用一个等效正弦波来代替。该等效正弦波与尖顶波有相同的有效值，且替代后保持有功功率不变。

令 $\Phi = \Phi_m \sin\omega t$，则有：$\dot{\Phi} = \Phi\angle 0°$，$\dot{U} = -\dot{E} = j4.44fN\Phi_m$，$\dot{I} = I\angle 0°$（该相量为尖顶波

的等效正弦波相量)。由电路知识可得,此时的交流铁芯线圈的相量图如图 7-16(a)所示。

由相量图知:此时的交流铁芯线圈可以用一个等效电感来描述,其感抗用 X_m(成为激磁感抗)表示。所以,此时的等值电路应为如图 7-16(b)所示。

(a)相量图　　(b)等值电路

图 7-16　忽略所有损耗和漏磁通时的相量图及等值电路

7.5.3.2　仅考虑铁芯损耗的影响

铁芯损耗包括两部分,即磁滞损耗和涡流损耗。

从电路的角度理解,功率损耗由电阻造成。而铁芯损耗(P_{Fe})可用 I^2R_m(R_m 称为激磁电阻)来模拟,所以考虑铁芯损耗后的等值电路可在图 7-16(b)所示等值电路的基础上加一个电阻来获得,如图 7-17(a)所示串联等值电路;同样根据电路知识由串联等值电路可得如图 7-17(b)所示并联等值电路;由并联等值电路可得如图 7-17(c)所示相量图。

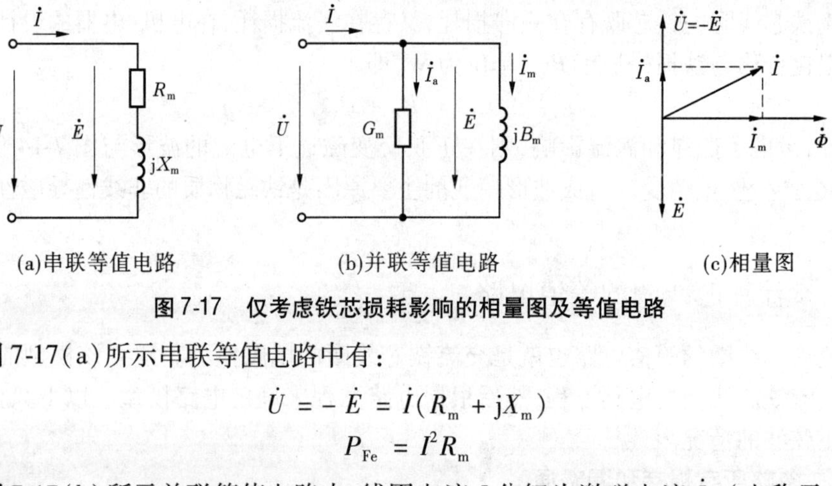

(a)串联等值电路　　(b)并联等值电路　　(c)相量图

图 7-17　仅考虑铁芯损耗影响的相量图及等值电路

在图 7-17(a)所示串联等值电路中有:

$$\dot{U} = -\dot{E} = \dot{I}(R_m + jX_m)$$
$$P_{Fe} = I^2R_m$$

在图 7-17(b)所示并联等值电路中,线圈电流 I 分解为激磁电流 $\dot{I}_m$(也称无功分量)和提供能量损耗的电流 $\dot{I}_a$(也称有功分量),于是有:

$$\dot{I}_a = G_m\dot{U} \qquad \dot{I}_m = jB_m\dot{U} \qquad \dot{I} = \dot{I}_a + \dot{I}_m \qquad P_{Fe} = G_mU^2$$

【例 7-2】　将一个匝数 $N=100$ 的铁芯线圈接到电压 $U=220$ V 的工频正弦电源上,测得线圈的电流 $I=4$ A,有功功率 $P=100$ W。不计线圈电阻及漏磁通,试求铁芯线圈的主磁通 Φ,串联电路模型的 Z_m 及并联电路模型的 Y_m 的参数。

解:由 $U=4.44fN\Phi_m$ 得:

$$\Phi_m = \frac{U}{4.44fN} = \frac{220}{4.44\times50\times100} = 9.91\times10^{-3}(\text{Wb})$$

$$Z_m = R_m + jX_m = \frac{U}{I}\angle \arccos\left(\frac{P}{UI}\right)$$

$$= \frac{220}{4}\angle \arccos \frac{100}{220\times 4} = 55\angle 83.48°(\Omega) = 6.245 + j54.64\ (\Omega)$$

则激磁电阻 $R_m = 6.245\ \Omega$，激磁电抗 $X_m = 54.64\ \Omega$。

$$Y_m = G_m + jB_m = \frac{1}{Z_m} = \frac{1}{55\angle 83.48°}$$

$$= 0.0182\angle -83.48°\ S = 2.065\times 10^{-3} - j18.06\times 10^{-3}\ (S)$$

则激磁导纳 $G_m = 2.065\times 10^{-3}$ S，激磁电纳 $B_m = -18.06\times 10^{-3}$ S。

7.5.3.3　考虑线圈直流电阻及漏磁通的影响

线圈直流电阻 R 的影响会引起压降 Ri 和功率损耗 I^2R（称铜耗，用 P_{Cu} 表示）；漏磁通的闭合路径中大部分为非铁磁物质，磁导率可近似看作常数。因此，漏磁通的影响体现在等值电路中可用一线性电感 L_S 来模拟。交流铁芯线圈的等值电路为在图 7-17(a) 的基础上再考虑直流电阻及漏磁通的影响，即加上直流电阻 R 和漏磁通对应的电感 L_S 引起的感抗 X_S，如图 7-18(a) 所示；同样，由电路知识可得如图 7-18(b) 所示并联等值电路；由并联等值电路可得相量图如图 7-18(c) 所示。

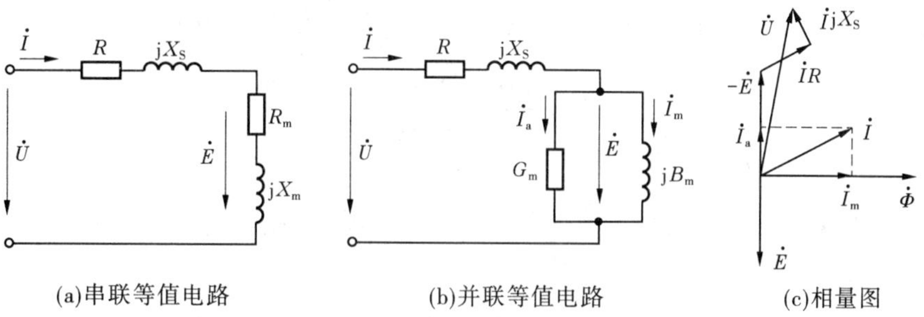

图 7-18　交流铁芯线圈的等值电路及相量图

【例 7-3】　在例 7-2 中，若线圈直流电阻 $R = 1\ \Omega$，漏磁电抗 $X_S = 2\ \Omega$，试求主磁通产生的感应电动势 E 和激磁电流 I_m。

解：因为既考虑铁芯损耗，又计直流电阻和漏磁感抗，故应采用图 7-18(a) 所示等值电路和图 7-18(b) 所示等值电路计算。

对于图 7-18(a) 所示，有：

$$P = I^2(R + R_m)$$

所以：

$$R_m = \frac{P}{I^2} - R = \frac{100}{4^2} - 1 = 5.25(\Omega)$$

另外，由图 7-18(a) 对应的阻抗三角形和功率三角形得：

$$\frac{X_S + X_m}{R + R_m} = \frac{2 + X_m}{1 + 5.25} = \frac{Q}{P} = \frac{\sqrt{(UI)^2 - P^2}}{P} = \frac{\sqrt{(220\times 4)^2 - 100^2}}{100}$$

所以：

$$X_m = 6.25\times 8.743 - 2 = 52.64(\Omega)$$

则主磁通产生的感应电动势为

$$E = I\sqrt{R_m^2 + X_m^2} = 4 \times \sqrt{5.25^2 + 52.64^2} = 211.6(\mathrm{V})$$

对应于图 7-18(b),激磁电流为

$$I_m = E|B_m| = E\frac{X_m}{R_m^2 + X_m^2}$$

$$= 211.6 \times \frac{52.64}{5.25^2 + 52.64^2} = 3.98(\mathrm{A})$$

比较例 7-2 和例 7-3 可知,$E \approx U, I_m \approx I$,说明直流电阻压降及漏抗压降只占端口电压很小的比例,所以计算时直流电阻及漏抗的影响常被忽略。

本章小结

1. 磁场的基本物理量

(1)磁感线。

磁感线是为形象地描述磁场强弱而引入的假想曲线。磁场中磁感线分布密的地方磁场强,磁感线分布疏的地方磁场弱。

(2)磁通 Φ。

磁场中的任一闭合面上,穿入的磁通等于穿出的磁通,即总磁通等于零。其定义为

$$\oint_S \vec{B} \cdot \mathrm{d}\vec{S} = 0$$

(3)磁感应强度 $\vec{B}$。

磁感应强度是用来描述磁场强弱和方向一个物理量,是一个向量,用符号 $\vec{B}$ 表示。磁感应强度大小用符号 B 表示,其定义为

$$B = \frac{\Delta F}{I\Delta l}$$

其方向即该点磁感线的切线方向。

(4)磁场强度 $\vec{H}$。

磁场强度也是表示磁场强弱的物理量,是磁路计算时引入的一个计算量,与磁感应强度一样也是一个向量,用符号 $\vec{H}$ 表示。磁场强度的大小用 H 表示,其定义为

$$H = \frac{B}{\mu}$$

磁场强度 H 的大小与磁导率 μ 的大小无关;磁场强度的方向与磁感应强度的方向一致。

(5)磁导率及真空磁导率。

磁导率也称导磁率或称导磁系数,是一个表示磁介质导磁性能的物理量,用符号 μ 表示;不同的物质具有不同的磁导率,一般来说,磁导率愈大,导磁性能愈好;磁导率愈小,导磁性能愈差。

真空的磁导率为常数,用 μ_0 表示。试验测定:$\mu_0 = 4\pi \times 10^{-7}$ H/m

2. 铁磁物质及其磁化

(1)具有良好导磁性能的物质称为铁磁物质。由于铁磁物质内部存在着大量的磁畴,所以在外加磁场作用下呈现磁性,称铁磁物质被磁化了。铁磁物质磁化后产生的磁场与外加磁场方向一致,相互加强。因此,铁芯线圈产生的磁场比空心线圈产生的磁场强。

(2)铁磁物质磁化的过程可由起始磁化曲线和磁滞回线描述。

起始磁化曲线说明:当外加磁场较小时,铁磁物质内部分子之间的约束力使得磁畴转动幅度较小,铁磁物质内部的磁场增加缓慢;当外加磁场达到一定值时,磁畴转动幅度较大,铁磁物质内部的磁场与外加磁场几乎成正比增加;外加磁场继续增加时,由于磁畴方向已经几乎与外加磁场方向一致,所以铁磁物质内部的磁场增加缓慢;当外加磁场增加,铁磁物质内部的磁场几乎不变时,称铁磁物质饱和了。

磁滞回线说明:铁磁性物质反复磁化过程中,会产生剩磁,这种现象称磁滞现象。将剩磁消除的外加磁场称为矫顽力。由于磁畴的反复转动从而产生的能量损耗,称为磁滞损耗。

一般来说,剩磁大则矫顽力大,磁滞回线宽,反复磁化一次产生的能量损耗大,这样的材料称为硬磁材料;反之剩磁小则矫顽力小,磁滞回线窄,反复磁化一次产生的能量损耗小,这样的材料称为软磁材料。

(3)一组磁滞回线顶点的连线叫基本磁化曲线。工程上常用它来作为磁路计算的依据,常用铁磁物质的基本磁化曲线可在工程手册中查得。

(4)铁磁物质的 B—H 曲线是非线性的,所以铁芯磁路是非线性的。

3. 磁路与磁路定律

(1)磁路:主磁通通过铁芯闭合所形成的闭合路径叫磁路。

(2)磁路的基尔霍夫第一定律为:$\sum \Phi = 0$。

(3)磁路的基尔霍夫第二定律为:$\sum (Hl) = \sum (NI)$ 或 $\sum U_m = \sum F$。

(4)磁路的欧姆定律为:$\Phi = \dfrac{F_m}{R_m} = \dfrac{\sum I}{\dfrac{l}{\mu S}}$。

4. 恒定磁通磁路的计算

恒定磁通磁路的计算有两种:分别称为正面计算(已知 Φ 求 NI)和反面计算(已知 NI 求 Φ)。

正面计算时一般应按下列步骤进行:

(1)按照磁路的材料和截面不同进行分段,即将材料相同、截面相等的算作一段,并根据磁路尺寸计算出各段截面面积 S 和平均长度 l。

(2)由已知的 Φ 求出各段磁路的 B 值,由铁磁物质磁路查基本磁化曲线获得 H,空气隙则通过计算获得,即 $H_0 = \dfrac{B_0}{\mu_0} = \dfrac{B_0}{4\pi \times 10^{-7}} \approx 0.8 \times 10^6 B_0$ (A/m) $= 8 \times 10^3 B_0$ (A/cm)。

(3)由 $\sum (NI) = \sum (Hl)$ 求出所需的磁动势。

5. 交流铁芯线圈及其等值电路

(1)交流铁芯线圈是一个非线性器件。其电压、电流以及磁通的关系可表示为

$$u = u_R - e_S - e = iR + N\frac{d\Phi_S}{dt} + N\frac{d\Phi}{dt}$$

其中：$u_R = iR$ 为线圈直流电阻电压，$e_S = -N\frac{d\Phi_S}{dt}$ 为漏磁通在线圈上产生的感应电动势，$e = -N\frac{d\Phi}{dt}$ 为主磁通在线圈上产生的感应电动势。

若忽略了直流电阻及漏磁通的影响，则有：$u \approx -e = Nd\Phi/dt$。所以，若电压为正弦波，磁通也是正弦波。若 $\Phi = \Phi_m \sin\omega t$，则有：$U \approx 4.44fN\Phi_m$；但是由于铁芯的非线性，此时的电流为尖顶波。

(2)交流铁芯线圈由于铁芯被反复磁化，所以铁芯中有能量损耗。铁芯的能量损耗包括磁滞损耗(P_Z)和涡流损耗(P_W)。其值可由经验公式计算：

$$\left.\begin{aligned} P_Z &= K_Z f B_m^n V \\ P_W &= K_W f^2 B_m^2 V \end{aligned}\right\}$$

由于铁芯损耗($P_{Fe} = P_Z + P_W$)的影响，正弦交变磁通下电流的波形会产生严重畸变。

(3)交流铁芯线圈的等值电路就是交流铁芯线圈的电路模型。建立该模型的方法是：先建立交流铁芯线圈的电路方程，然后根据电路方程来确定电路模型。

值得一提的是，建立模型时，利用了电路等效的概念，将尖顶波电流用一个等效正弦波(该等效正弦波与尖顶波有相同的有效值，且替代后保持有功功率不变)来代替；主磁通的作用用等效电感模拟，而漏磁通的影响用线性电感来模拟。

交流铁芯线圈的等值电路有串联电路模型和并联电路模型两种。

对串联等值电路来说，其电压、电流关系为

$$\dot{U} = \dot{I}(R + jX_S) + (-\dot{E}) = \dot{I}(R + jX_S) + \dot{I}(R_m + jX_m)$$

若忽略线圈直流电阻及漏磁通的影响，则电压、电流关系为

$$\dot{U} = -\dot{E} = \dot{I}(R_m + jX_m)$$

习题七

7-1　什么叫铁磁物质？铁磁物质磁化的原因是什么？磁化的结果如何？

7-2　什么叫磁滞损耗？什么叫涡流损耗？什么叫铁芯损耗？

7-3　已知某磁极长为 8 cm、宽为 4 cm，穿过磁极截面的磁通 $\Phi = 3.84 \times 10^{-3}$ Wb，求磁极间的磁感应强度。

7-4　已知某铁芯材料中的磁感应强度 $B = 1.4$ T，磁场强度 $H = 5$ A/cm，求其相对磁导率。

7-5　在一个铸钢制成的闭合铁芯上绕有一个匝数 $N = 1\,000$ 的线圈，其线圈电阻 $R = 20\ \Omega$，铁芯的平均长度 $l = 50$ cm。若要在铁芯中产生 $B = 1.2$ T 的磁感应强度，试问线圈中应加入多大的直流电压？若在铁芯磁路中加入一长度 $l_0 = 2$ mm 的气隙，要保持铁芯中的磁感应强度 B 不变，通入线圈的电压应为多少？

7-6　有一环形铁芯线圈,其内径为 10 cm,外径为 15 cm,铁芯材料为铸钢。磁路中含有一空气气隙,其长度等于 0.2 cm。设线圈中通有 1 A 电流,如要得到 0.9 T 的磁感应强度,试求线圈匝数。

7-7　一直流电阻 $R=1.5\ \Omega$ 的铁芯线圈工作在电压 $U=220$ V、频率 $f=50$ Hz 的电源上。测得电流 $I=4$ A,消耗功率 $P=100$ W。试计算线圈的铁芯损耗和功率因数。

7-8　一铁芯线圈,其直流电阻 $R=2\ \Omega$,漏磁通略去不计。将其接到 $U=110$ V 的正弦电源上,测得电流 $I=3$ A,功率损耗 $P=80$ W。求线圈的铁芯损耗、功率因数以及线圈的激磁电阻 R_m 和激磁感抗 X_m。

7-9　试从如图 7-5 所示的基本磁化曲线上,确定下列情况的 H 值或 B 值:

(1) 已知硅钢片的 $B=1.6$ T,求 H。

(2) 已知铸钢的 $B=1.6$ T,求 H。

(3) 已知硅钢片的 $H=400$ A/cm,求 B。

(4) 已知铸钢的 $H=400$ A/cm,求 B。

习题参考答案

习题一

1-1　600 V,180 W

1-2　6.25 W

1-3　900 kWh

1-4　200 Ω

1-5　(a)吸收 5 W;(b)发出 20 W;(c)吸收 10 W;(d)发出 10 W

1-6　$I_4 = 3$ A

1-7　$i_3 = 3$ A , $i_6 = 9$ A

1-8　$I_3 = -2$ mA , $U_{ab} = 60$ V , 元件 3 是电源

1-9　(a)$U = U_S - IR$,(b)$U = U_S + IR$,(c)$U = -U_S - IR$,(d) $U = -U_S + IR$

1-10　6 V

1-11　$I_1 = -11$ A,$I_2 = 6.5$ A,$I_3 = -5$ A,$I_4 = 3.25$ A

1-12　当选 c 点为参考点时:$U_{ab} = -3$ V,$U_{cd} = 2$ V

当选 d 点为参考点时:$U_a = -4$ V,$U_b = -1$ V,$U_c = 2$ V,$U_d = 0$,$U_e = -2$ V

1-13　当选 A 点为参考点时,$V_A = 0$,$V_B = -10$ V,$V_C = 10$ V,$V_D = -15$ V

当选 C 点为参考点时,$V_A = -10$ V,$V_B = -20$ V,$V_C = 0$,$V_D = -25$ V

1-14　$V_A = 3$ V

习题二

2-1　(a)10 Ω;(b)5 Ω;(c) 2 Ω;(d)1.2 Ω

2-2　(a) -4 A 电流源;(b)2 V 电压源;(c)10 V 电压源;(d)6 A 电流源;(e)5 A 电流源与 5 Ω 电阻的并联组合或者 25 V 电压源与 5 Ω 电阻的串联组合;(f)1 A 电流源与 4 Ω 电阻的并联组合或者 4 V 电压源与 4 Ω 电阻的串联组合

2-3　$I_1 = 2.5$ mA;$I_2 = 10$ mA;$I_3 = 4$ mA

2-4　$I = 1$ A

2-5　(a)(1)$U_{ab} = -2$ V,(2)$I_{ab} = -0.5$ mA;(b)(1)$U_{ab} = 0$,(2)$I_{ab} = 0$

2-6　$I = 4$ A

2-7　$I_1 = 1.14$ A;$I_2 = -0.43$ A;$I_3 = 0.71$ A

2-8　(略)

2-9　$I = 3$ A

2-10 $\left.\begin{aligned}&(20+15+10)I_{m1}-10I_{m2}-15I_{m3}=0\\&-10I_{m1}+(10+30)I_{m2}+U=50\\&-15I_{m1}-U+(40+15)I_{m3}=-20\\&I_{m3}-I_{m2}=I\end{aligned}\right\}$

2-11 $I_1=1\ \text{A};I_2=-1\ \text{A};I_3=3\ \text{A}$

2-12 $\left.\begin{aligned}&1.2U_{n1}-U_{n2}-0.1U_{n4}=1\\&-U_{n1}+2.5U_{n3}-0.5U_{n4}=-0.5\\&-0.5U_{n1}+1.25U_{n3}-0.25U_{n4}=0.5\\&-0.1U_{n1}-0.25U_{n3}+0.6U_{n4}=0\end{aligned}\right\}$

2-13 $I=17\ \text{A};U=-4\ \text{V}$

2-14 $I=2\ \text{A}$

2-15 $U=9\ \text{V}$

2-16 $u_{oc}=15\ \text{V};R_i=14\ \Omega$

2-17 $I=7\ \text{A}$

2-18 $i_{sc}=2\ \text{A};R_i=5\ \Omega$

2-19 $I=10\ \text{A}$

2-20 $I_X=1.4\ \text{A}$

2-21 $I=4\ \text{A}$

2-22 $\left.\begin{aligned}&\left(\frac{1}{R_1}+\frac{1}{R_2}\right)u_{n1}-\frac{1}{R_2}u_{n2}=I_S\\&-\left(\frac{1}{R_2}+g\right)u_{n1}+\left(\frac{1}{R_2}+\frac{1}{R_3}+g\right)u_{n2}=0\end{aligned}\right\}$

2-23 $I_2=8\ \text{A}$

2-24 $u_2=8\ \text{V}$

习题三

3-1 $u=310\sin\left(314t-\frac{\pi}{6}\right)\quad(\text{V})$

3-2 $U_{Am}=220\sqrt{2}\ \text{V},U_A=220\ \text{V},\theta_A=0°,\omega_A=314\ \text{rad/s},f_A=50\ \text{Hz},T_A=0.02\ \text{s}$; $U_{Bm}=220\sqrt{2}\ \text{V},U_B=220\ \text{V},\theta_B=-120°,\omega_B=314\ \text{rad/s},f_B=50\ \text{Hz},T_B=0.02\ \text{s}$; $\varphi=\theta_A-\theta_B=120°$

3-3 (1)0.02 s,50 Hz,0°;(2)$2\pi/5$,$5/2\pi$,17°

3-4 (左移)$\frac{\pi}{2}$;(右移)$\frac{5}{6}\pi$

3-5 (1)14 A;(2)2 A;(3)10 A;(4)12.2 A

3-6 $\theta_u=-60°,\theta_i=30°,\varphi=\theta_u-\theta_i=-90°$;右移后:$\theta_u=0°,\theta_i=90°$,不改变,$i$ 超前 u

3-7 (1)$5\angle 53.1°$;(2)$5\angle 126.9°$;(3)$10\sqrt{2}\angle -135°$;

(4)$10\angle -90°$;(5)$10\angle 53.1°$;(6)$10\angle 90°$

3-8　(1)$5+j5\sqrt{3}$;(2)$8j$;(3)$-10j$;(4)10

3-9　(1)$\dot{U}=10\angle 0°$ V;(2)$\dot{U}=10\angle 90°$ V;(3)$\dot{U}=10\angle -90°$ V;(4)$\dot{U}=10\angle -135°$ V

3-10　(1)$u_1=220\sqrt{2}\sin(\omega t+30°)$　(V);(2)$i_1=10\sqrt{2}\sin(\omega t+45°)$　(A);

(3)$u_2=110\sqrt{2}\sin(\omega t-90°)$　(V);(4)$i_1=10\sqrt{2}\sin(\omega t+53.1°)$　(A)

3-11　$\dot{I}=10\angle 30°$ A;$\dot{U}=220\angle -60°$ V;相量图略

3-12　不行

3-13　$i=10\sqrt{2}\sin(\omega t-23°)$　(A)

3-14　$u_1+u_2=220\sqrt{2}\sin(314t-60°)$　(V),$u_1-u_2=381\sqrt{2}\sin(314t+30°)$　(V)

3-15　(1)$I=13.75$ A;(2)$X_L=16\ \Omega$

3-16　(1)$X_C=22.7\ \Omega$;(2)$i=0.44\sqrt{2}\sin(314t+90°)$　(A);相量图略

3-17　(1)12.9 A;(2)28.75 A

3-18　$R=6\ \Omega$,$L=25.4$ mH

3-19　$u=50\sqrt{2}\sin(31.4t+36.9°)$　(V)

3-20　电流表 A 的读数为 17 A

3-21　电流表 A_1、A_2、A_3 的读数均为 3 A

3-22　(1)、(2)、(3)、(5)、(7)、(8)是错的,(4)、(6)是对的

3-23　$U_L=80$ V

3-24　$Z=100-j100$　(Ω),$\dot{I}=1.41\angle 45°$ A;$\dot{U}_C=141\angle 45°$ V,相量图略

3-25　$Z_{ab}=\dfrac{4-j24}{37}$　(Ω)

3-26　$Z_{ab}=3+j$　(Ω)

3-27　$R=25\ \Omega$,$L=137.9$ mH

3-28　$i_1=20\sin(314t-6.87°)$　(A),$Z_1=5\angle 36.87°\ \Omega$,$Z_2=10\angle -53.13°\ \Omega$,$Z_1$为感性负载,$Z_2$ 为容性负载,相量图略

3-29　$I=6$ A,$I_1=4.25$ A

3-30　$\dot{I}=\dfrac{220}{7}\angle 0°$ A,$\dot{U}_1=\dfrac{880}{7}\sqrt{2}\angle 45°$ V,$\dot{U}_2=\dfrac{1\,100}{7}\angle -53.1°$ V,相量图略

3-31　$U=10$ V,$U_R=10$ V,$U_L=10$ V,$U_C=10$ V,$|Z|=10\ \Omega$

3-32　(1)$I=11$ A,$P=1\,210$ W,$\cos\varphi=0.5$;(2)$C=112\ \mu F$,$I=5.79$ A,负载电流和功率不变

3-33　$\dot{I}_1=4.4\angle -37°$ A,$\dot{I}_2=2.59\angle 45°$ A,$P=1.18$ kW,$Q=178.2$ var,$\lambda=0.99$

3-34　$U_{ab}=5$ V,$P=50$ W,$Q=0$,$S=50$ W,$\cos\varphi=1$

3-35　$i_1=1.816\sin(314t+68.7°)$　(A),$i_2=1.86\sin(314t+68.7°)$　(A),$u_C=9.32\sin(314t-21.3°)$　(V)

3-36　(1)$I=4.4$ A;(2)$\varphi=53.1°$;(3)$U_R=132$ V,$U_L=616$ V,$U_C=440$ V

3-37 $C=269\ \text{pF}, I_0=0.15\ \mu\text{A}, U_C=158.5\ \mu\text{V}$

3-38 $R=50\ \Omega, L=60\ \text{mH}, C=6.67\ \mu\text{F}, Q=60\ \text{var}$

3-39 $C=559\ \mu\text{F}$

3-40 $X_L=529\ \Omega, L=1.69\ \text{H}, \cos\varphi=0.5, C=2.58\ \mu\text{F}$

3-41 $U=90\ \text{V}$

习题四

4-1 $Z=80+\text{j}60\ (\Omega)$

4-2 $I_A=5.5\angle-25°\ \text{A}, I_B=5.5\angle-145°\ \text{A}, I_C=5.5\angle95°\ \text{A}$,相量图略

4-3 $I_p=10\ \text{A}, I_l=17.3\ \text{A}$

4-4 105°

4-5 (1)$\dot{U}_U=220\angle0°\ \text{V}, \dot{U}_V=220\angle120°\ \text{V}, \dot{U}_W=220\angle-120°\ \text{V}$

相电流等于线电流

$\dot{I}_U=22\angle-36.9°\ \text{A}, \dot{I}_V=22\angle-156.9°\ \text{A}, \dot{I}_W=22\angle83.1°\ \text{A}$

相量图略

(2)$\dot{U}_{UV}=220\angle0°\ \text{V}, \dot{U}_{VW}=220\angle120°\ \text{V}, \dot{U}_{WU}=220\angle-120°\ \text{V}$

$\dot{I}_{UV}=22\angle-36.9°\ \text{A}, \dot{I}_{VW}=22\angle-156.9°\ \text{A}, \dot{I}_{WU}=22\angle83.1°\ \text{A}$

$\dot{I}_U=38\angle-66.9°\ \text{A}, \dot{I}_V=38\angle173.1°\ \text{A}, \dot{I}_W=38\angle53.1°\ \text{A}$

相量图略

(3)$\dot{U}_{UV}=380\angle0°\ \text{V}, \dot{U}_{VW}=380\angle120°\ \text{V}, \dot{U}_{WU}=380\angle-120°\ \text{V}$

$\dot{I}_{UV}=38\angle-36.9°\ \text{A}, \dot{I}_{VW}=38\angle-156.9°\ \text{A}, \dot{I}_{WU}=38\angle83.1°\ \text{A}$

$\dot{I}_U=65.8\angle-66.9°\ \text{A}, \dot{I}_V=65.8\angle173.1°\ \text{A}, \dot{I}_W=65.8\angle53.1°\ \text{A}$

相量图略

4-6 因为电灯是单相负载,当开关断开时,电灯灯头不带电,以便安全维修和更换。如果开关接在零线上,当其断开时,电灯灯头依然带电(接在火线上),作业时会造成触电事故

4-7 产生中性点位移,不受影响

4-8 (1)$\dot{I}_U=22\angle-30°\ \text{A}, \dot{I}_V=22\angle-150°\ \text{A}, \dot{I}_W=22\angle90°\ \text{A}, \dot{I}_N=0$

(2)$\dot{I}_U=22\angle-30°\ \text{A}, \dot{I}_V=22\angle-150°\ \text{A}, \dot{I}_W=10\ \text{A}, \dot{I}_N=24\angle-66°\ \text{A}$

4-9 $S=2\ 420\ \text{VA}, P=1\ 936\ \text{W}$

4-10 (1)$\dot{U}_U=220\angle0°\ \text{V}, \dot{U}_V=220\angle-120°\ \text{V}, \dot{U}_W=220\angle120°\ \text{V}$

相电流等于线电流

$\dot{I}_U=22\angle-30°\ \text{A}, \dot{I}_V=22\angle-150°\ \text{A}, \dot{I}_W=22\angle90°\ \text{A}$

相量图略

(2)$\dot{U}_{UV}=220\angle0°\ \text{V}, \dot{U}_{VW}=220\angle120°\ \text{V}, \dot{U}_{WU}=220\angle-120°\ \text{V}$

$\dot{I}_{UV}=22\angle-30°\ \text{A}, \dot{I}_{VW}=22\angle-150°\ \text{A}, \dot{I}_{WU}=22\angle90°\ \text{A}$

$\dot{I}_U = 22\sqrt{3}\angle -60°$ A, $\dot{I}_V = 22\sqrt{3}\angle -180°$ A, $\dot{I}_W = 22\sqrt{3}\angle 60°$ A

相量图略

4-11 不能

4-12 $U_1 = 1\ 018.2$ V, $Q = 5\ 819.8$ var, $Z = 106.9\angle 36.9°$

4-13 $R = 30.4\ \Omega$, $X_L = 22.8\ \Omega$

4-14 $R = 15\ \Omega$, $X_L = 16.1\ \Omega$

4-15 $I_p = 10$ A, $I_V = 15$ A, $I_W = 15$ A, $I_U = 0$, $P = 2\ 250$ W

4-16 $I_p = 17.3$ A, $I_U = 10$ A, $I_V = 10$ A, $I_W = 17.3$ A, $P = 3\ 000$ W

4-17 $U_1 = 380$ A, $Q = 1\ 975$ var, $Z = 76\angle 36.9°\ \Omega$

4-18 (1)3.3 A,0,3.3 A;(2) 3.8 A,2.2 A,2.2 A

4-19 二楼灯泡被烧毁,三楼不亮

4-20 $I_U = 22$ A, $I_V = 22$ A, $I_W = 22$ A, $I_N = 16.1$ A

习题五

5-1 $i_L(0_+) = 1$ A, $u_L(0_+) = 0$, $u_R(0_+) = 6$ V

5-2 $i_C(0_+) = 0.25$ A, $u_R(0_+) = 4$ V

5-3 $i(0_+) = 4$ A, $i_C(0_+) = 0$, $u_L(0_+) = -24$ V

5-4 $i_1 = 0$、$i_2 = -1.25e^{-40\,000t}$ (mA)、$i_3 = 1.25e^{-40\,000t}$ (mA), $u_L = -10e^{-40\,000t}$ (V)

5-5 经过 30 min 后,电容上的电压为 $3.5e^{-\frac{9}{20}}$ kV

5-6 $u_C = 24e^{-\frac{t}{24}}$ (V) $(t \geq 0)$

5-7 (1)若过渡过程经历 5τ 便结束,则稳定时间为 5 s;(2)1.6 s

5-8 $u_C = 20 - 10e^{-1\,000t}$ (V), $i_C = 10e^{-1\,000t}$ (mA)

5-9 $i_L(t) = 0.44 + 0.56e^{-50t}$ (A)

5-10 $i_L = 2e^{-t}$ (A), $u_L = -12e^{-t}$ (V)

5-11 8.045 ms

5-12 $i(t) = 2(1 - e^{-5t}) + 5e^{-2t}$ (A)

5-13 $i(t) = \begin{cases} 2 - 2e^{-t} \quad (A) & (0 < t < 0.2\ s) \\ 5 - 3.74e^{-2(t-0.2)} \quad (A) & (t \geq 0.2\ s) \end{cases}$

习题六

6-1 $a_0 = 0, a_k = 0, b_k = \dfrac{2E_m}{k^2\alpha(\pi - \alpha)}\sin k\alpha \quad (k = 1,2,3,4,5\cdots)$

6-2
$$f(t) = a_0 + \sum_{k=1}^{\infty}(a_k\cos k\omega_1 t + b_k \sin k\omega_1 t)$$
$$= \sum_{k=1}^{\infty} b_k \sin k\omega_1 t = \frac{4E_m}{\pi}(\sin\omega_1 t + \frac{1}{3}\sin 3\omega_1 t + \frac{1}{5}\sin 5\omega_1 t + \cdots)$$

6-3 $u = 1.57 + 5\,000\sin\omega t + 12.47\sin(3\omega t - 89.2°) + 4.166\sin(5\omega t - 89.53°)$ (mV)

6-4 $u_2 = 3.18\sin(6\,280t + 0.18°) + 1.06\sin(3 \times 6\,280t + 0.06°)$ (V)

6-5 77.14 V;63.63 V

6-6 $i(t) = 4 + 1.07\sin(\omega t - 26.67°) +$

$0.28\sin(2\omega t - 45.14°) + 0.11\sin(3\omega t - 56.44°)$ (A)

$P = 415.48$ W

6-7 $i_1(t) = 5 + 8.67\cos(3\,000t - 11°)$ (A);$i_2(t) = 20\cos 1\,000t$

$i_3(t) = 2.23\cos(3\,000t + 48°)$ (A)

6-8 $P = 57.19$ W

6-9 $C_1 = 9.4$ μF,$C_2 = 75$ μF

习题七

7-1 答:具有良好导磁性能的物质称铁磁物质;由于分子结构的原因,铁磁物质内部存在大量的磁畴,在外磁场作用下,这些磁畴会顺着外磁场的方向顺序排列,铁磁物质对外呈现磁性,即铁磁物质被磁化了。因此,铁磁物质磁化的原因是因为铁磁物质内部有磁畴。磁化的结果是,铁磁物质产生的磁场与外磁场方向一致。

7-2 答:铁磁物质反复磁化过程中由于磁滞而产生的能量损耗,称为磁滞损耗;交变的磁通在铁磁物质内部产生涡流从而产生能量损耗,称为涡流损耗;磁滞损耗加涡流损耗称为铁芯损耗。

7-3 $B = 1.2$ T

7-4 $\mu_r = 2\,230$

7-5 $U = 14$ V;$U = 52$ V

7-6 $N = 1\,635$

7-7 $P_{Fe} = 76$ W,$\cos\varphi = 0.114$

7-8 $P_{Fe} = 62$ W,$\cos\varphi = 0.24$,$R_m = 6.89\ \Omega$,$X_m = 35.96\ \Omega$

7-9 (1)4.2×10^3 A/cm;(2)5.0×10^3 A/cm;(3)1.5 T;(4)0.78 T

参 考 文 献

[1] 李涵荪.电路分析基础[M].4版.北京:高等教育出版社,2006.
[2] 王玉宝.电路基础[M].北京:国防科技大学出版社,2008.
[3] 李中发.电工技术基础[M].北京:中国水利水电出版社,2004.
[4] 邱关源.电路[M].5版.北京:高等教育出版社,2006.
[5] 白乃平.电工基础[M].西安:西安电子科技大学出版社,2001.
[6] 王兆奇.电工基础[M].2版.北京:机械工业出版社,2011.
[7] 刘建军.电工基础教程[M].北京:清华大学出版社,2012.
[8] 陈宁.电工基础实用教程[M].武汉:华中科技大学出版社,2009.
[9] 卜新华.电工与数字电路基础[M].北京:清华大学出版社,2012.
[10] 刘文革.实用电工电子技术基础[M].北京:中国铁道出版社,2010.